“国家级一流本科课程”配套教材系列

# 数据库系统原理与设计实验教程 第4版

吴京慧　刘爱红　廖国琼　刘喜平　编著

清华大学出版社
北京

## 内容简介

本书是首批“国家级线下一流本科课程”的配套教材、第一批“‘十二五’普通高等教育本科国家级规划教材”《数据库系统原理与设计》(第4版)的配套实验教材,主要围绕理论教材的教学内容进行组织,采用SQL Server 2019数据库作为实验环境,总共精心设计有18个实验。全书共分9章,第1章是SQL Server 2019概述,设计有3个实验,使读者对数据库有一个大致的了解;第2章是数据库查询,设计有3个实验;第3章是数据库定义与更新,设计有3个实验;第4章是数据库安全性与完整性,设计有2个实验;第5章是数据库编程技术,设计有2个实验;第6章是数据库事务处理,设计有1个实验;第7章是数据库设计,设计有1个实验;第8章是数据库查询执行计划,设计有1个实验;第9章是数据库应用开发,设计有2个实验。

本书是作者总结了多年教学和科研经验,并在第3版的基础上编写而成,从基础知识入手,理论联系实际,案例驱动,内容丰富,分析透彻,通俗易懂,有助于提高读者的数据库操作和应用能力。

本书可作为计算机及相关专业“数据库系统原理”课程的配套实验教材,也可供数据库爱好者自学和参考。



**图书在版编目(CIP)数据**

数据库系统原理与设计实验教程/吴京慧等编著. —4版. —北京 :清华大学出版社,2024.1
“国家级一流本科课程”配套教材系列
ISBN 978-7-302-65073-7

Ⅰ.①数… Ⅱ.①吴… Ⅲ.①数据库系统—高等学校—教材 Ⅳ.①TP311.13

中国国家版本馆CIP数据核字(2024)第003477号

**责任编辑:** 龙启铭
**封面设计:** 刘 键
**责任校对:** 王勤勤
**责任印制:** 杨 艳

**出版发行:** 清华大学出版社
**网　　址:** https://www.tup.com.cn,https://www.wqxuetang.com
**地　　址:** 北京清华大学学研大厦A座　　**邮　　编:** 100084
**社 总 机:** 010-83470000　　**邮　　购:** 010-62786544
**投稿与读者服务:** 010-62776969,c-service@tup.tsinghua.edu.cn
**质量反馈:** 010-62772015,zhiliang@tup.tsinghua.edu.cn
**课件下载:** https://www.tup.com.cn,010-83470236
**印 装 者:** 三河市龙大印装有限公司
**经　　销:** 全国新华书店
**开　　本:** 185mm×260mm　　**印　　张:** 16　　**字　　数:** 370千字
**版　　次:** 2009年9月第1版　　2024年2月第4版　　**印　　次:** 2024年2月第1次印刷
**定　　价:** 49.00元

---

产品编号:094608-01

# 第4版前言

本书是主教材《数据库系统原理与设计》(第 4 版)的配套实验教材,第 1 版于 2009 年出版,第 2 版于 2012 年出版,第 3 版于 2017 年出版,且第 1、2、3 版曾经获得“江西省优秀教材一等奖”。

本实验教材第 1 版使用 SQL Server 2000 数据库作为实验环境,第 2 版使用 SQL Server 2005 数据库作为实验环境,第 3 版改用 SQL Server 2014 数据库作为实验环境。与 SQL Server 2005 相比,SQL Server 2014 对整个数据库系统的安全性和可用性进行了重大改革,并且与.NET 架构的捆绑更加紧密,第 4 版改用 SQL Server 2019 数据库作为实验环境。与 SQL Server 2014 相比,SQL Server 2019 主要用于 Hadoop、Apache Spark 等分布式文件系统之间的数据交换,从而实现与大数据的连接,具有更高的安全性、更好的性能、可扩展性和智能性。

本实验教材再版时依据新的教学大纲,在保持原有风格的同时,对“数据库系统原理”课程的部分实验教学内容以及实验数据进行了全面扩充和更新,以适应新时期数据库课程的教学需求。

与第 3 版相比,第 4 版的章节数和实验数量没有发生变化,仍是共 9 章,实验数量仍是 18 个。第 4 版的主要变化如下:

(1) 第 1 章用 SQL Server 2019 数据库替代了 SQL Server 2014 数据库的相关知识,并且通过增加一些表格使得知识点安排和理解更加合理和清晰。

(2) 第 2 章更新了实验数据,对部分题目的描述进行了重新修改,更有利于读者理解与运用 SQL 查询语句。

(3) 第 3、4、5 章改动不大,纠正了之前版本中的个别错误,并更换了数据。

(4) 第 6 章改动较大,增加了在并发调度中如何产生以及如何解决并发问题的案例,包括丢失更新、脏读和不可重复读,更有利于读者理解和掌握两阶段封锁协议、严格两阶段封锁协议和强两阶段封锁协议的概念与应用场景。

(5) 第 7 章改动较大,因为主教材的第 6 章做了较大修改,所以本实验教材按照主教材修改后的数据库逻辑设计,对相应的脚本进行了修改。

(6) 第 8 章改动较大,增加了查询执行计划的多种查看方式,包括图形方式、文本方式和 XML 方式,便于读者从多个角度来理解数据库管理系统是如何解析和执行 SQL 语句的。

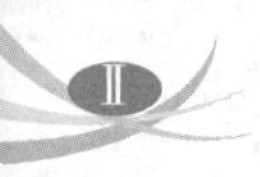


虽然本版实验教材的实验环境使用的是 SQL Server 2019 数据库,但其中的例题与习题仍然可以在 SQL Server 数据库的各个版本中运行。

本版实验教材在编写过程中,得到了清华大学出版社的大力支持,特别是责任编辑龙启铭付出了辛勤的劳动,在此表示衷心的感谢。

本书由吴京慧、刘爱红、廖国琼和刘喜平编写,其中,第 1、4、5 章由刘爱红执笔,第 6 章由廖国琼执笔,第 9 章由刘喜平执笔,第 2、3、7、8 章由吴京慧执笔。吴京慧对全书的初稿进行了修改、补充和总纂。

在整个编写过程中,尽管一直保持严谨的态度,但是难免有错误,由此带来的不足和纰漏请读者批评指正,在此表示感谢。

编　者

2024 年 1 月

# 第3版前言

本书是主教材《数据库系统原理与设计》(第3版)的配套实验教材,第1版于2009年出版,第2版于2012年出版,第1、2版曾经获得“江西省优秀教材一等奖”。

本实验教材第1版使用SQL Server 2000数据库作为实验环境,第2版使用SQL Server 2005数据库作为实验环境,第3版改用SQL Server 2014数据库作为实验环境。与SQL Server 2005相比,SQL Server 2014对整个数据库系统的安全性和可用性进行了重大改革,并且与.NET架构的捆绑更加紧密。

本实验教材再版时依据新的教学大纲,在保持原有风格的同时,对“数据库系统原理”课程的实验教学内容进行了全面系统的升级和更新,以适应新时期数据库课程的教学需求。

本版实验教材修订对部分章节和内容进行了重新安排与组织。第1版共9章,设计有13个实验;第2版共10章,设计有17个实验;第3版共9章,设计有18个实验。具体变化如下:

(1) 第2版在第1章没有安排实验内容,这次设计有3个实验,目的是使读者对SQL Server数据库有一个初步的认识。第1个实验是安装数据库运行环境,由读者在课余时间完成;第2个实验安排读者熟悉SQL Server数据库的流控制语言以及函数运用;第3个实验安排读者建立一个订单管理数据库,该数据库仅涉及库结构和表的主外键约束。

(2) 第2章对实验题目进行了优化,更有利于读者理解与运用SQL查询语句。

(3) 将第2版的第5章和第6章合并为第4章,在内容上更加注重数据库的检查机制以及培养读者的分析问题、解决问题的能力。将原来的“安全性定义”和“安全性检查”合并为“安全性定义与检查”,将原来的“完整性定义”和“完整性检查”合并为“完整性定义与检查”。

(4) 将第2版的第7章“数据库编程技术”调整为第5章;第8章“数据库事务处理”调整为第6章;第9章“数据库设计”调整为第7章;第4章“数据库查询执行计划”调整为第8章;第10章“数据库应用开发”调整为第9章。

新版实验教材虽然实验环境使用的是SQL Server 2014数据库,但是其中的例题与习题仍然可以在SQL Server数据库的各个版本中运行。

新版实验教材在编写过程中，得到了清华大学出版社的大力支持，特别是副社长卢先和、责任编辑焦虹等付出了辛勤的劳动，在此一并表示衷心的感谢。

在整个编写过程中，尽管一直保持严谨的态度，但是难免有错误，由此带来的不足和纰漏请读者批评指正，在此表示感谢。

编　者

2017年4月

# 第2版前言

本书是主教材《数据库系统原理与设计》(第2版)的配套实验教材,第1版于2009年10月出版,至今已有两年多,第1版曾经获得"江西省优秀教材一等奖"。

本实验教材再版时依据新的教学大纲,在保持原有风格的同时,对"数据库系统原理"课程的实践教学内容进行了系统全面的升级和更新,以适应新时期数据库课程的教学需求。

本实验教材第1版采用SQL Server 2000数据库作为实验环境,第2版改用SQL Server 2005数据库作为实验环境。与SQL Server 2000系统相比,SQL Server 2005对整个数据库系统的安全性和可用性进行了重大改革,并且与.NET架构的捆绑更加紧密。由于本实验教材是"数据库系统原理"课程的配套教材,不是专门针对SQL Server数据库,考虑到硬件的配置以及通用性,因此第2版没有以SQL Server 2008数据库作为实验环境。

新版实验教材对部分章节和内容进行了重新安排与组织。第1版共9章,设计有13个实验,第2版共10章,有17个实验。

新版实验教材将第1版的第2章的2个实验拆分为3个实验,将查询分为简单查询、多表查询和复杂查询,这样安排便于读者理解与实践;将第1版的第3章的2个实验拆分为3个实验,分别为数据库与数据表定义、索引与视图定义、数据更新操作,在这部分增加了实验题目。

新版实验教材将第1版的第5章拆分2章,在内容上更加注重数据库的检查机制以及培养读者的分析问题、解决问题的能力。将第1版的2个实验改为4个实验,分别是实验八、实验九、实验十和实验十一。在完整性定义中,分别增加列级约束、元组级约束和表级约束的定义。

新版实验教材的"数据库事务处理"由第1版的第7章改为第8章,并增加了事务的隔离级别处理。

新版实验教材虽然实验环境使用的是SQL Server 2005数据库,但是其中的例题与习题仍然可以在SQL Server 2000数据库中运行。

新版实验教材在编写过程中,得到了清华大学出版社的大力支持,特别是副社长卢先和、责任编辑焦虹等付出了辛勤的劳动,在此一并表示衷心的感谢。

在整个编写过程中,尽管一直保持严谨的态度,但是难免有错误,由此带来的不足和纰漏请读者批评指正,在此表示感谢。

编　者

2012年5月

# 第1版前言

本书是主教材《数据库系统原理与设计》的配套实验教材，是为了配合本科教学中的"数据库系统原理"课程的实践部分编写的，所以在内容组织上紧贴本科教学的教学内容来组织每一章的实验内容，通过精心设计的13个实验，从基础知识入手，深入研究数据库相关技术，理论联系实际，引导读者从基本概念和实践入手，逐步掌握数据库系统原理的基本理论和数据库设计的方法和技巧。

本实验教材采用目前流行的SQL Server 2000数据库作为实验环境，每一个实验都针对数据库相关的理论与技术，每个实验皆有丰富的案例，其案例取材于作者在课题中所采用的技术，具有很强的实践指导作用。读者通过13个实验，达到深入领会数据库系统原理中的相关知识，熟练操作SQL Server数据库，并能够依据一个实际应用背景，进行相应的数据库设计，并实现代码设计。

在对实例的讲解过程中，本实验教材兼顾深度与广度，不仅对实际问题的现象、产生原因和相关的原理进行了深入浅出的讲解，还结合实际应用环境，提供解决问题的思路和方法，具有很强的实战性和可操作性，有助于初学者对专业理论知识的理解和实践操作能力的提高，并为今后开发大型数据库系统提供必要的技术基础和前提。

本实验教材写作结构明晰，实例完善，可操作性较强。读者可以直接从这本书中找到针对数据库管理的极具参考价值的解决方法，并且能从中学到分析和解决此问题的方法；通过具体实例，读者可以掌握大型数据库的开发方法与相应开发技巧。

本实验教材由吴京慧、刘爱红、廖国琼和刘喜平编写，其中，第1、2、4章由吴京慧执笔，第3、5、6章由刘爱红执笔，第7、8章由廖国琼执笔，第9章由刘喜平执笔。吴京慧对全书的初稿进行了修改、补充和总纂。

本实验教材是国家精品课程"数据库系统及应用"的建设教材，有配套的教学PPT和教学网站（http://skynet.jxufe.edu.cn/jpkc/sjk），可作为计算机及相关专业"数据库系统原理"课程的配套实验教材，也可供数据库爱好者自学和参考。

在本书的编写过程中，参阅了大量的参考书目和文献资料；本书的出版也得到了清华大学出版社的大力支持，特别是副社长卢先和、责任编辑焦虹等付出了辛勤的劳动，在此一并表示衷心的感谢。

在整个编写过程中，尽管一直保持严谨的态度，但是难免有错误，由此带来的不足和纰漏请读者批评指正，在此表示感谢。

编　者

2009年5月

# 目录

## 第 1 章 SQL Server 2019 概述 /1

## 第6章 数据库事务处理 /138



## 第7章 数据库设计 /150



## 第8章 数据库查询执行计划 /170



## 第9章 数据库应用开发 /189

# 第1章

# SQL Server 2019 概述

目前市场上的主流数据库产品有 IBM DB2、Microsoft SQL Server、Oracle 和 Sybase 等。

IBM 通过 DB2 与 WebSphere、Tivoli 和 Lotus 四大品牌共同提供电子商务基础架构,本身不开发应用软件。目前一些 ERP、CRM 厂商以及电子商务软件厂商都与 IBM 建立了合作关系,将 IBM 公司的数据库作为其应用软件的开发平台。

Oracle 不仅拥有自己的数据库,还在其数据库平台上为用户开发了电子商务套件,其中包括 ERP、CRM 和 SCM 等企业应用软件。Oracle 公司认为开发企业应用软件可以使用户直接获得一整套解决方案,而不必考虑集成问题。通过一家厂商就可获得全部的服务和支持,避免在集成上的昂贵开销。

Sybase 公司作为"客户机/服务器"分布式计算结构的倡导者,其开发工具 PowerBuilder 拥有众多的开发者,并提供免费的数据库 MySQL。

SQL Server 作为微软公司在 Windows 系列平台上开发的数据库,一经推出就以其易用性得到了很多用户的青睐。微软公司的 SQL Server 一直保持着 3 年发布一个大版本的传统,目前最新版本已经发展到 2022 版。

与 FoxPro、Access 等小型数据库不同,SQL Server 是一个功能完备的数据库管理系统。包括支持开发的引擎、标准的 SQL 语言、扩展的特性(如复制、OLAP、分析)等功能,同时还提供了存储过程、触发器等大型数据库才拥有的特性。

学习 SQL Server 是掌握其他平台及大型数据库(如 Oracle、Sybase、DB2)的基础。因为这些大型数据库对于设备、平台、人员知识的要求往往较高,如果有了 SQL Server 的基础,学习和使用它们就会比较容易。

## 1.1 SQL Server 2019 特点①

微软公司于 2019 年 11 月发布了最新版本 SQL Server 2019(15.0),此版本的 SQL Server 主要用于 Hadoop、Apache Spark 等分布式文件系统之间的数据交换,从而实现与大数据的连接,具有更高的安全性,以及更好的性能、更好的可扩展性和智能性。SQL Server 2019 支持的平台较多,可以在 Windows、Linux 或 Docker 环境上安装。本实验教

---

① 1.1 节参考了 SQL Server 2019 的随机文档,文献出处为: https://docs.microsoft.com/zh-cn/sql/sql-server/what-s-new-in-sql-server-2019? view=sql-server-ver15。

材采用的是 Windows 版的 SQL Server 2019。

SQL Server 2019 新增的技术点主要如下。

(1) 数据虚拟化和 SQL Server 2019 大数据群集。当代企业通常掌管着庞大的数据资产，这些数据资产由托管在整个公司的孤立数据源中的各种不断增长的数据集组成。利用 SQL Server 2019 大数据群集，可以从所有数据中获得实时数据，该群集提供了一个完整的环境来处理包括机器学习和 AI 功能在内的大量数据。

(2) 智能数据库。SQL Server 2019 在早期版本的基础上构建，旨在提供开箱即用的业界领先性能。从智能查询处理到对永久性内存设备的支持，SQL Server 智能数据库功能提高了所有数据库工作负荷的性能和可伸缩性，而无须更改应用程序或数据库设计。

(3) 智能查询处理。通过智能查询处理，可以在大规模的并行工作负荷运行时，其性能得到显著的改进，同时，它们仍可适应不断变化的数据世界。默认情况下，最新的数据库在兼容性级别设置上支持智能查询处理，可通过最少的工作量来改进现有工作负荷的性能。

(4) 内存数据库。SQL Server 2019 内存数据库技术充分利用现代硬件技术提高了性能和规模。它基于此领域早期的基础上构建(例如内存中联机事务处理(OLTP))，旨在为所有数据库工作负荷实现新的可伸缩性级别。

(5) 智能性能。SQL Server 2019 的智能性能是在早期版本的智能数据库创新的基础上构建，旨在确保提高运行速度。这些改进有助于克服已知的资源瓶颈，并提供配置数据库服务器的选项，以在所有工作负荷中提供可预测性能。

(6) 监视。监视的改善可使用户在需要时随时对任何数据库的工作负荷状态进行观测及处理。

(7) 开发人员体验。SQL Server 2019 继续提供一流的开发人员体验，并增强了图形和空间数据类型、UTF-8 支持以及新扩展性框架，该框架使开发人员可以使用他们选择的语言来获取其所有的数据。

(8) 图形。可在图形数据库中，在边缘约束上定义级联删除操作，新增图形函数，图形表现在支持表和索引分区，在图形匹配查询中使用派生表或视图别名。

(9) Unicode 支持。为满足客户需求和符合特定市场规范，支持不同国家/地区和区域的业务，满足全球多语言数据库应用程序和服务的要求。

(10) 语言扩展。简化了从 SQL Server 运行 Java 程序的开发，提供了对 Java 数据类型的支持，并对 SQL Server 语言进行了扩展，开发人员可以使用扩展性框架执行外部代码。

(11) 平台选择。SQL Server 2019 构建在 SQL Server 2017 基础上，能使开发人员在所选平台上运行 SQL Server，并获得比以往更多的功能和更高的安全性。

(12) 其他。在空间、错误消息、任务关键安全性、高可用性、可用性组、恢复(通过加速数据库恢复(ADR)减少重启或长时间运行事务回滚后的恢复时间)都有很大的改进与提高。

# 1.2　SQL Server 2019 体系结构①

## 1.2.1　SQL Server 的系统组成

SQL Server 是一个提供了联机事务处理、数据仓库、电子商务应用的数据库和数据分析的平台。其系统由 4 个主要部分组成(称为 4 个服务),这些服务分别是数据库引擎、分析服务、报表服务和集成服务,这些服务之间相互存在和相互应用,它们的关系如图 1-1 所示。

图 1-1　SQL Server 提供的 4 个服务及其相互关系

**1. 数据库引擎**

数据库引擎(SQL Server database engine,SSDE)是 SQL Server 2019 系统的核心服务,负责完成业务数据的存储、处理、查询和安全管理。

例如,创建数据库、创建表、执行各种数据查询、访问数据库等操作,都是由数据库引擎完成的。

数据库引擎本身也是一个复杂的系统,它包括了许多功能组件,例如 Service Broker、复制、全文搜索、通知服务等。

(1) Service Broker 提供了异步通信机制,可以用于存储、传递消息。

(2) 复制是指在不同的数据库之间对数据和数据库对象进行复制和分发,保证数据库之间同步和数据一致性的技术。复制经常用于物理位置不同的服务器之间的数据分发,它可以通过局域网、广域网、拨号连接、无线连接和 Internet 分发到不同位置的远程或移动用户。

(3) 全文搜索提供了基于关键词的企业级的搜索功能。

(4) 通知服务提供了基于通知的开发和部署平台。

**2. 分析服务**

分析服务(SQL Server analysis services,SSAS)提供了 OLAP(on-line analytical processing)和数据挖掘功能,可以支持用户建立数据仓库。

使用 SSAS,可以设计、创建和管理来自于其他数据源数据的多维结构,通过对多维数据进行多个角度的分析,用户可以完成数据挖掘模型的构造和应用,实现知识发现、表示和管理。

**3. 报表服务**

报表服务(SQL Server reporting services,SSRS)为用户提供了支持 Web 的企业级的报表功能。

通过使用 SSRS,用户可以方便地定义和发布满足自己需求的报表。例如,在航空公司的机票销售信息系统中,使用 SSRS 可以方便地生成 Word、PDF、Excel 等格式的

---

① 1.2 节参考了 SQL Server 2019 的随机文档,文献出处为:https://docs.microsoft.com/zh-cn/sql/sql-server/editions-and-components-of-sql-server-2019? view=sql-server-ver15。

报表。

**4. 集成服务**

集成服务(SQL Server integration services,SSIS)是一个数据集成平台,可以完成有关数据的提取、转换、加载等。

例如,对于分析服务来说,数据库引擎是一个重要的数据源,如何将数据源中的数据经过适当地处理加载到分析服务中以便进行各种分析处理,这正是 SSIS 服务所要解决的问题。

SSIS 还可以高效地处理各种各样的数据源,包括 Oracle、Excel、XML 文档、文本文件等数据源中的数据。

### 1.2.2 C/S 体系结构

客户机/服务器(Client/Server,C/S)体系结构是 20 世纪 90 年代成熟起来的技术,它分为两层结构和多层结构。

两层结构将应用一分为二,服务器(后台)负责数据管理,客户机(前台)完成与用户的交互任务。此结构把存储企业数据的数据库内容放在远程的服务器上,而在每台客户机上安装相应软件。客户机通常是一台 PC,其用户界面结合了表示层和业务逻辑层,接收用户的请求,并向数据库服务器提出请求;后台是数据库服务器,负责响应客户的请求,并将数据提交给客户机,客户机再将数据进行计算并将结果呈现给用户。两层结构还要提供完善的安全保护及对数据的完整性处理等操作,并允许多个客户同时访问同一个数据库。在这种结构中,服务器的硬件必须具有足够的处理能力,这样才能满足各客户的要求。其体系结构如图 1-2 所示。

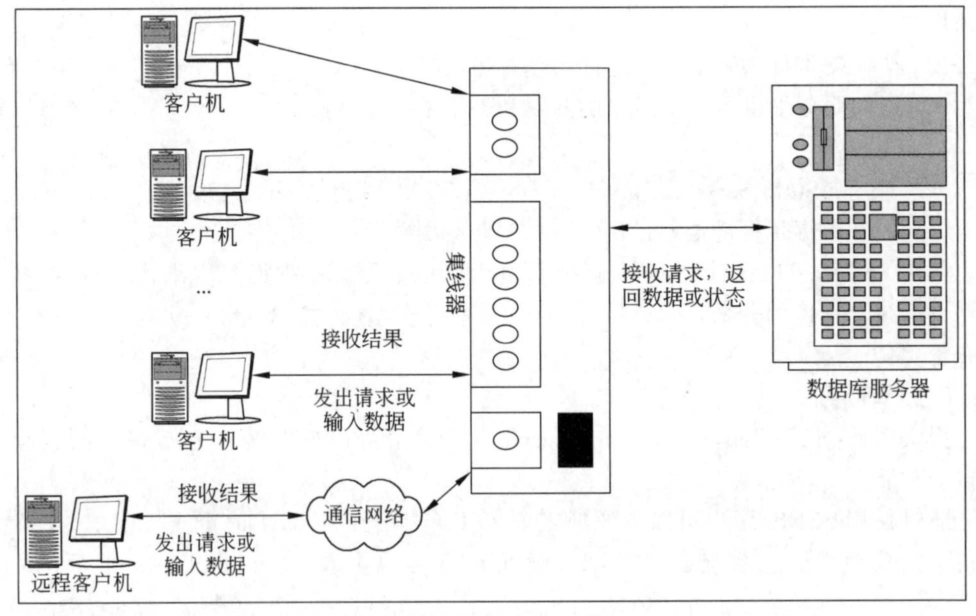


图 1-2 两层 C/S 体系结构

SQL Server 2019 完全支持 C/S 体系结构。

C/S 结构在技术上非常成熟,具有强大的数据操作和事务处理能力。它的模型思想简单,易于人们理解和接受。它的主要特点是交互性强、可以使数据为多个客户共享,具有安全的存取模式、网络通信量低、响应速度快、利于处理大量数据。

### 1.2.3 SQL Server 2019 版本

SQL Server 2019 提供了 5 个不同的版本,这 5 个版本所实现的功能如表 1-1 所示。

表 1-1 SQL Server 2019 的版本

| SQL Server 版 | 功　能 |
|---|---|
| Enterprise 版 | 作为高级产品/服务,Enterprise 版提供了全面的高端数据中心功能,具有极高的性能和无限虚拟化,同时具有端到端商业智能,可以平衡复杂数据处理的负载和为最终用户访问数据提供高级别的服务 |
| Standard 版 | 为用户提供了基本的数据管理和商业智能数据库,供部门和小型组织运行其应用程序,并支持将常用开发工具用于本地和云,有助于以最少的 IT 资源进行有效的数据库管理 |
| Web 版 | 对于 Web 主机托管服务提供商和 Web VAP 而言,Web 版是一项总拥有成本较低的版本,它可针对从小规模到大规模的 Web 资产等内容提供可伸缩性、经济性和可管理性的能力 |
| Developer 版 | Developer 版支持开发人员基于 SQL Server 构建任意类型的应用程序。它包括 Enterprise 版的所有功能,但有许可限制,只能用作开发和测试系统,而不能用作商业服务器。. Developer 版是构建和测试应用程序的人员的理想之选 |
| Express 版 | Express 版是入门级的免费数据库,是学习和构建桌面及小型服务器数据驱动应用程序的理想选择。它独立于软件供应商,是开发人员构建客户端应用程序的最佳选择。如果需要使用更高级的数据库功能,则可以将 Express 版无缝升级到其他更高端的 SQL Server 版。SQL Server Express LocalDB 是 Express 版的一种轻型版本,该版本具备所有可编程性功能,在用户模式下运行,并且具有快速的零配置安装和必备组件要求较少的特点 |

### 1.2.4 SQL Server 2019 服务器功能

SQL Server 2019 提供了多种服务器功能,在安装向导的"功能选择"页面,用户可选择要安装的组件。默认情况下未选中任何功能。表 1-2 给出了这些服务器功能的详细描述。

表 1-2 SQL Server 2019 服务器功能

| 服务器功能 | 功能描述 |
|---|---|
| SQL Server 数据库引擎 | 包括数据库引擎(用于存储、处理和保护数据的核心服务)、复制、全文搜索、管理关系数据和 XML 数据的工具(以数据分析集成和用于访问 Hadoop 与其他异类数据源的 Polybase 集成的方式)以及使用关系数据库运行 Python 和 R 脚本的机器学习服务 |
| Analysis Services | 包括一些工具,这些工具用于创建和管理联机分析处理(OLAP)以及数据挖掘应用程序 |

续表

| 服务器功能 | 功 能 描 述 |
| --- | --- |
| Reporting Services | 包括用于创建、管理和部署表格报表、矩阵报表、图形报表以及自由格式报表的服务器和客户端组件。Reporting Services 还是一个可用于开发报表应用程序的可扩展平台 |
| Integration Services | Integration Services 是一组图形工具和可编程对象，用于移动、复制和转换数据。它还包括“数据库引擎服务”的 Integration Services(DQS)组件 |
| Master Data Services(MDS) | MDS 是针对主数据管理的 SQL Server 解决方案。通过配置 MDS 来管理任何领域(产品、客户、账户)；MDS 中包括层次结构、各种级别的安全性、事务、数据版本控制和业务规则，以及可用于管理数据的 Excel 的外接程序 |
| 机器学习服务(数据库内) | 支持使用企业数据源的分布式、可缩放的机器学习解决方案。在 SQL Server 2019 中支持 R 和 Python 语言 |
| 机器学习服务器(独立) | 支持在多个平台上部署分布式、可缩放机器学习解决方案，并可使用多个企业数据源，包括 Linux 和 Hadoop。在 SQL Server 2019 中支持 R 和 Python |

### 1.2.5 SQL Server 2019 管理工具

SQL Server 2019 通过相关的管理工具来实现对数据库服务器的管理，对应的管理工具如表 1-3 所示。

**表 1-3 SQL Server 2019 管理工具**

| 管 理 工 具 | 功 能 描 述 |
| --- | --- |
| SQL Server Management Studio (SSMS) | SSMS 用于访问、配置、管理和开发 SQL Server 组件的集成环境。借助 SSMS，所有开发人员和管理员都能使用 SQL Server |
| SQL Server 配置管理器 | 为 SQL Server 服务、服务器协议、客户端协议和客户端别名提供基本配置管理 |
| SQL Server Profiler | 提供一个图形用户界面，用于监视数据库引擎、实例或 Analysis Services 实例 |
| 数据库引擎优化顾问 | 用于协助创建索引、索引视图和分区的最佳组合 |
| 数据质量客户端 | 提供一个非常简单和直观的图形用户界面，用于连接到 DQS 数据库并执行数据清理操作，并允许集中监视在数据清理操作过程中执行的各项活动 |
| SQL Server Data Tools | 该工具包提供 IDE 界面，为以下商业智能组件生成解决方案：Analysis Services、Reporting Services 和 Integration Services（以前称为 Business Intelligence Development Studio）。SQL Server Data Tools 还包含“数据库项目”，为数据库开发人员提供集成环境，以便在 Visual Studio 内为任何 SQL Server 平台(包括本地和外部)执行其所有数据库设计工作。数据库开发人员可以使用 Visual Studio 中增强的服务器资源管理器，轻松创建或编辑数据库对象和数据或执行查询 |
| 连接组件 | 用于客户端和服务器之间通信的组件，以及用于 DB-Library、ODBC 和 OLE DB 的网络库 |

### 1.2.6　SQL Server 2019 各版本的规模限制

不同版本的 SQL Server 其规模也不同，具体规模限制如表 1-4 所示。

表 1-4　SQL Server 2019 版本规模

| 实现的功能 | Enterprise 版 | Standard 版 | Web 版 | Express with Advanced Services 版 | Express 版 |
| --- | --- | --- | --- | --- | --- |
| 单个实例使用的最大计算能力——SQL Server 数据库引擎 | 操作系统支持的最大值 | 限制为 4 个插槽或 24 核，取二者中的较小值 | 限制为 4 个插槽或 16 核，取二者中的较小值 | 限制为 1 个插槽或 4 核，取二者中的较小值 | 限制为 1 个插槽或 4 核，取二者中的较小值 |
| 单个实例使用的最大计算能力——Analysis Services 或 Reporting Services | 操作系统支持的最大值 | 限制为 4 个插槽或 24 核，取二者中的较小值 | 限制为 4 个插槽或 16 核，取二者中的较小值 | 限制为 1 个插槽或 4 核，取二者中的较小值 | 限制为 1 个插槽或 4 核，取二者中的较小值 |
| 每个 SQL Server 数据库引擎实例的缓冲池的最大内存 | 操作系统支持的最大值 | 128GB | 64GB | 1410MB | 1410MB |
| 每个 SQL Server 数据库引擎实例的列存储段缓存的最大内存 | 不受限制的内存 | 32GB | 16GB | 352MB | 352MB |
| SQL Server 数据库引擎中每个数据库的最大内存优化数据大小 | 不受限制的内存 | 32GB | 16GB | 352MB | 352MB |
| 每个 Analysis Services 实例利用的最大内存 | 操作系统支持的最大值 | 16～64GB | 不适用 | 不适用 | 不适用 |
| 每个 Reporting Services 实例利用的最大内存 | 操作系统支持的最大值 | 64GB | 64GB | 4GB | 不适用 |
| 最大关系数据库大小 | 524PB | 524PB | 524PB | 10GB | 10GB |

## 1.3　SQL Server 2019 的安装

本实验教材使用 SQL Server 2019 的 Windows 系统下的 Express 版。其安装环境如下：

- SQL Server 2019 Express 64 bit。
- SQL Server Management Studio (SSMS) 18.12.1。
- 操作系统：Windows 10 专业版。

SQL Server 2019 Express 下载地址：

```
https://www.microsoft.com/zh-cn/sql-server/sql-server-downloads?rtc=1
```

在网页上选择 Express 版进行下载，下载的文件名为 SQL2019-SSEI-Expr.exe。

集成开发工具 SQL Server Management Studio 下载地址：

```
https://docs.microsoft.com/en-us/sql/ssms/download-sql-server-management
-studio-ssms?redirectedfrom=MSDN&view=sql-server-ver16
```

在网站上选择 Download SSMS 下的 Free Download for SQL Server Management Studio (SSMS) 18.12.1 版本进行下载，下载的文件名为 SSMS-Setup-CHS.exe。

### 1.3.1 SQL Server 2019 的安装步骤

SQL Server 2019 的安装过程与其他 Microsoft Windows 系列产品类似。用户可根据向导提示，选择需要的选项一步一步地完成。

SQL Server 2019 安装步骤如下。

（1）双击 SQL2019-SSEI-Expr.exe 文件，出现如图 1-3 所示的界面。

图 1-3 SQL Server 2019 的安装过程 1

（2）选择“自定义”，出现如图 1-4 所示的界面。

（3）在图 1-4 中输入安装路径，默认为 C 盘，本实验教材安装在 D:\sql2019 下，在 D 盘下创建子目录 D:\sql2019，单击“浏览”按钮，选择刚创建的子目录，如图 1-5 所示。在图 1-5 中单击“安装”按钮。这时候开始下载安装程序，出现如图 1-6 所示界面。

（4）耐心等待几分钟后，出现如图 1-7 所示界面。

选择第一个选项进行安装，出现如图 1-8 所示界面。

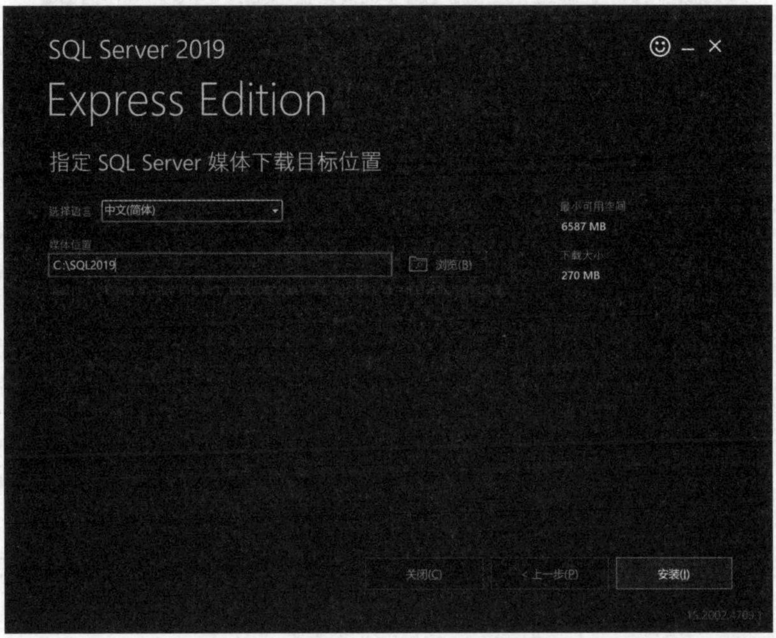

图 1-4 SQL Server 2019 的安装过程 2

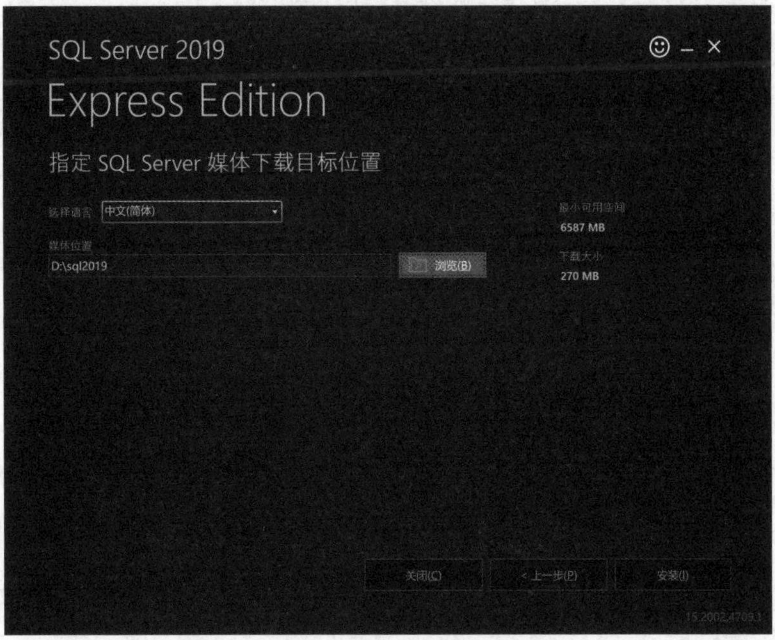

图 1-5 SQL Server 2019 的安装过程 3

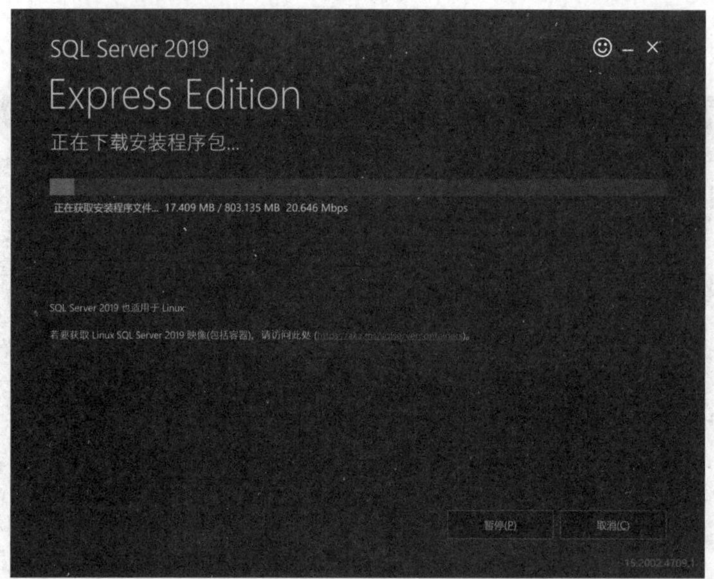


图 1-6　SQL Server 2019 的安装过程 4

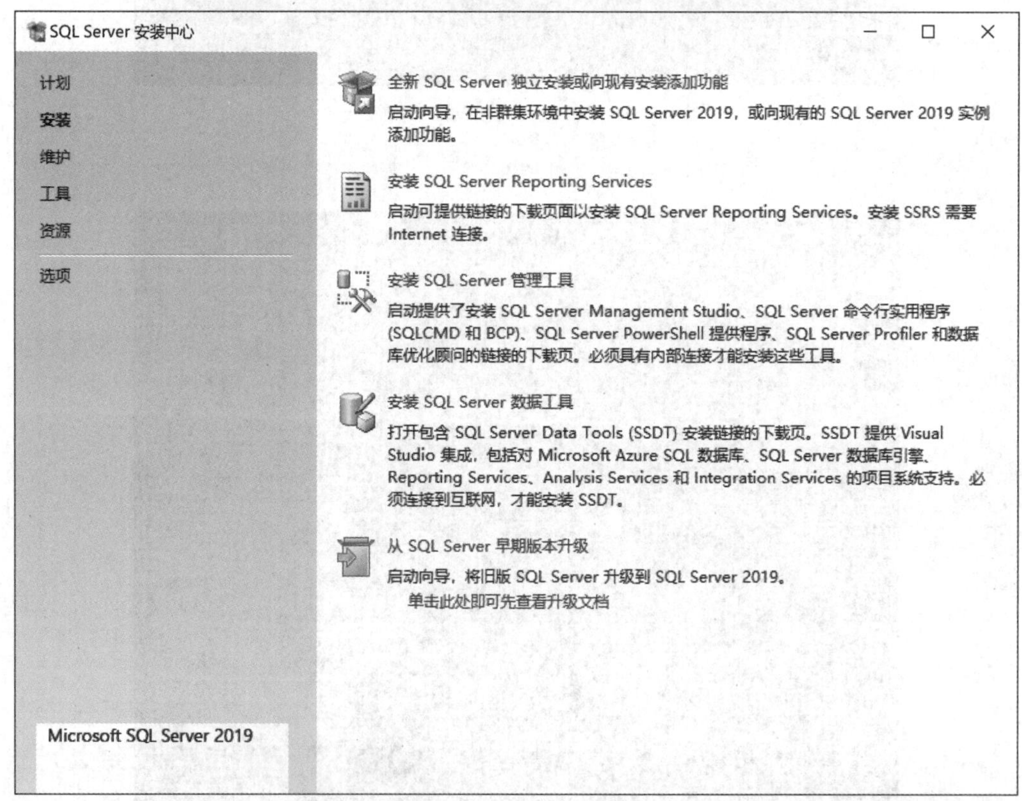


图 1-7　SQL Server 2019 的安装过程 5

SQL Server 2019

Microsoft SQL Server 2019 安装程序正在处理当前操作，请稍候。

图 1-8　SQL Server 2019 的安装过程 6

(5) 稍后出现如图 1-9 所示界面。

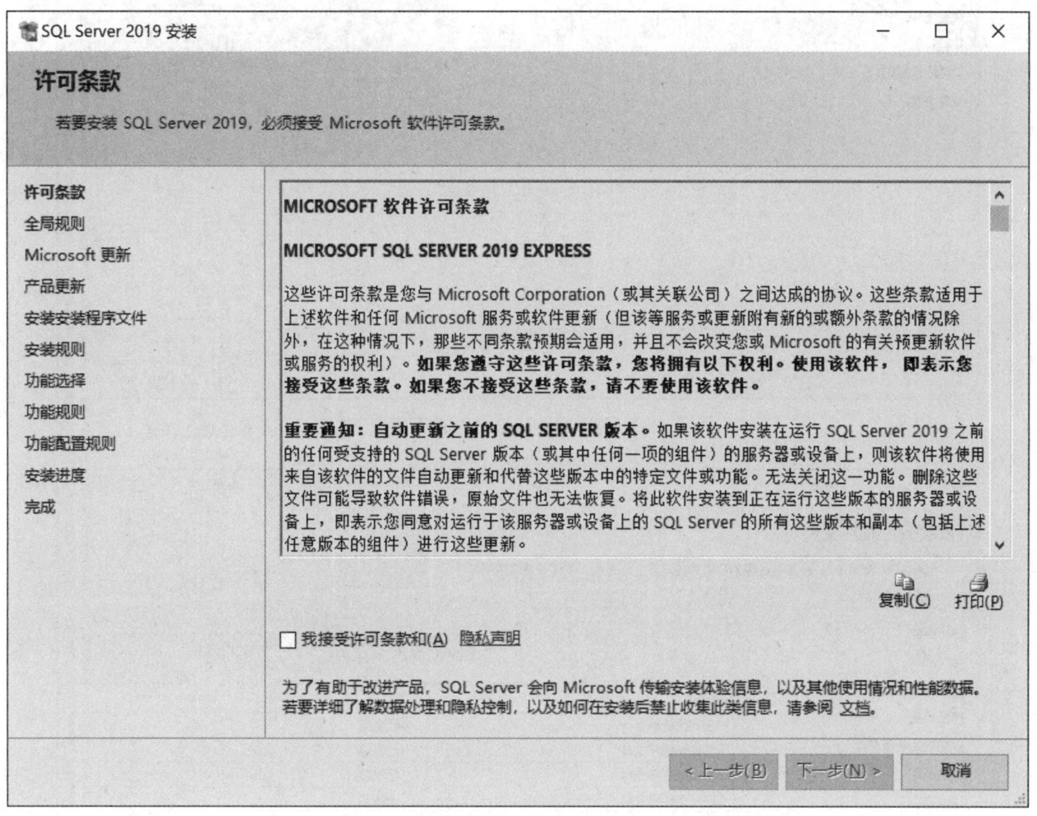


图 1-9　SQL Server 2019 的安装过程 7

(6) 选择“我接受许可条款”，单击“下一步”按钮，出现如图 1-10 所示界面。

(7) 单击“下一步”按钮，出现如图 1-11 所示界面。

(8) 单击“下一步”按钮，出现如图 1-12 所示界面。

(9) 单击“下一步”按钮，出现如图 1-13 所示界面。

(10) 选择安装目录，本实验教材使用 D:\sql2019，如图 1-14 所示。

(11) 单击“下一步”按钮，弹出“请稍候”框，稍等片刻，出现如图 1-15 所示界面。

(12) 单击“下一步”按钮，稍等片刻，出现如图 1-16 所示界面。

(13) 单击“下一步”按钮，出现如图 1-17 所示界面。

如图 1-18 所示修改参数。

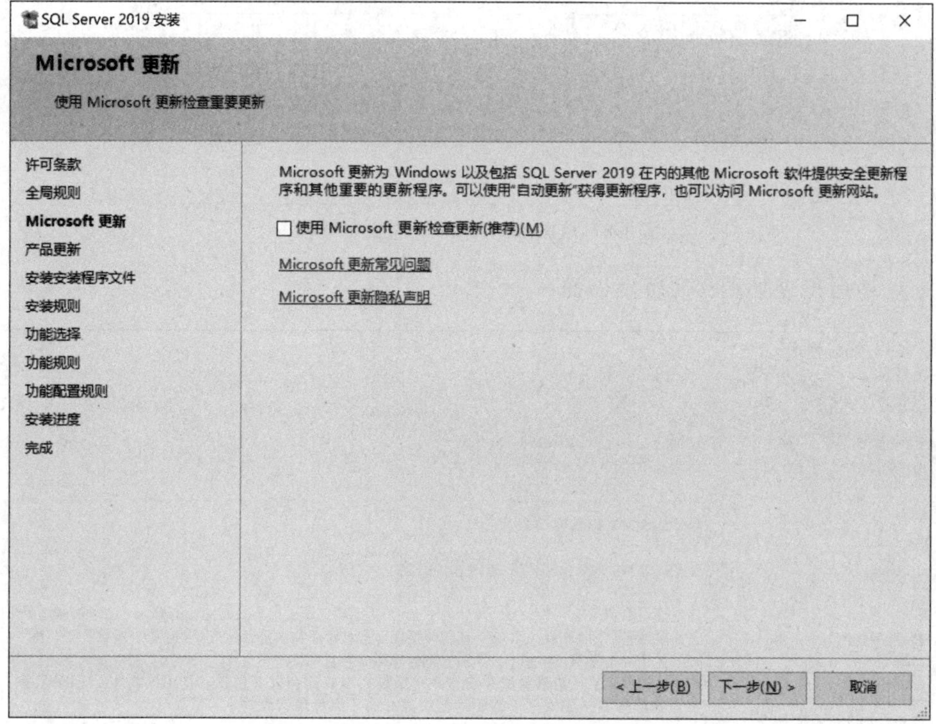


图 1-10　SQL Server 2019 的安装过程 8

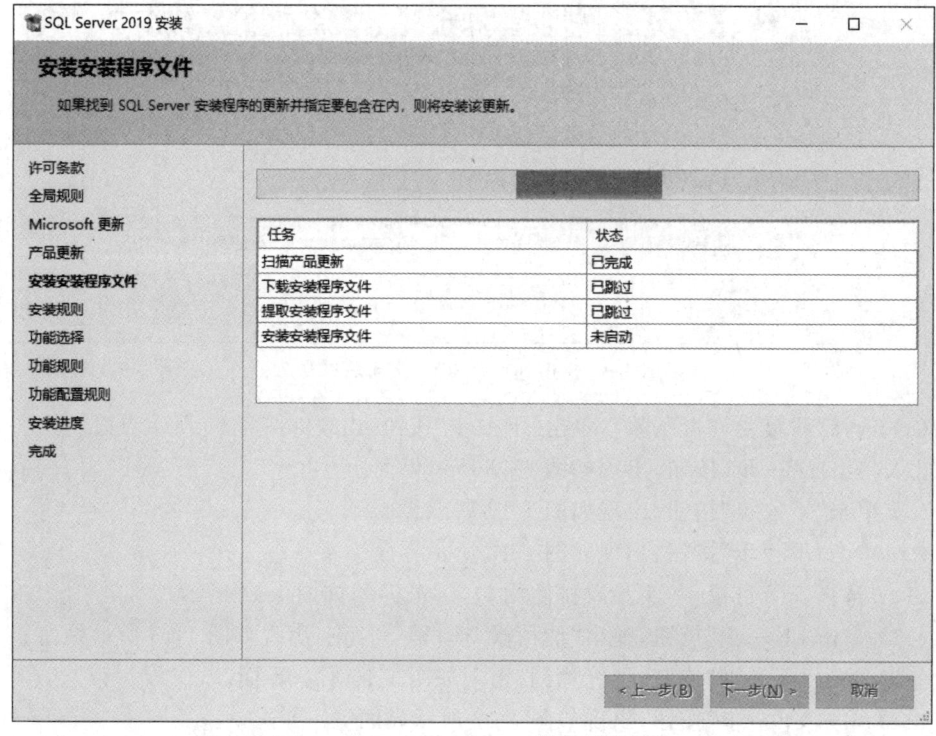


图 1-11　SQL Server 2019 的安装过程 9

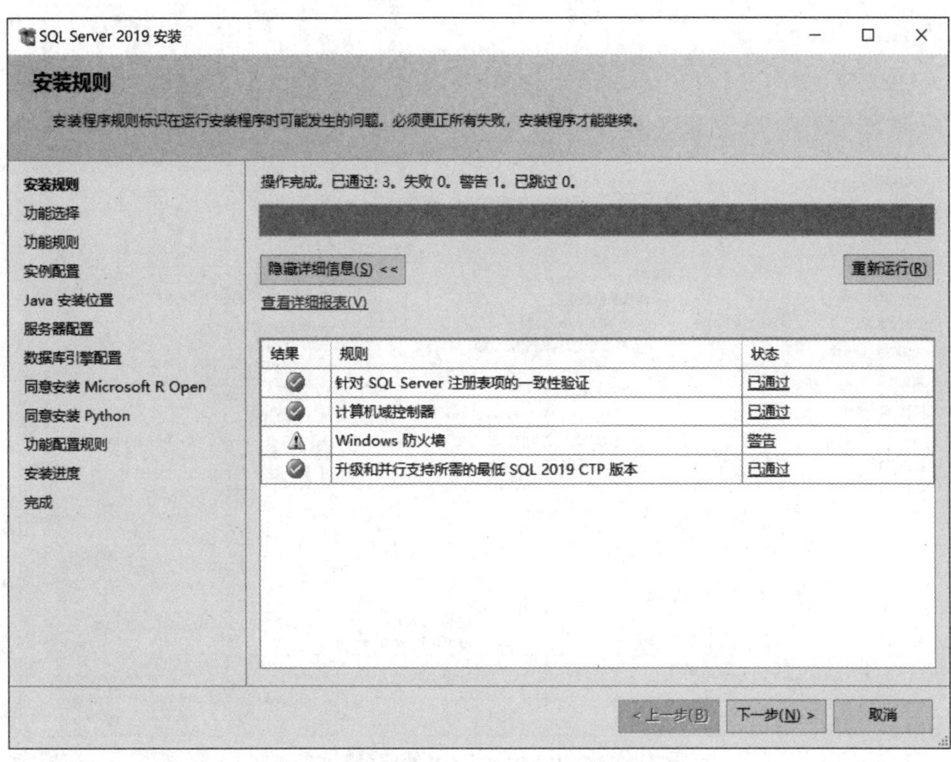


图 1-12　SQL Server 2019 的安装过程 10

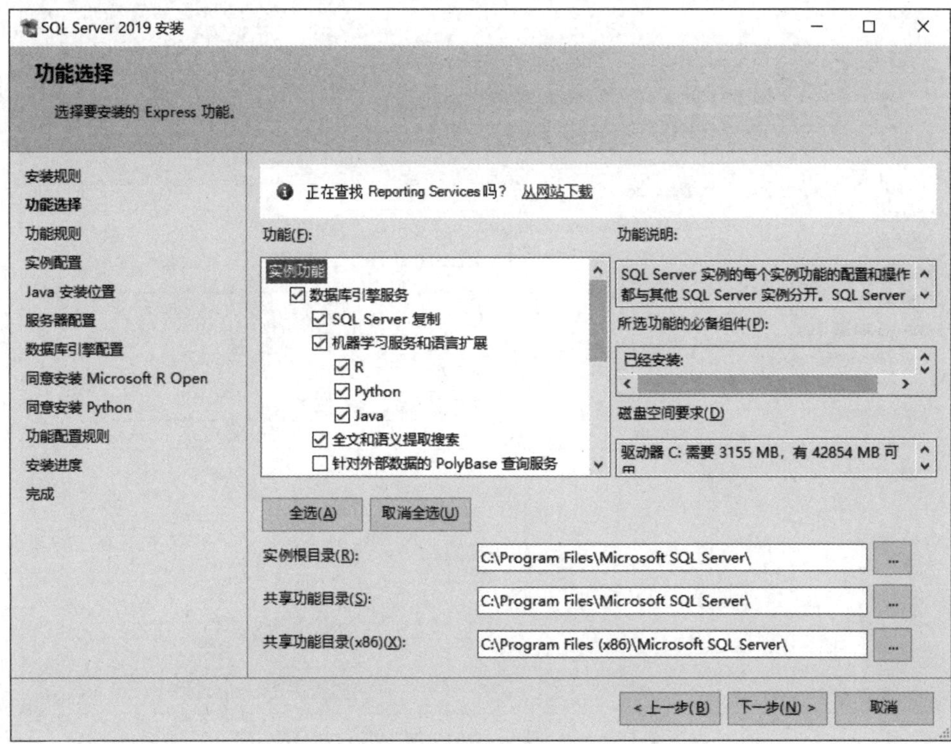


图 1-13　SQL Server 2019 的安装过程 11

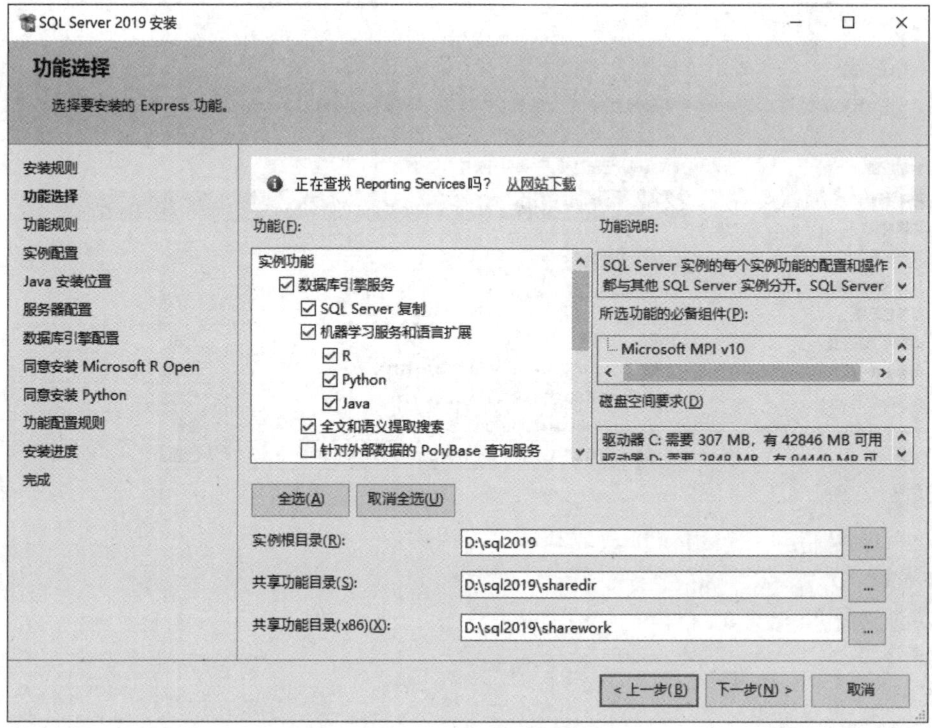


图 1-14　SQL Server 2019 的安装过程 12

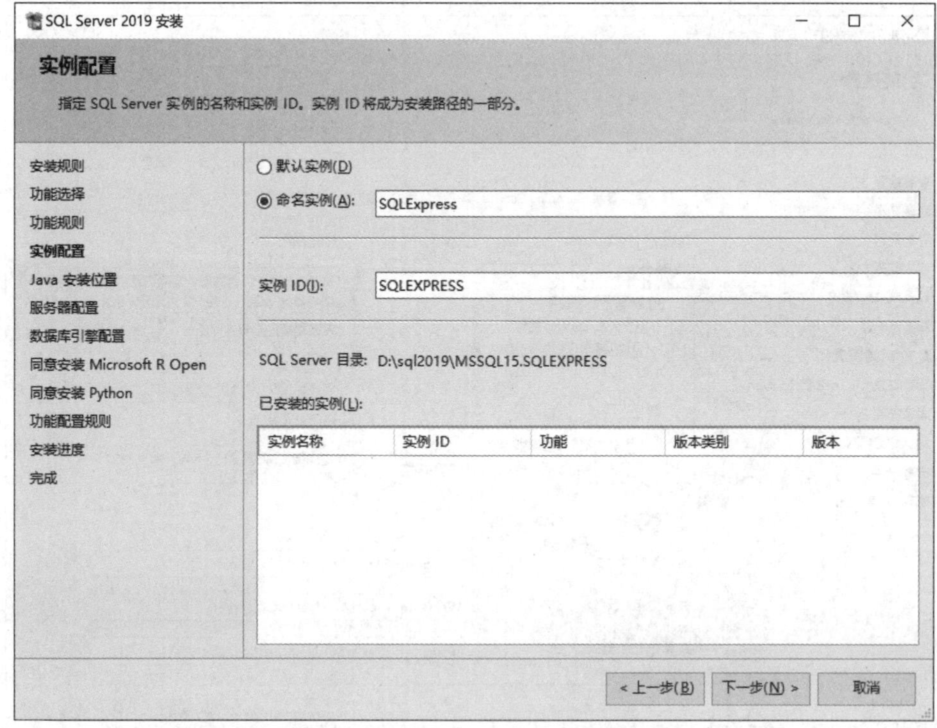


图 1-15　SQL Server 2019 的安装过程 13

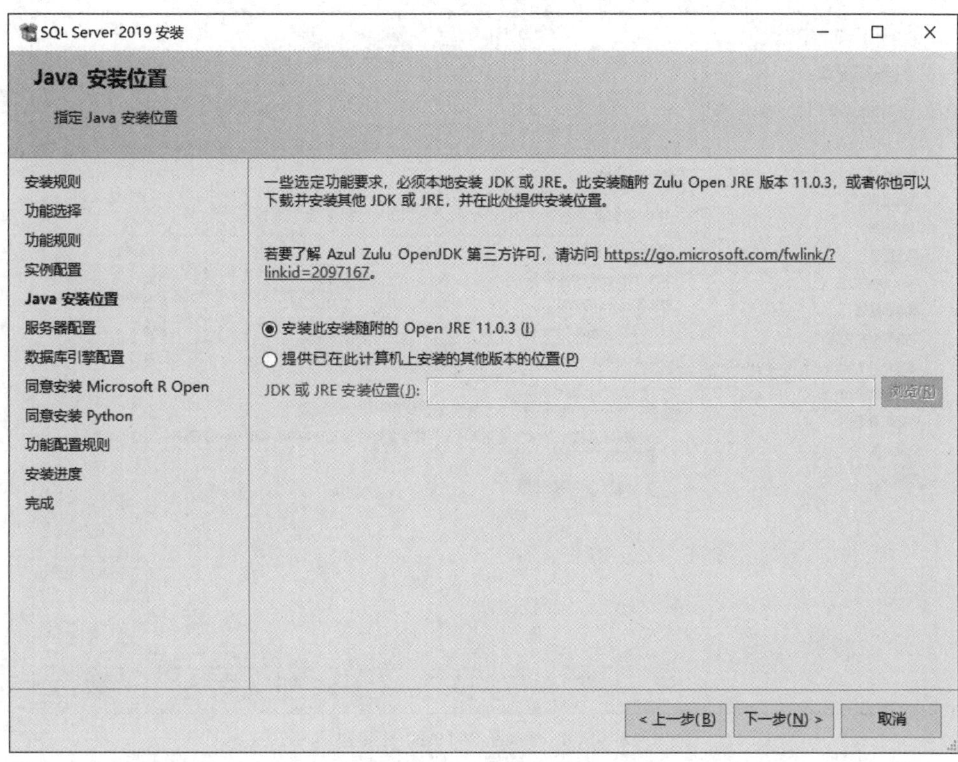


图 1-16　SQL Server 2019 的安装过程 14

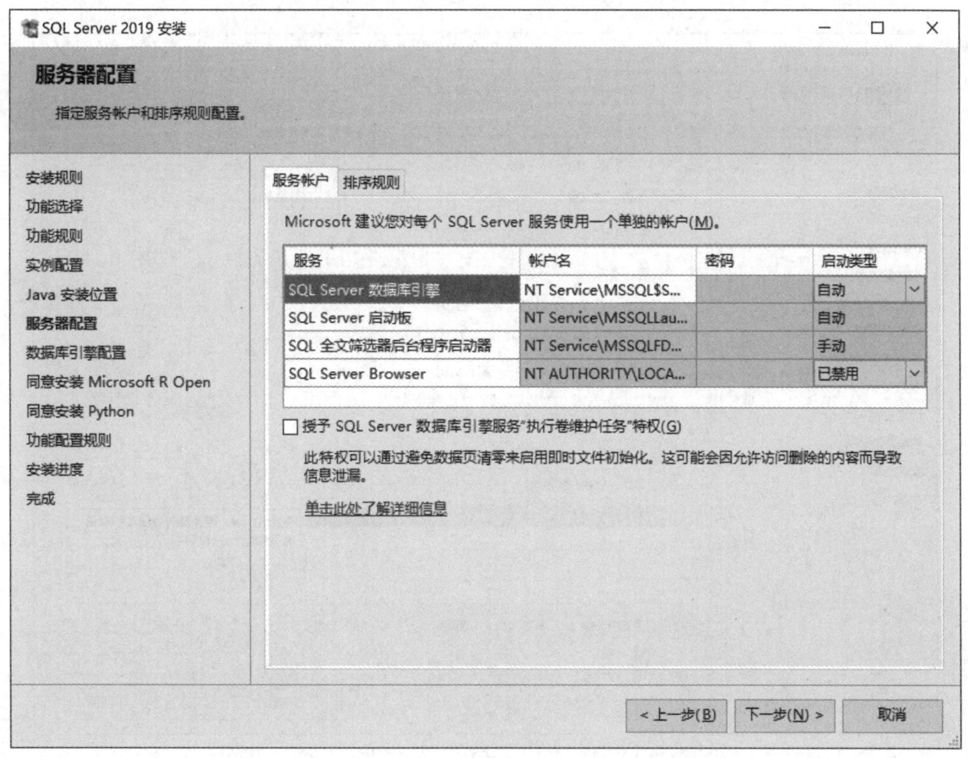


图 1-17　SQL Server 2019 的安装过程 15

SQL Server 2019 安装
服务器配置
指定服务帐户和排序规则配置。
安装规则
功能选择
功能规则
实例配置
Java 安装位置
服务器配置
数据库引擎配置
同意安装 Microsoft R Open
同意安装 Python
功能配置规则
安装进度
完成
服务帐户
排序规则
Microsoft 建议您对每个 SQL Server 服务使用一个单独的帐户(M)。
服务
帐户名
密码
启动类型
SQL Server 数据库引擎
NT Service\MSSQL$S...
手动
SQL Server 启动板
NT Service\MSSQLLa...
自动
SQL 全文筛选器后台程序启动器
NT Service\MSSQLFD...
手动
SQL Server Browser
NT AUTHORITY\LOCA...
已禁用
授予 SQL Server 数据库引擎服务"执行卷维护任务"特权(G)
此特权可以通过避免数据页清零来启用即时文件初始化。这可能会因允许访问删除的内容而导致信息泄漏。
单击此处了解详细信息
< 上一步(B)
下一步(N) >
取消

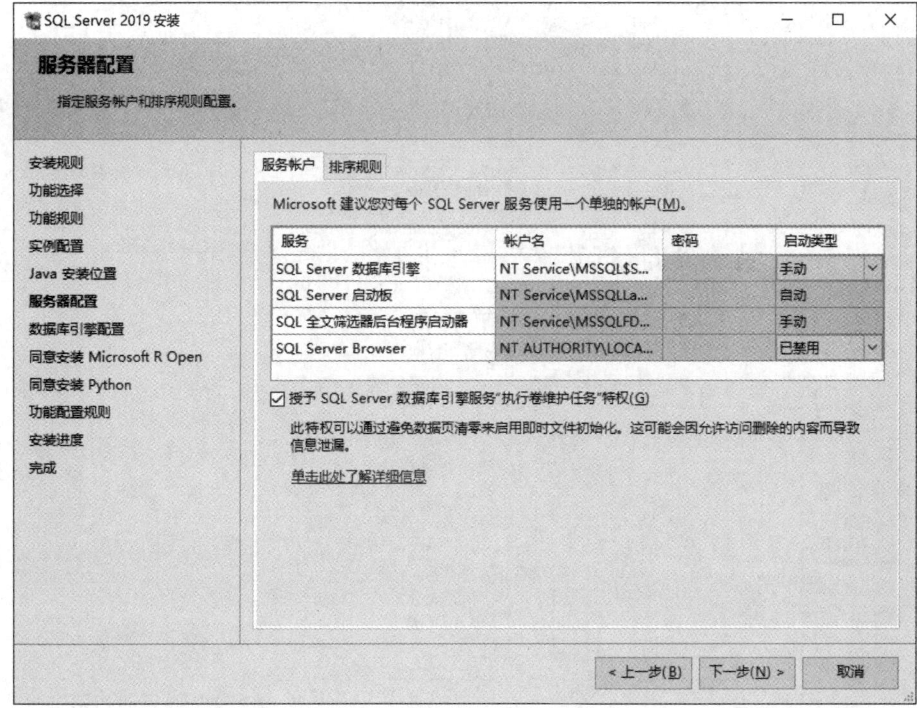

图 1-18　SQL Server 2019 的安装过程 16

（14）单击“下一步”按钮，出现如图 1-19 所示界面。

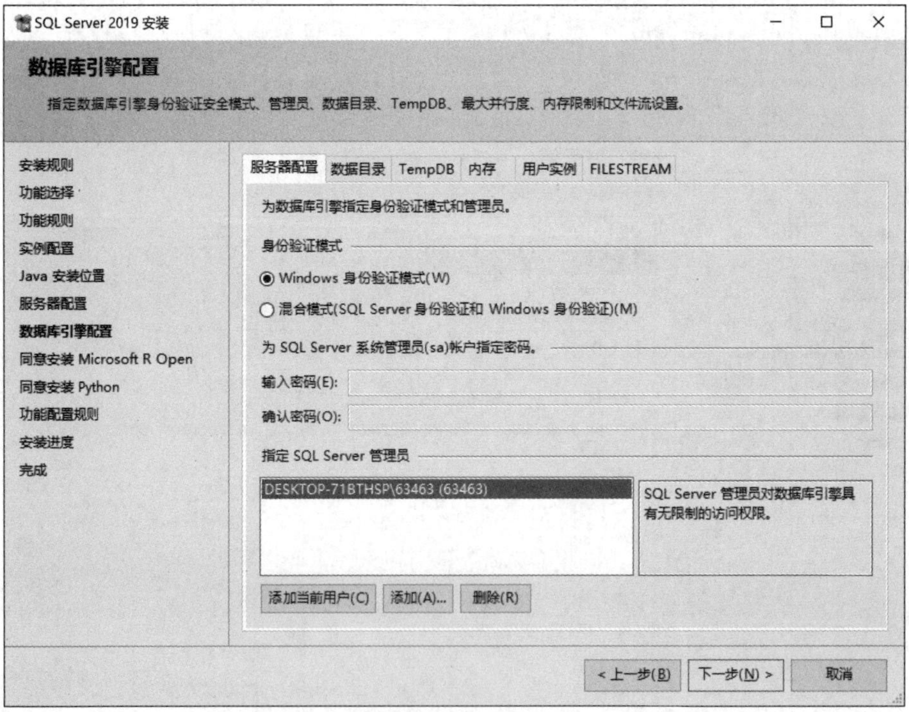

SQL Server 2019 安装
数据库引擎配置
指定数据库引擎身份验证安全模式、管理员、数据目录、TempDB、最大并行度、内存限制和文件流设置。
安装规则
功能选择
功能规则
实例配置
Java 安装位置
服务器配置
数据库引擎配置
同意安装 Microsoft R Open
同意安装 Python
功能配置规则
安装进度
完成
服务器配置
数据目录
TempDB
内存
用户实例
FILESTREAM
为数据库引擎指定身份验证模式和管理员。
身份验证模式
Windows 身份验证模式(W)
混合模式(SQL Server 身份验证和 Windows 身份验证)(M)
为 SQL Server 系统管理员(sa)帐户指定密码。
输入密码(E):
确认密码(O):
指定 SQL Server 管理员
DESKTOP-71BTHSP\63463 (63463)
SQL Server 管理员对数据库引擎具有无限制的访问权限。
添加当前用户(C)
添加(A)...
删除(R)
< 上一步(B)
下一步(N) >
取消

图 1-19　SQL Server 2019 的安装过程 17

修改参数,选择“身份认证模式”为“混合模式”,在此输入系统管理员(sa)的密码,出现如图1-20所示界面。

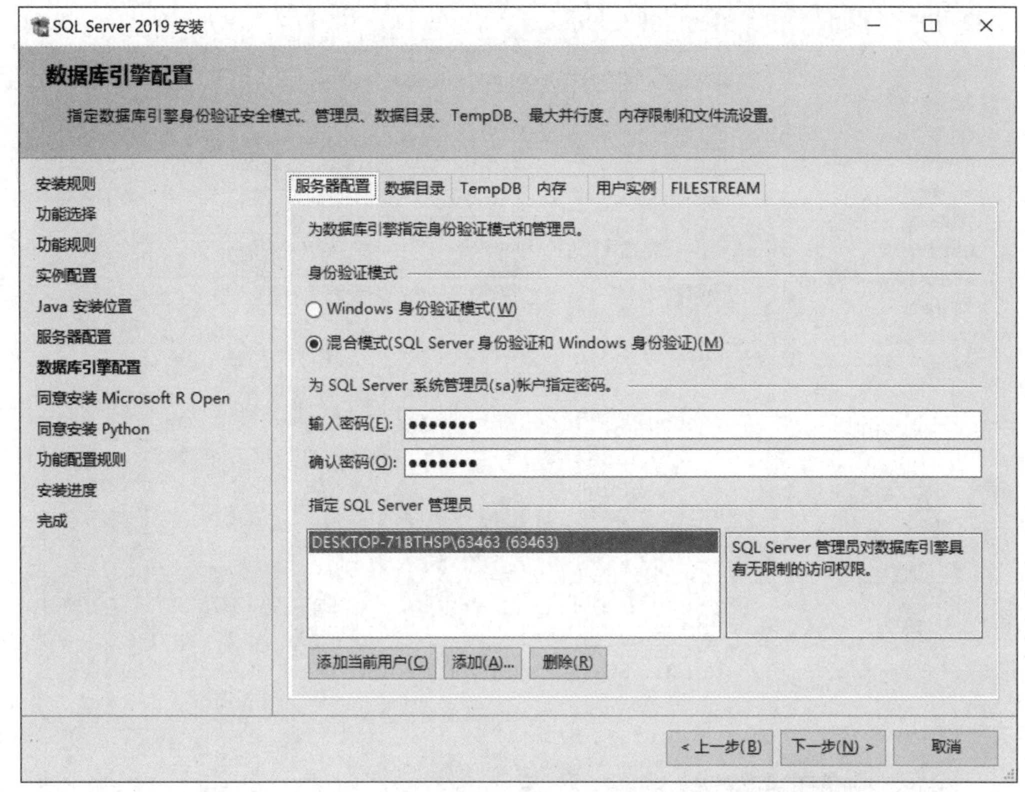

图1-20 SQL Server 2019 的安装过程18

单击“数据目录”选项卡,可以看到数据库默认存放的路径,以及系统数据库的路径,出现如图1-21所示界面。

(15) 单击“下一步”按钮,出现如图1-22所示界面。

单击“接受”按钮,稍等片刻,出现如图1-23所示界面。

(16) 单击“下一步”按钮,出现如图1-24所示界面。

单击“接受”按钮,出现如图1-25所示界面。

(17) 单击“下一步”按钮,出现如图1-26和图1-27所示界面,开始进行安装。

(18) 安装完后,出现如图1-28所示界面。

(19) 单击“确定”按钮,出现如图1-29所示界面。

(20) 安装完成,要重启系统才可以使用,单击“关闭”按钮回到初始界面,出现如图1-30所示界面。

退出后,重启系统即可完成最后的安装,也可以在这个界面中选择第三个选项来安装SQL Server管理工具。

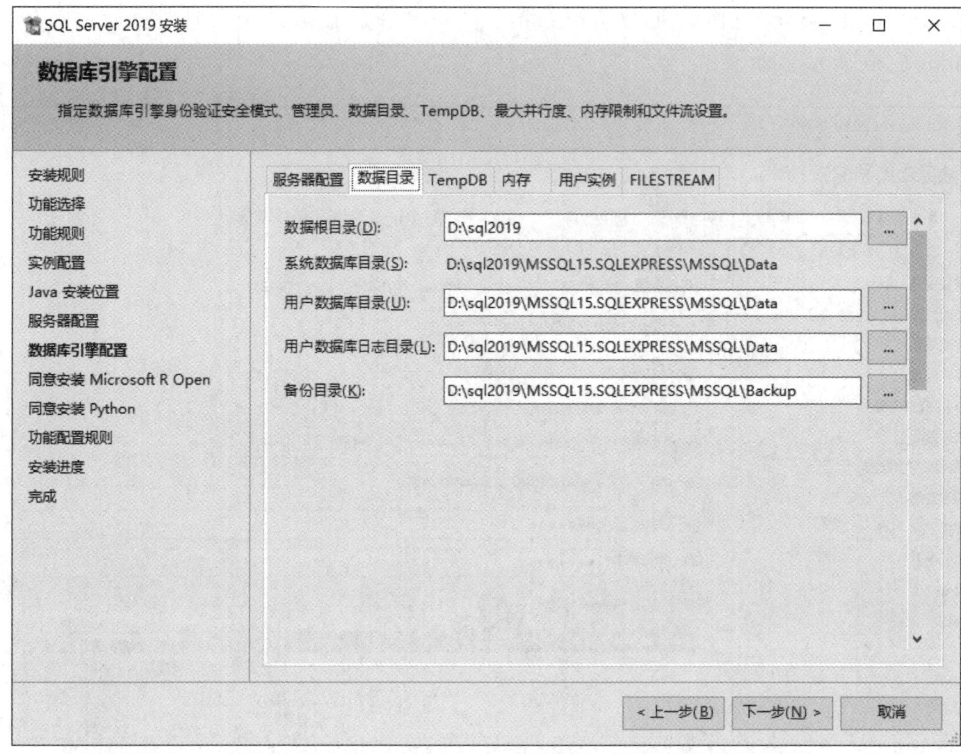


图 1-21　SQL Server 2019 的安装过程 19

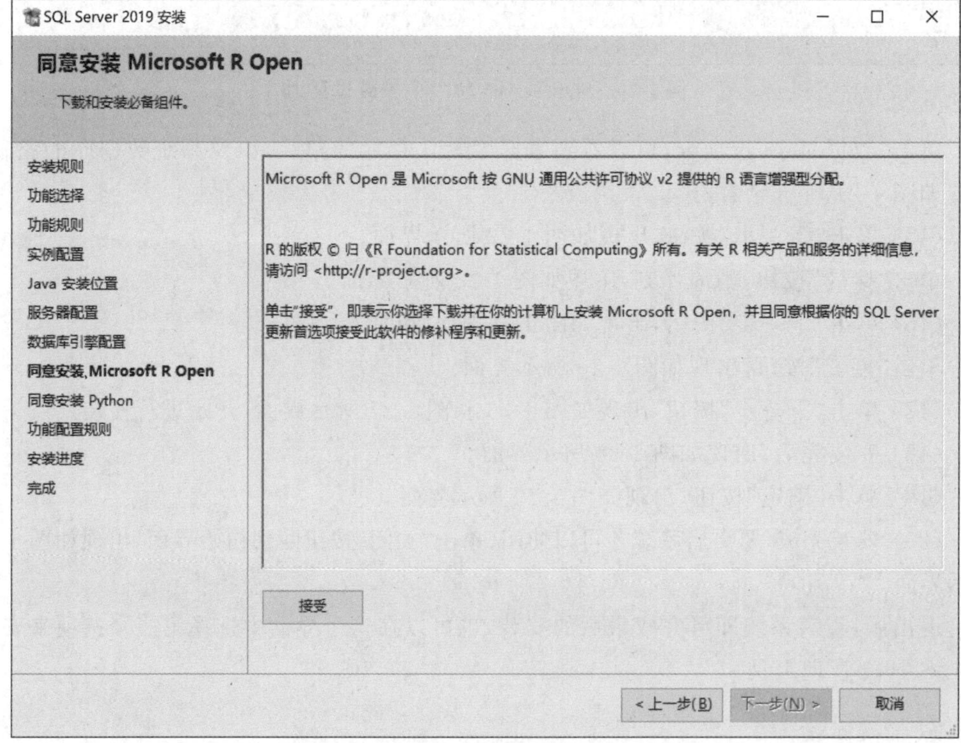


图 1-22　SQL Server 2019 的安装过程 20

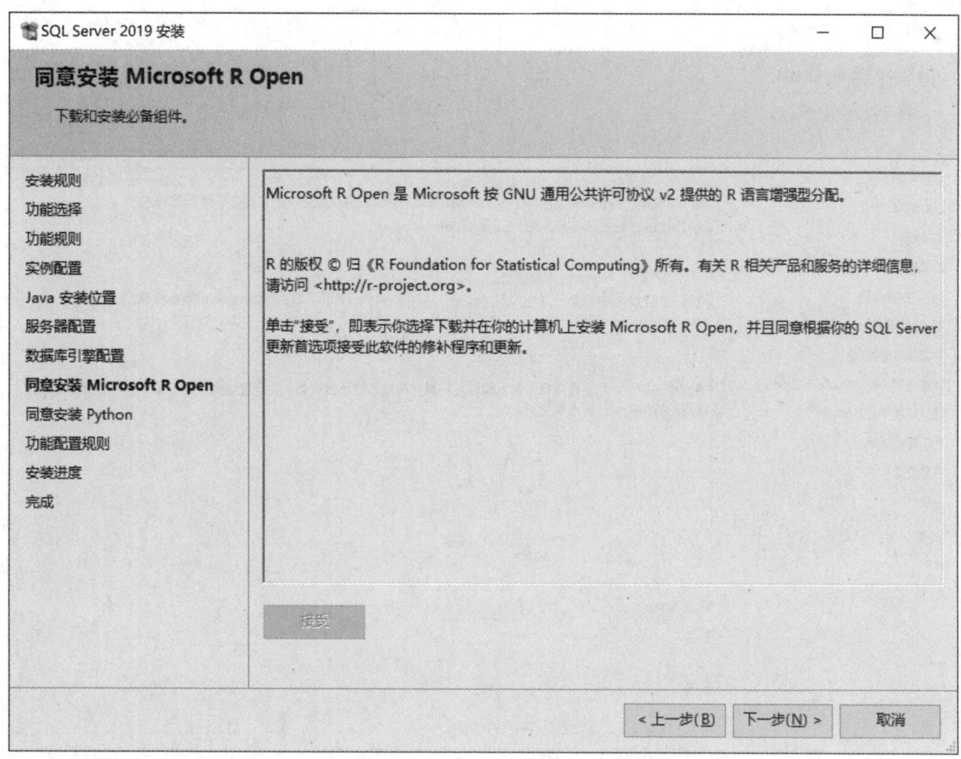


图 1-23　SQL Server 2019 的安装过程 21

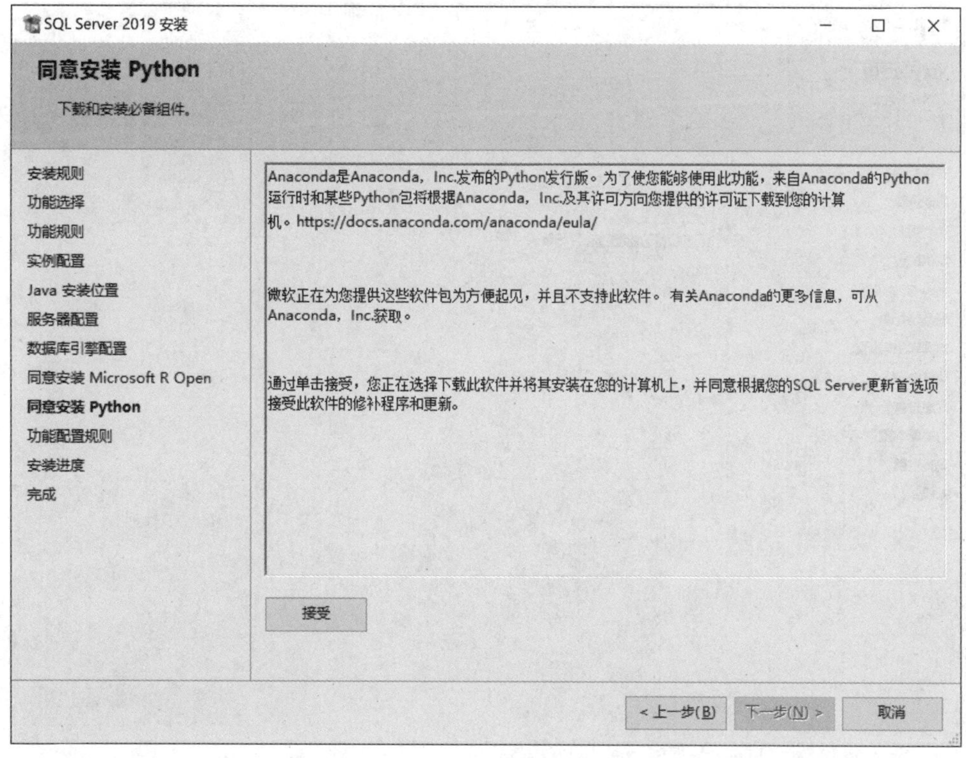


图 1-24　SQL Server 2019 的安装过程 22

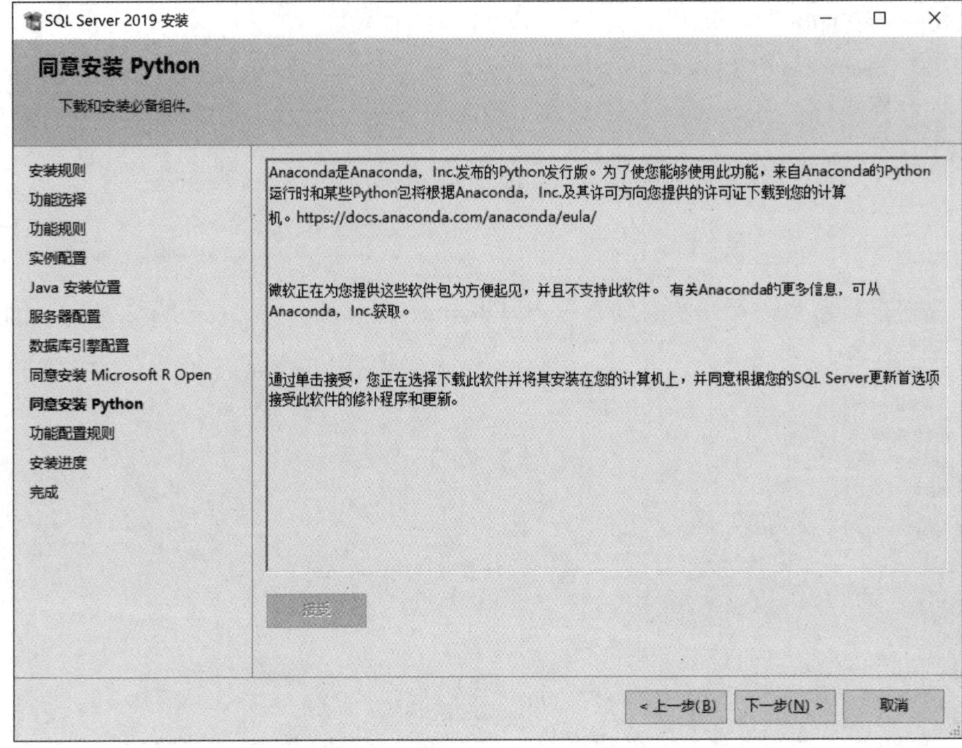


图 1-25　SQL Server 2019 的安装过程 23



图 1-26　SQL Server 2019 的安装过程 24

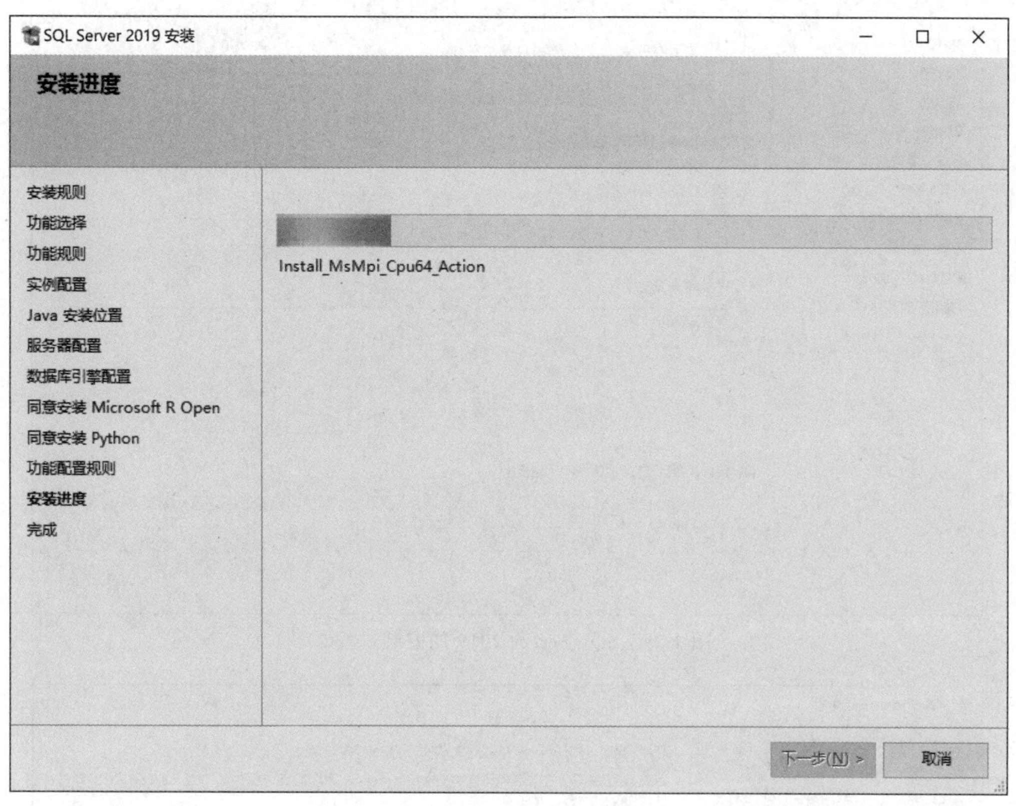


图 1-27 SQL Server 2019 的安装过程 25

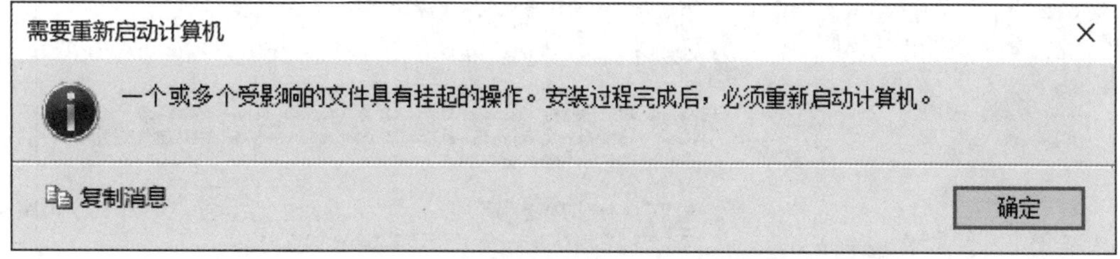


图 1-28 SQL Server 2019 的安装过程 26

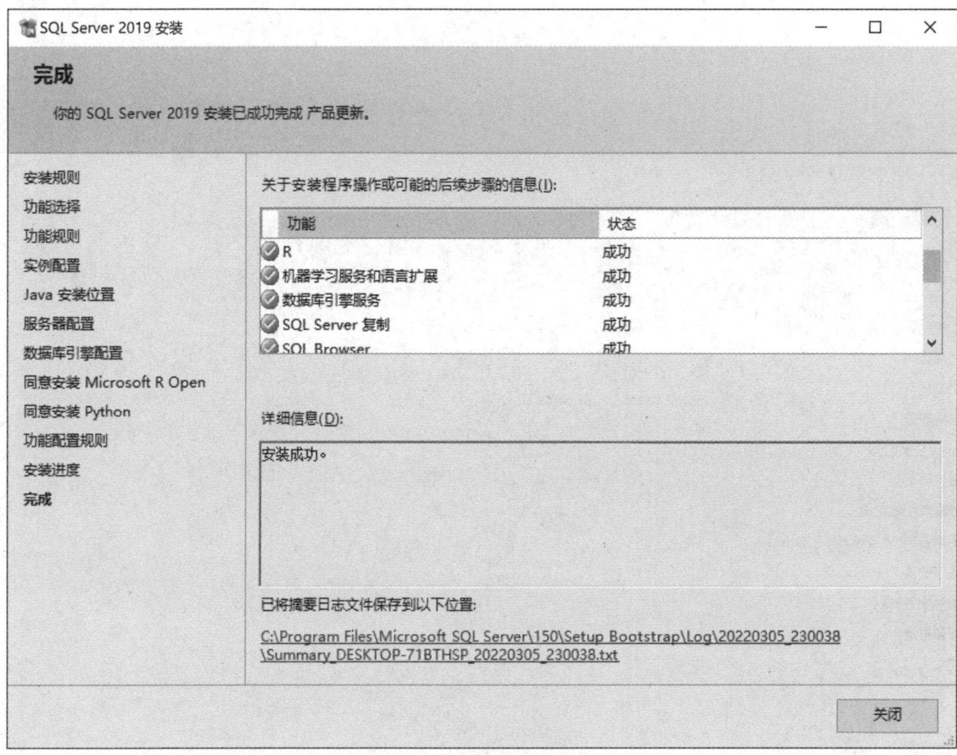


图 1-29　SQL Server 2019 的安装过程 27

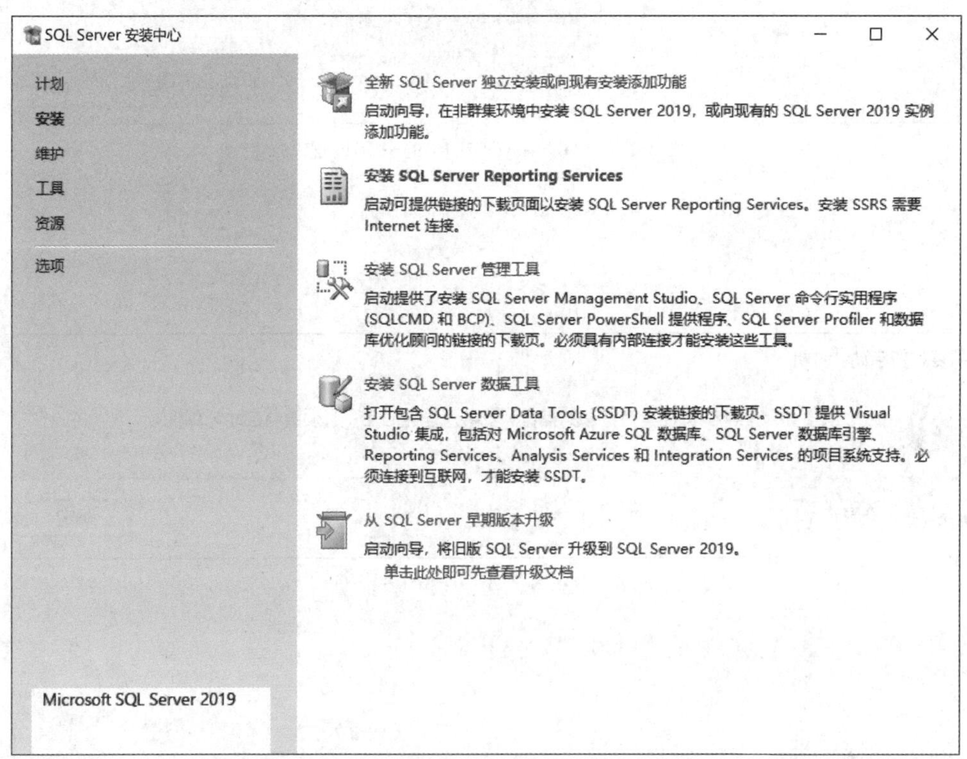


图 1-30　SQL Server 2019 的安装过程 28

### 1.3.2　Microsoft SQL Server Management Studio 的安装

SQL Server Management Studio(SSMS)是用于访问、配置、管理和开发 SQL Server 组件的集成环境。借助 SSMS,所有开发人员和管理员都能使用 SQL Server。SSMS 的安装过程如下。

(1) 单击 SSMS-Setup-CHS.exe 文件,出现如图 1-31 所示界面。

图 1-31　Management Studio 的安装过程 1

(2) 在如图 1-31 所示界面中选择安装目录,如图 1-32 所示。

图 1-32　Management Studio 的安装过程 2

（3）在如图 1-32 所示界面中单击“安装”按钮，开始安装，如图 1-33 所示。

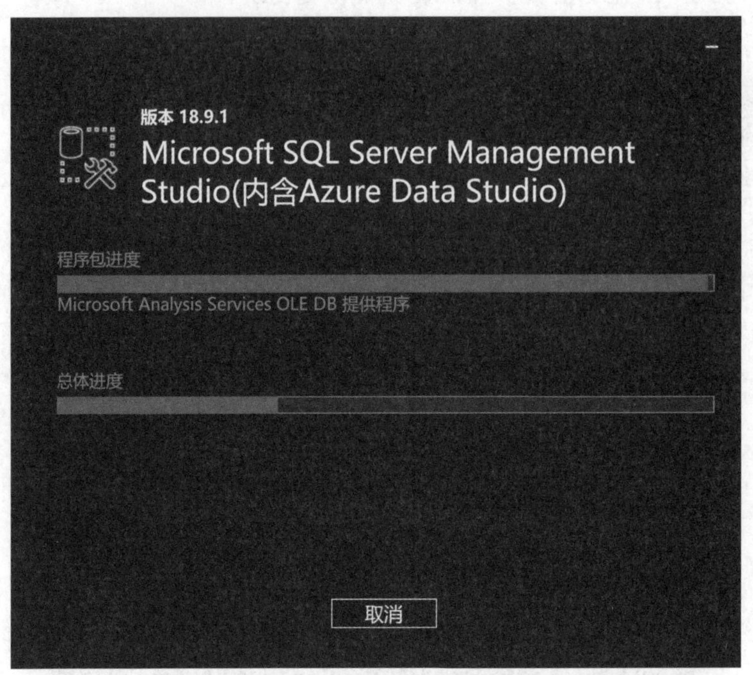


图 1-33　Management Studio 的安装过程 3

（4）出现图 1-34 所示界面后，单击“重新启动”按钮，完成剩下的安装。

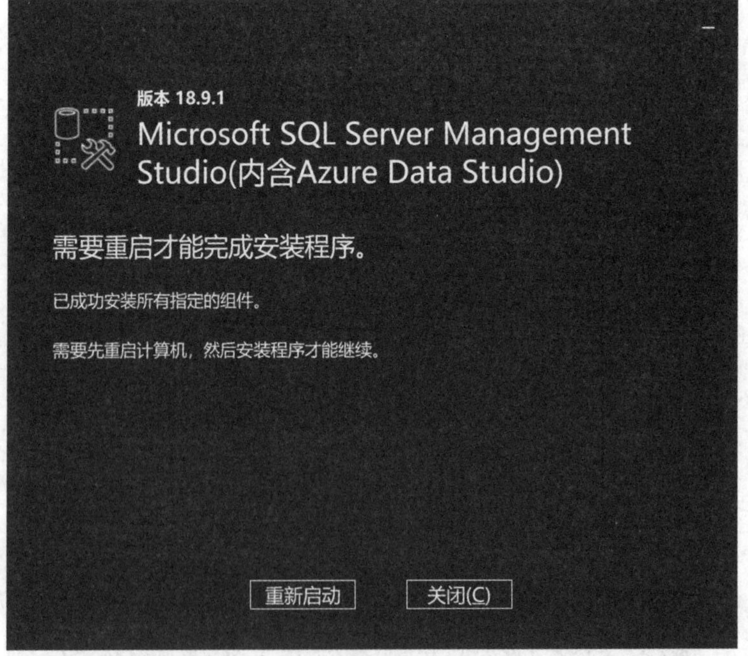


图 1-34　Management Studio 的安装过程 4

### 1.3.3　SQL Server 2019 帮助文件的安装

SQL Server 2019 没有直接的帮助文件，只有联机文档，联机文档的网址是：

```
https://docs.microsoft.com/en-us/search/?terms=SQL%20Server%202019
```

微软公司网站上有 2008 版本的帮助文件，下载地址为：

```
https://www.microsoft.com/zh-cn/download/details.aspx?id=9071
```

其文件名为 SQLServer2008R2_BOL_CHS.msi，双击该文件进入安装界面。

## 1.4　SQL Server 主要工具使用

SQL Server 2019 配置管理器是一个用于管理与 SQL Server 相关联的服务、配置 SQL Server 使用的网络协议，以及从 SQL Server 客户端计算机管理网络连接配置的工具。启动 SQL Server 2019 数据库服务器是在 SQL Server 2019 配置管理器中进行的。

要使用 SQL Server 2019 数据库，首先必须启动 SQL Server 2019 数据库服务器，然后使用 SQL Server 2019 提供的使用工具对数据库进行相应的操作。

### 1.4.1　启动服务

在 Windows 的开始菜单中选择“Microsoft SQL Server 2019”→“配置工具”→“SQL Server 2019 配置管理器”命令，出现如图 1-35 所示的界面。

图 1-35　启动 SQL Server 服务 1

在左边窗口选中第一项“SQL Server 服务”选项，在右边窗口选中第一项“SQL Server(SQLEXPRESS)”选项，右击，出现如图 1-36 所示的界面，单击“启动”项（或者单击▶按钮），启动 SQL Server 服务，启动后的界面如图 1-37 所示，数据库启动后就可以关闭这个窗口。

### 1.4.2　Microsoft SQL Server Management Studio

Microsoft SQL Server Management Studio 是 SQL Server 2019 提供的一种集成环境，该工具可以完成访问、配置、控制、管理和开发 SQL Server 的所有工作。

图 1-36　启动 SQL Server 服务 2

Sql Server Configuration Manager

文件(F)　操作(A)　查看(V)　帮助(H)

SQL Server 配置管理器 (本地)
- SQL Server 服务
- SQL Server 网络配置(32 位)
- SQL Native Client 11.0 配置(32 位)
- SQL Server 网络配置
- SQL Native Client 11.0 配置

| 名称 | 状态 | 启动模式 | 登录身份为 | 进程 ID |
|---|---|---|---|---|
| SQL Server (SQLEXPRESS) | 正在运行 | 手动 | NT Service\MSSQ... | 8236 |
| SQL Full-text Filter Daemon Launcher (S... | 已停止 | 手动 | NT Service\MSSQ... | 0 |
| SQL Server Launchpad (SQLEXPRESS) | 已停止 | 手动 | NT Service\MSSQ... | 0 |
| SQL Server 代理 (SQLEXPRESS) | 已停止 | 其他("引导"、"... | NT AUTHORITY\N... | 0 |
| SQL Server Browser | 已停止 | 其他("引导"、"... | NT AUTHORITY\L... | 0 |

图 1-37　启动 SQL Server 服务 3

实际上，Microsoft SQL Server Management Studio 将各种图形化工具和多功能的脚本编辑器组合在一起，大大方便了技术人员和数据库管理员对 SQL Server 系统的各种访问。

**1. 进入 Management Studio**

在 Windows 的开始菜单中选择"Microsoft SQL Server Tools 18"→"Microsoft SQL Server Management Studio 18"命令，出现如图 1-38 和图 1-39 所示的界面。

图 1-38　Management Studio 1

输入登录账号和密码后，单击"连接"按钮，出现如图 1-40 所示的界面。

用户在该界面中可以完成访问、配置、控制、管理和开发 SQL Server 的所有工作。

**2. 对象资源管理器**

通过对象资源管理器，可以查看 SQL Server 的所有对象。展开的"对象资源管理器"面板如图 1-41 所示。

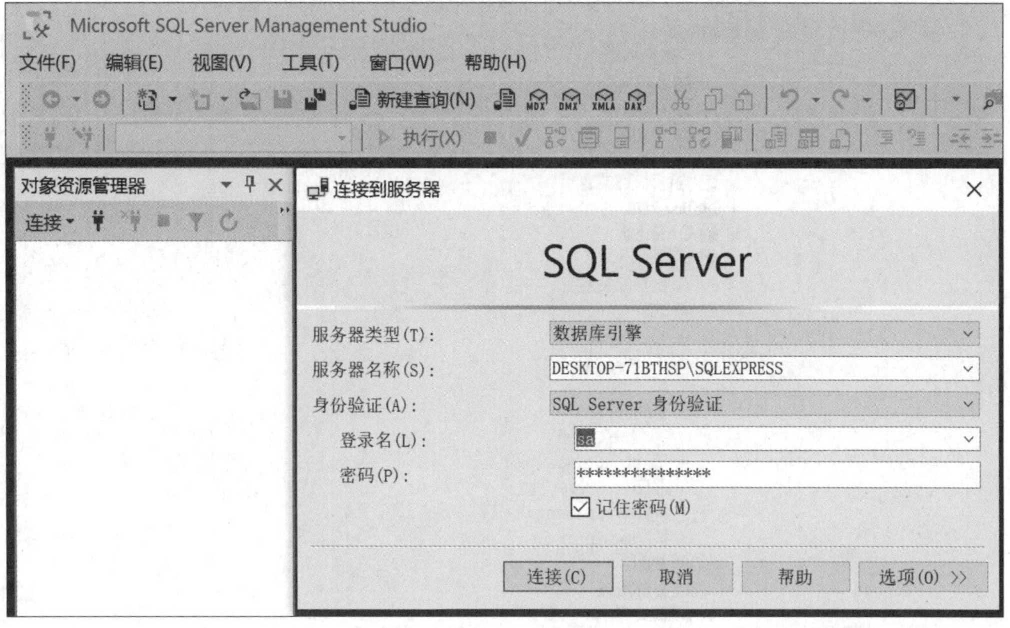


图 1-39　Management Studio 2

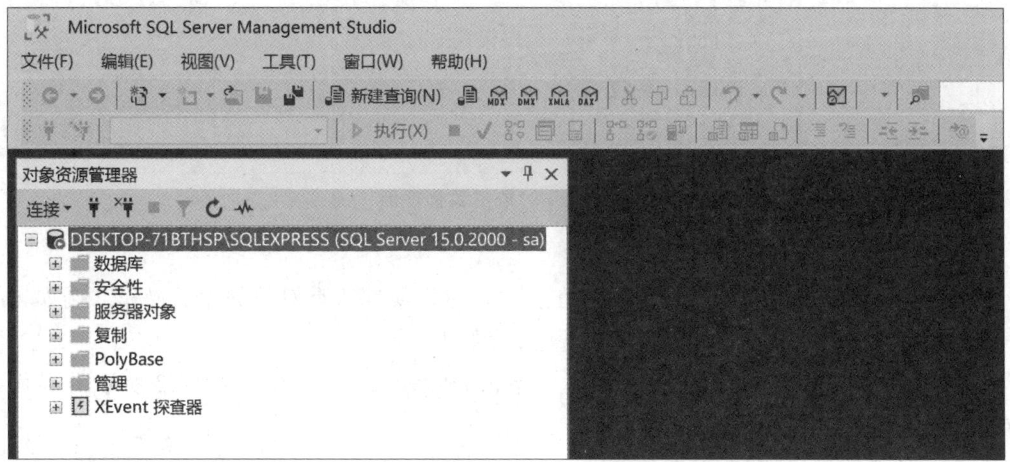


图 1-40　Management Studio 3

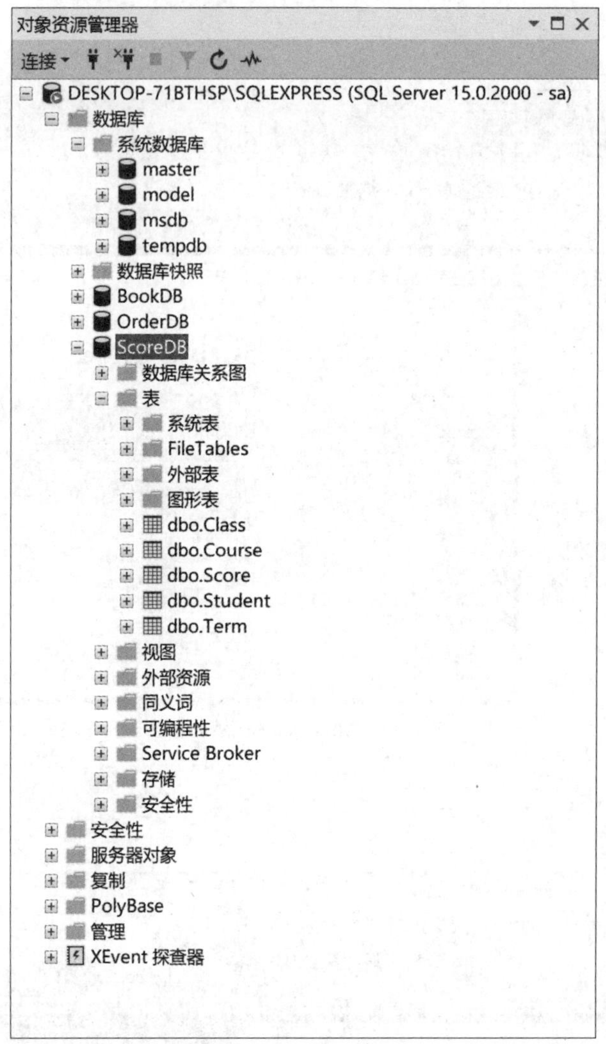


图 1-41 对象资源管理器

### 3. SQL 编辑器

在 SQL 编辑器中,用户通过使用命令方式,可以实现所有对数据库的操作。例如,在 ScoreDB 数据库中查询 Course 表的信息,过程如下。

(1) 在 Management Studio 工具栏中单击"新建查询(N)",出现如图 1-42 所示的界面,右边的"属性"窗格可以关闭。

(2) 选择数据库,有两种方法。

方法一:从下拉列表框"master"中选择 ScoreDB 数据库。

方法二:在 SQL 命令区输入"USE ScoreDB",然后单击"▷ 执行(X)"按钮。

(3) 在 SQL 命令区输入"SELECT * FROM Course",然后单击"▷ 执行(X)"按钮。

结果如图 1-43 所示。

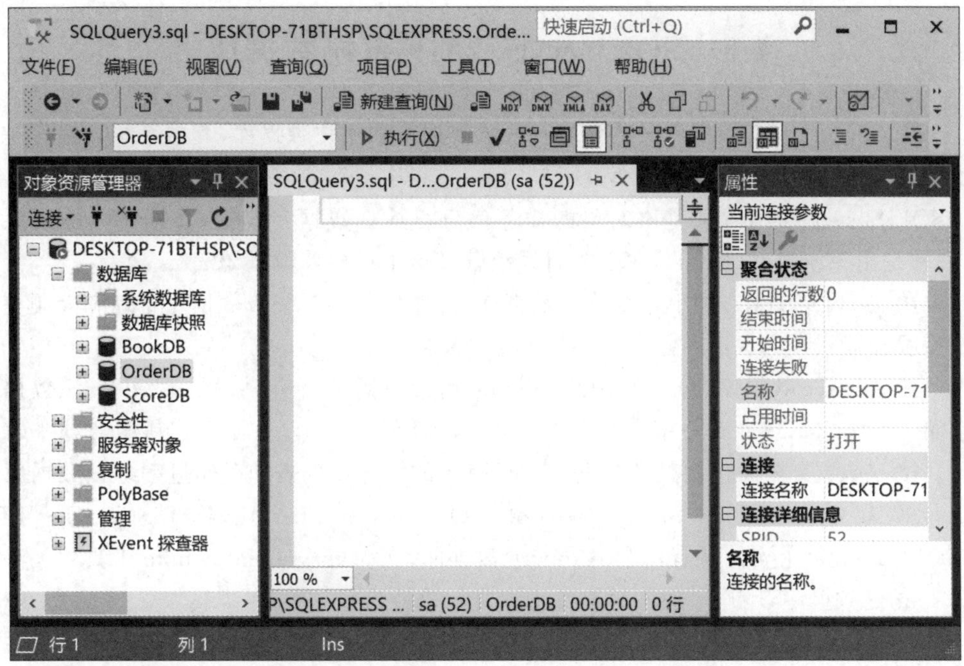


图 1-42 新建查询

图 1-43 SQL 查询

# 1.5 SQL Server 2019 系统数据库

SQL Server 2019 数据库分为两类：系统数据库和用户数据库，其中系统数据库是系统安装时自动创建的，用户数据库由用户创建，它集中地存放着用户数据。

SQL Server 2019 有关基本对象的描述信息存放在数据字典中，数据字典称为系统表，通常是由系统自动维护的，在必要时系统管理员也可以修改系统表。

SQL Server 2019 有如下 5 个系统数据库，并使用这些系统级数据库管理和控制整个数据库服务器系统。

（1）resource 数据库，包含了 SQL Server 运行所需的所有只读的系统表、元数据以及存储过程。它不包含有关用户实例或数据库的任何信息，它只在安装新服务补丁时被写入。resource 数据库包含其他数据库逻辑引用的所有物理表和存储过程。该数据库的默认位置为 C:\Program Files\Microsoft SQL Server\MSSQL14.MSSQLSERVER\MSSQL\Binn，每个实例只有一个 resource 数据库，在 Management Studio 工具中无法看到 resource 数据库，用户一般不对该数据库进行修改操作。

（2）master 数据库，是 SQL Server 系统最重要的数据库，它记录了 SQL Server 系统的所有系统信息。这些系统信息包括所有的登录信息、系统设置信息、SQL Server 的初始化信息和其他系统数据库及用户数据库的相关信息。

resource 数据库和 master 数据库之间的主要区别在于 master 数据库保存用户实例特定的数据，而 resource 数据库只保存运行用户实例所需的架构和存储过程，而不包含任何实例特定的数据。

尽量不要在 master 数据库中创建对象，如果在其中创建对象，则可能需要更频繁地进行备份。

（3）model 数据库，是所有用户数据库和 tempdb 数据库的模板数据库，它含有 master 数据库所有系统表的子集，这些系统数据库是每个用户定义数据库所需要的。在创建新数据库时，model 被复制为新数据库，包括在 model 数据库中添加的特殊对象或数据库设置。

（4）msdb 数据库，包含 SQL Server 代理、日志传送、SSIS 以及关系数据库引擎的备份和还原系统等使用的信息。该数据库存储了有关作业、操作员、警报、策略以及作业历史的全部信息。因为包含这些重要的系统级数据，所以应定期对该数据库进行备份。

（5）tempdb，是一个临时数据库，它为所有的临时表、临时存储过程及其他临时操作提供存储空间。

SQL Server 2019 还附带了两个示例数据库 AdventureWorks 和 AdventureWorksDW。可作为 SQL Server 的学习工具，用户可通过它来了解、练习 SQL 语句。这两个数据库下载地址为：

```
https://msftdbprodsamples.codeplex.com/releases/view/125550
```

(1) AdventureWorks 不是系统数据库,而是一个 OLTP(Online Transaction Processing,联机事务处理)数据库示例。该数据库存储了某公司的业务数据。用户可以利用该数据库来学习 SQL Server 的操作,也可以模仿该数据库的结构设计用户自己的数据库。

(2) AdventureWorksDW 是一个 OLAP(Online Analytical Processing,联机分析处理)数据库示例,用于在线事务分析。用户可以利用该数据库来学习 SQL Server 的 OLAP 操作,也可以模仿该数据库的内部结构设计用户自己的 OLAP 数据库。

在 OLTP 数据库中,数据是按照二维表格的形式来存储的。OLTP 数据库的主要作用是降低存储在数据库中的各种信息的冗余度和加快对数据的检索、插入、更新及删除速度。OLTP 数据库是当前最为流行的数据库模型。

OLAP 数据存储模型与 OLTP 不同。OLAP 数据存储模型的结构是星型结构或雪崩结构,主要作用是提高系统对数据的检索和分析速度。

Microsoft SQL Server 是一种典型的 OLTP 系统,具有 OLAP 系统的功能。

### 1.5.1 SQL Server 系统表

系统表是指在 master 数据库中由 SQL Server 系统直接提供的全体表,这些系统表也称为数据字典,记载了有关数据库中所存的基本信息,SQL Server 依靠这些系统表来控制整个 DBS 的运行。

系统表分为两部分;一部分只能属于 master 数据库,如有关数据库的信息、账号信息等;一部分既在 master 数据库中又在用户数据库中,如有关表的信息、用户信息等。这些系统表由数据库管理系统来维护,用户一般只查看,当对数据库中的对象进行了修改,则系统自动维护这些表。用户通常通过视图来查看这些表的内容,这些表放在系统视图目录下。2019 版增加了许多新的系统表,如支持 XML 格式。以 sys.为前缀,如图 1-44 所示。

下面列出了一些重要的系统表。

- sys.database_principals:用户在当前 DB 中的标识。
- sys.columns:表或视图的每一列定义,存储过程每一参数的定义。
- sys.sql_modules:视图、规则、默认值、触发器、存储过程的定义。
- sys.sql_dependencies:过程、视图、触发器所依赖的每一过程、视图和表。
- sys.indexes:索引的定义。
- sys.objects:表、视图、存储过程、目标、规则、默认值、触发器、临时表的定义。
- sys.database_permissions:记录数据库用户的权限信息。
- sys.server_permissions:记录服务器用户的权限信息。
- sys.types:系统或用户定义的数据类型。
- sys.database_files:数据库文件信息。
- sys.check_constraints:检查约束。
- sys.default_constraints:默认值约束。
- sys.key_constraints:主键约束。

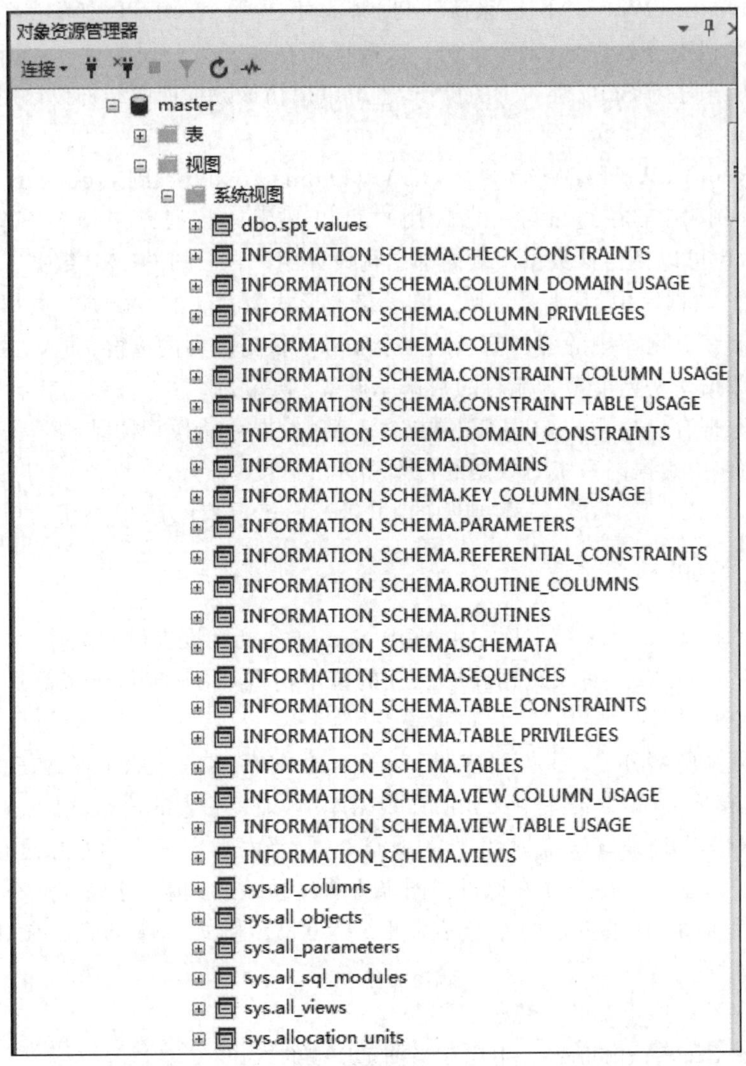


图 1-44 系统表

- sys.foreign_keys：外键约束。
- sys.configurations：系统配置参数表。
- sys.databases：数据库信息表。
- sys.backup_devices：设备信息表。
- sys.dm_tran_locks：有关锁情况的表。
- sys.server_principals：用户账号表。
- sys.messages：系统错误、警告信息表。
- sys.dm_exec_connections：server 连接表。
- sys.dm_exec_sessions：server 会话表。
- sys.dm_exec_requests：server 进程状态表。
- sys.remote_logins：远程用户表。

- sys.servers：远程 SQL Server。

下面是对一些重要表的介绍。

（1）sys.objects 表：系统表 sys.objects 出现在每个数据库中，它对每个数据库对象含有一行记录。

（2）sys.columns 表：系统表 sys.columns 出现在 master 数据库和每个用户自定义的数据库中，它对基表或者视图的每个列和存储过程中的每个参数含有一行记录。

（3）sys.indexes 表：系统表 sys.indexes 出现在 master 数据库和每个用户自定义的数据库中，它对每个索引和没有聚簇索引的每个表含有一行记录，它还对包括文本/图像数据的每个表含有一行记录。

（4）sys.database_principals 表：系统表 sys.database_principals 出现在 master 数据库和每个用户自定义的数据库中，它对整个数据库中的每个 Windows NT 用户、Windows NT 用户组、SQL Server 用户或者 SQL Server 角色含有一行记录。

（5）sys.databases 表：系统表 sys.databases 对 SQL Server 系统上的每个系统数据库和用户自定义的数据库含有一行记录，它只出现在 master 数据库中。

（6）sys.sql_dependencies 表：系统表 sys.sql_dependencies 对表、视图和存储过程之间的每个依赖关系含有一行记录，它出现在 master 数据库和每个用户自定义的数据库中。

（7）sys.check_constraints、sys.default_constraints、sys.key_constraints、sys.foreign_keys 约束表：系统表 sys.check_constraints、sys.default_constraints、sys.key_constraints、sys.foreign_keys 对使用 CREATE TABLE 或者 ALTER TABLE 语句为数据库对象定义的每个完整性约束含有一行记录，它出现在 master 数据库和每个用户自定义的数据库中。

### 1.5.2 SQL Server 系统存储过程

SQL Server 系统存储过程为系统管理员和用户提供访问系统表的捷径，它们通常用来显示和修改系统表，建议用户不要直接使用 SQL 命令操作系统表，而是使用系统存储过程。

系统存储过程主要存储在 master 数据库中，以“sp_”开头的存储过程。尽管这些系统存储过程在 master 数据库中，但我们在其他数据库中还是可以调用系统存储过程。有一些系统存储过程会在创建新的数据库的时候被自动创建在当前数据库中。

系统存储过程如下：

```
sp_databases;                    //查看数据库
sp_tables;                       //查看表
sp_columns student;              //查看列
sp_helpIndex student;            //查看索引
sp_helpConstraint student;       //约束
```

### 1.5.3 SQL Server 用户

在 SQL Server 中共有 4 类用户控制着 SQL Server 数据库。

**1. 系统管理员 sa**

在大型企业组织中，sa往往是一组人，任何知道sa口令的人都是sa。

**2. 数据库创建者 dbo**

数据库的创建者就是dbo，创建数据库的权限是由sa用GRANT命令授予的，dbo对自己创建的数据库对象拥有所有的权限。

数据库的对象是指表、视图、索引、触发器、存储过程、规则、默认值等，创建数据库对象的用户就是对象所有者，用户必须具有创建某种对象的权限才可以创建该类对象。

**3. 对象所有者**

对象所有者对自己创建的对象拥有所有的权限，必须将该对象的有关权限授予其他用户，否则其他任何用户皆不能存取该对象。

**4. 数据库操作者**

操作数据库对象的不属于上述用户的其他用户。

用户访问数据库中的对象必须首先在SQL Server中进行注册，由sa使用系统存储过程sp_addlogin创建，其语法如下：

```
sp_addlogin [@loginame =] 'login'                    //登录账号
[, [@passwd =] 'password' ]                          //密码
[, [@defdb =] 'database' ]                           //默认的数据库
[, [@deflanguage =] 'language' ]                     //默认的语言
```

例如，创建user01和user02账户，其登录密码为user01和user02，其语句分别为：

```
sp_addlogin user01, user01
sp_addlogin user02, user02
```

其次，建立的账户不能访问用户数据库。要访问用户数据库，必须为数据库添加用户，使用系统存储过程sp_adduser，其语法如下：

```
sp_adduser [ @loginame =] 'login'
[ , [ @name_in_db =] 'user' ]
[ , [ @grpname =] 'group' ]
```

其中，

- [ @loginame = ] 'login'：用户的登录名称。
- [@name_in_db = ] 'user'：新用户的名称，其默认值为NULL。如果没有指定user，则用户的名称默认为login名称。指定user即为新用户在数据库中给予一个不同于SQL Server上的登录ID的名称。
- [ @grpname = ] 'group'：组或角色，新用户自动成为其成员。

例如，将user01账户添加为OrderDB数据库的用户，其语句为：

```
sp_adduser user01, user01
```

再次，必须由数据库对象的拥有者为该用户授权。

删除用户的命令为：

```
sp_dropuser [ @name_in_db =] 'user'
```

删除账户的命令为：

```
sp_droplogin [ @loginame =] 'login'
```

数据库各对象之间的关系如图 1-45 所示。

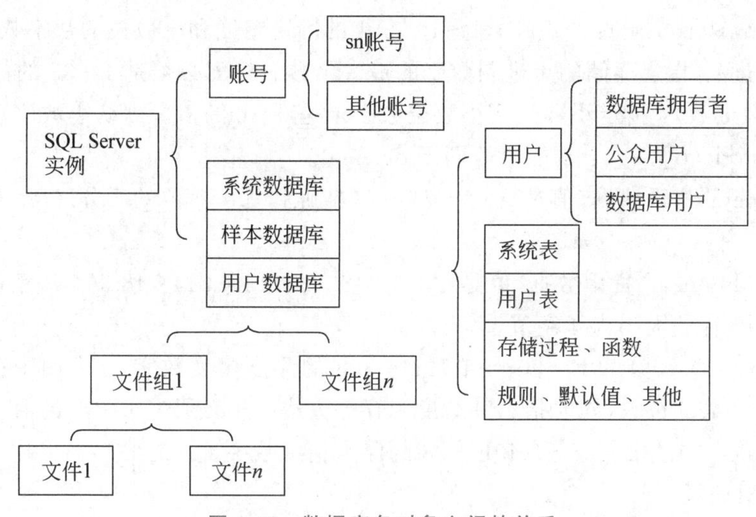


图 1-45　数据库各对象之间的关系

从图 1-45 可以看出，一个数据库由若干个文件组构成，每个文件组由若干个文件组成，通过文件组，将数据库放在不同的物理空间上。

## 1.6　SQL Server 2019 数据类型

SQL Server 2019 的数据类型分为字符型、数值型、日期时间型、二进制型和其他类型。

**1. 字符型**

SQL Server 2019 支持 6 种字符数据类型，分别为：

(1) char(n)：固定长度的非 Unicode 字符数据，最大长度为 8000 个字符。

(2) varchar(n)：可变长度的非 Unicode 数据，最大长度为 8000 个字符。

(3) text：可变长度的非 Unicode 数据，最大长度为 $2^{31}-1$(2 147 483 647)个字符。

(4) nchar(n)：固定长度的 Unicode 数据，最大长度为 4000 个字符，存储大小为 n 字节的 2 倍。

(5) nvarchar(n)：可变长度 Unicode 数据，最大长度为 4000 个字符，存储大小是所输入字符个数的 2 倍，用于引用数据库对象名。

(6) ntext：可变长度 Unicode 数据，最大长度为 $2^{30}-1$ (1 073 741 823)个字符，存储大小是所输入字符个数的 2 倍。

**2. 数值型**

SQL Server 2019 支持 11 种数值数据类型，分别为：

(1) bigint：$-2^{63}\sim2^{63}-1$ 的整型数据，存储空间为 8 个字节。

(2) int 或 integer：$-2^{31} \sim 2^{31}-1$ 的整型数据，存储空间为 4 字节。

(3) smallint：$-2^{15} \sim 2^{15}-1$ 的整数数据，存储空间为 2 字节。

(4) tinyint：0～255 的整数数据，存储空间为 1 字节。

(5) bit：1、0 或 NULL 的整数数据。

(6) decimal(p[, s])：$-10^{38}+1 \sim 10^{38}-1$ 的固定精度和小数位的数字数据。其中：

- p（精度）：指定存储的十进制数字的最大个数。精度必须是 1～38 的值。
- s(小数位数)：指定小数位。小数位数必须是 0～p 的值。默认小数位数是 0。

(7) numeric(p[, s])：功能上等同于 decimal。

(8) money：货币数据，值是 $-2^{63} \sim 2^{63}-1$，精确到货币单位的千分之十，存储大小为 8 字节。

(9) smallmoney：货币数据，值是－214 748.364 8～＋214 748.364 7，精确到货币单位的千分之十，存储大小为 4 字节。

(10) float(n)：－1.79E＋308～1.79E＋308 的浮点精度数字，n 为用于存储科学记数法 float 数尾数的位数，同时指示其精度和存储大小。n 必须为 1～53 的值。

(11) real：－3.40E＋38～3.40E＋38 的浮点精度数字。

**3. 日期时间型**

(1) SQL Server 2019 支持的日期时间数据类型为：

- datetime：1753 年 1 月 1 日—9999 年 12 月 31 日的日期和时间数据，精确到百分之三秒(或 3.33 毫秒)。
- smalldatetime：1900 年 1 月 1 日—2079 年 6 月 6 日的日期和时间数据，精确到分钟。

(2) 有多种方式对日期时间型的数据进行输入，输入格式具体包括：

- 数字＋分隔符：允许使用-、/、.作为年、月、日的分隔符。例如，YMD：2009-4-22、2009/4/22、2009.4.22。
- 纯数字：用连续的 4、6、8 位数字来表示日期。例如，20090422 表示 2009 年 4 月 22 日。
- 时间格式：hh:mm:ss。

可以使用 SET DATEFORMAT 命令来设置系统默认的日期时间型格式。语法如下：

```
SET DATEFORMAT { format }
```

其中，format 可以是 mdy、dmy、ymd、ydm、myd 和 dym。美国英语默认值是 mdy。

【例 1.1】 设置日期格式为年月日。

```
SET DATEFORMAT ymd
DECLARE @datevar datetime
SET @datevar = '22/07/01 12:20:30'
SELECT @datevar
```

运行结果如图 1-46 所示。

图 1-46 例 1.1 的运行结果

4. 二进制型

二进制型数据类型常用于存储图像数据、有格式的文本数据(如 Word、Excel 文件)、程序文件数据等。SQL Server 2019 支持的二进制数据类型如下。

(1) binary(n): 固定长度的 n 字节二进制数据。n 必须是 1～8000。存储空间大小为 n+4 字节。

(2) varbinary(n): n 字节变长二进制数据。n 必须是 1～8000。存储空间大小为实际输入数据长度+4 字节,而不是 n 字节。输入的数据长度可能为 0 字节。

(3) image: 可变长度的二进制数据,其最大长度为 $2^{31}-1$ 字节。

5. 其他数据类型

SQL Server 2019 还支持如下数据类型。

(1) cursor: 用于创建游标变量,或定义存储过程的输出参数。

(2) sql_variant: 存储 SQL Server 支持的各种数据类型(text、ntext、timestamp 和 sql_variant 除外)值的数据类型。

(3) table: 一种特殊的数据类型,存储供以后处理的结果集。

(4) timestamp: 时间戳数据类型是一种自动记录时间的数据类型,在数据库范围的唯一数字,每次更新行时也进行更新,存储大小为 8 字节。

(5) uniqueidentifier: 全局唯一标识符(GUID),是 SQL Server 系统根据网络适配器地址和主机 CPU 的唯一标识而生成的。

## 1.7 SQL Server 2019 函数

SQL Server 2019 提供了丰富的函数,包括数学函数、字符串函数、日期和时间函数、聚合函数等。

1. 数学函数

对作为函数参数提供的输入值执行计算,返回一个数字值。数学函数如表 1-5 所示。

表 1-5 数学函数

| 函数名 | 函数定义 |
| --- | --- |
| ABS( numeric_expression ) | 绝对值函数 |
| ACOS( float_expression ) | 反余弦函数 |
| ASIN( float_expression ) | 反正弦函数 |
| ATAN( float_expression ) | 反正切函数 |
| ATN2( float_expression , float_expression ) | 反正切函数 |

续表

| 函数名 | 函数定义 |
| --- | --- |
| CEILING( numeric_expression ) | 返回大于或等于所给数字表达式的最小整数 |
| COS( float_expression ) | 三角余弦值函数 |
| COT( float_expression ) | 三角余切值函数 |
| RAND( [ seed ] ) | 返回 0～1 的随机 float 值 |
| ROUND( numeric_expression , length [ , function ] ) | 返回数字表达式并四舍五入为指定的长度或精度 |
| SIGN( numeric_expression ) | 返回给定表达式的正(+1)、零(0)或负(−1)号 |
| SIN( float_expression ) | 三角正弦值函数 |
| DEGREES( numeric_expression ) | 当给出以弧度为单位的角度时，返回相应的以度数为单位的角度 |
| EXP( float_expression ) | 指数值 |
| FLOOR( numeric_expression ) | 返回小于或等于所给数字表达式的最大整数 |
| LOG( float_expression ) | 自然对数 |
| LOG10LOG10 ( float_expression ) | 以 10 为底的对数 |
| PI() | PI 的常量值 |
| POWER( numeric_expression , y ) | 返回给定表达式乘指定次方的值 |
| RADIANS( numeric_expression ) | 返回在数字表达式中输入的度数值的弧度值 |
| SQUARE( float_expression ) | 返回给定表达式的平方 |
| SQRT( float_expression ) | 返回给定表达式的平方根 |
| TAN( float_expression ) | 正切值函数 |

**2. 字符串函数**

对字符串(char 或 varchar)输入值执行操作，返回一个字符串或数字值。字符串函数如表 1-6 所示。

表 1-6 字符串函数

| 函数名 | 函数定义 |
| --- | --- |
| ASCII( character_expression ) | 返回字符表达式最左端字符的 ASCII 代码值 |
| CHAR( integer_expression ) | 将 int ASCII 代码转换为字符的字符串函数 |
| CHARINDEX( expression1 , expression2 [ , start_location ] ) | 返回字符串中指定表达式的起始位置 |
| DIFFERENCE(character_expression, character_expression ) | 以整数返回两个字符表达式的 SOUNDEX 值之差 |

续表

| 函数名 | 函数定义 |
|---|---|
| LEFT(character_expression, integer_expression ) | 返回从字符串左边开始指定个数的字符 |
| LEN( string_expression ) | 返回给定字符串表达式的字符(而不是字节)个数,其中不包含尾随空格 |
| LOWER( character_expression ) | 将大写字符数据转换为小写字符数据后返回字符表达式 |
| LTRIM( character_expression ) | 删除起始空格后返回字符表达式 |
| NCHAR( integer_expression ) | 根据 Unicode 标准所进行的定义,用给定整数代码返回 Unicode 字符 |
| PATINDEX( '%pattern%' , expression ) | 返回指定表达式中某模式第一次出现的起始位置;如果在全部有效的文本和字符数据类型中没有找到该模式,则返回零 |
| REPLACE( 'string_expression1' , 'string_expression2', tring_expression3' ) | 用第三个表达式替换第一个字符串表达式中出现的所有第二个给定字符串表达式 |
| QUOTENAME( 'character_string'[ , 'quote_character' ] ) | 返回带有分隔符的 Unicode 字符串,分隔符的加入可使输入的字符串成为有效的 SQL Server 分隔标识符 |
| REPLICATE( character_expression, integer_expression ) | 以指定的次数重复字符表达式 |
| REVERSE( character_expression ) | 返回字符表达式的反转 |
| RIGHT ( character _ expression, integer _ expression ) | 返回字符串中从右边开始指定个数的 integer_expression 字符 |
| RTRIM( character_expression ) | 截断所有尾随空格后返回一个字符串 |
| SOUNDEX( character_expression ) | 返回由 4 个字符组成的代码 (SOUNDEX) 以评估 2 个字符串的相似性 |
| SPACE( integer_expression ) | 返回由重复的空格组成的字符串 |
| STR( float_expression [ , length[ , decimal ] ] ) | 返回由数字数据转换来的字符数据 |
| STUFF( character_expression , start, length , character_expression ) | 删除指定长度的字符并在指定的起始点插入另一组字符 |
| SUBSTRING( expression , start , length ) | 提取子串函数 |
| UNICODE( 'ncharacter_expression' ) | 按照 Unicode 标准的定义,返回输入表达式的第一个字符的整数值 |
| UPPER( character_expression ) | 返回将小写字符数据转换为大写的字符表达式 |

### 3. 日期和时间函数

对日期和时间输入值执行操作,返回一个字符串、数字或日期和时间值,日期和时间函数如表 1-7 所示。

表 1-7 日期和时间函数

| 函 数 名 | 函 数 定 义 |
| --- | --- |
| DATEADD( datepart , number, date ) | 在指定日期上加一段时间,返回新的 datetime 值 |
| DATEDIFF( datepart , startdate, enddate ) | 返回两个指定日期的日期和时间边界数 |
| DATENAME( datepart , date ) | 返回指定日期的指定日期部分的字符串 |
| DATEPART( datepart , date ) | 返回指定日期的指定日期部分的整数 |
| DAY( date ) | 返回指定日期天的整数 |
| GETDATE() | 返回当前系统日期和时间 |
| GETUTCDATE() | 返回世界时间坐标或格林尼治标准时间的 datetime 值 |
| MONTH( date ) | 返回指定日期月份的整数 |
| YEAR( date ) | 返回指定日期年份的整数 |

4. 系统函数

返回有关 SQL Server 中的值、对象和设置的信息,系统函数如表 1-8 所示。

表 1-8 系统函数

| 函 数 名 | 函 数 定 义 |
| --- | --- |
| CONVERT(data_type[(length)], expression [, style]) | 将某种数据类型的表达式显式地转换为另一种数据类型 |
| CURRENT_USER | 返回当前的用户。此函数等价于 USER_NAME() |
| DATALENGTH( expression ) | 返回任何表达式所占用的字节数 |
| @@ERROR | 返回最后执行的 SQL 语句的错误代码 |
| ISNULL( check_expression, replacement_value ) | 使用指定的替换值替换 NULL |
| @@ROWCOUNT | 返回受上一语句影响的行数 |
| SESSION_USER | 返回当前会话的用户名 |
| USER_NAME | 返回给定标识号的用户名 |
| HOST_NAME | 返回工作站名称 |
| USER | 当前数据库用户名 |

(1) CONVERT 函数,语法如下:

```
CONVERT(data_type[(length)], expression[, style])
```

其中,

- expression: 任何有效 SQL Serve 表达式。
- data_type: 系统所提供的数据类型,包括 bigint 和 sql_variant。
- length: nchar、nvarchar、char、varchar、binary 或 varbinary 数据类型的可选参数。
- style: 日期格式样式,将 datetime 或 smalldatetime 数据转换为字符数据(nchar、

nvarchar、char、varchar、nchar 或 nvarchar 数据类型)；或将 float、real、money 或 smallmoney 数据转换为字符数据（nchar、nvarchar、char、varchar、nchar 或 nvarchar 数据类型)。

表 1-9 描述了将 datetime 或 smalldatetime 转换为字符数据的 style 值，左侧的两列表示将 datetime 或 smalldatetime 转换为字符数据的 style 值。给 style 值加 100，可获得包括世纪数位的四位年份(yyyy)。

表 1-9 将 datetime 或 smalldatetime 转换为字符数据的 style 值

| 不带世纪数位（yy） | 带世纪数位（yyyy） | 标　　准 | 输入/输出 |
|---|---|---|---|
| — | 0 或 100(*) | 默认值 | mon dd yyyy hh:miAM(或 PM) |
| 1 | 101 | 美国 | mm/dd/yyyy |
| 2 | 102 | ANSI | yy.mm.dd |
| 3 | 103 | 英国/法国 | dd/mm/yy |
| 4 | 104 | 德国 | dd.mm.yy |
| 5 | 105 | 意大利 | dd-mm-yy |
| 6 | 106 | — | dd mon yy |
| 7 | 107 | — | mon dd，yy |
| 8 | 108 | — | hh:mm:ss |
| — | 9 或 109(*) | 默认值 + 毫秒 | mon dd yyyy hh:mi:ss:mmmAM(或 PM) |
| 10 | 110 | 美国 | mm-dd-yy |
| 11 | 111 | 日本 | yy/mm/dd |
| 12 | 112 | ISO | yymmdd |
| — | 13 或 113(*) | 欧洲默认值 + 毫秒 | dd mon yyyy hh:mm:ss:mmm(24h) |
| 14 | 114 | — | hh:mi:ss:mmm(24h) |
| — | 20 或 120(*) | ODBC 规范 | yyyy-mm-dd hh:mm:ss[.fff] |
| — | 21 或 121(*) | ODBC 规范(带毫秒) | yyyy-mm-dd hh:mm:ss[.fff] |
| — | 126(***) | ISO8601 | yyyy-mm-dd Thh:mm:ss:mmm(不含空格) |
| — | 130* | 科威特 | dd mon yyyy hh:mi:ss:mmmAM |
| — | 131* | 科威特 | dd/mm/yy hh:mi:ss:mmmAM |

【例 1.2】 将当前系统的时间按 104 格式输出。

```
SELECT CONVERT(char(20), getdate(), 104)
```

运行结果如图 1-47 所示。

【例 1.3】 将当前系统的时间按 120 格式输出。

```
SELECT CONVERt(char(20), getdate(), 120)
```

运行结果如图 1-48 所示。

| | (无列名) |
|---|---|
| 1 | 13.07.2022 |

图 1-47 例 1.2 的运行结果

| | (无列名) |
|---|---|
| 1 | 2022-07-13 17:25:01 |

图 1-48 例 1.3 的运行结果

【例 1.4】 获取当前登录的用户名和主机名。

```
SELECT user_name(), host_name()
```

(2) ISNULL 函数，语法如下：

```
ISNULL(check_expression, replacement_value)
```

其中，

- check_expression：将被检查是否为 NULL 的表达式，check_expression 可以是任何类型的。
- replacement_value：在 check_expression 为 NULL 时将返回的表达式。replacement_value 必须与 check_expression 具有相同的类型。

【例 1.5】 当变量 price 为 NULL 值时用 $ 10.00 替换。

```
DECLARE @price numeric(7,2)
SELECT ISNULL(@price,$10.00)
```

运行结果如图 1-49 所示。

图 1-49 例 1.5 的运行结果

5. 聚合函数

聚合函数对一组值执行计算并返回单一的值。除 COUNT 函数之外，聚合函数忽略空值。聚合函数经常与 SELECT 语句的 GROUP BY 子句一同使用，聚合函数如表 1-10 所示。

表 1-10 聚合函数

| 函 数 名 | 函 数 定 义 |
|---|---|
| AVG | 返回组中值的平均值。空值将被忽略 |
| COUNT | 返回组中项目的数量 |
| STDEV | 返回给定表达式中所有值的统计标准偏差 |
| STDEVP | 返回给定表达式中所有值的填充统计标准偏差 |
| MAX | 返回表达式的最大值 |
| MIN | 返回表达式的最小值 |
| SUM | 返回表达式中所有值的和，或只返回 DISTINCT 值。SUM 只能用于数字列，空值将被忽略 |

# 1.8　SQL Server 2019 流控制语句

## 1.8.1　变量

SQL Server 变量分为局部变量和全局变量。

**1. 局部变量**

在变量名前加一个@符号。

**2. 全局变量**

在变量名前加两个@符号。

SQL Server 定义了若干个系统全局变量，这些全局变量可以直接使用，常用的系统全局变量有：

(1) @@error：当事务成功时为0，否则为最近一次的错误号。

(2) @@rowcount：返回受上一语句影响的行数。

(3) @@fetch_status：返回被 FETCH 语句执行的最后游标的状态。其中，

@@fetch_status=0：FETCH 语句成功；

@@fetch_status=−1：FETCH 语句失败或该行不在结果集中；

@@fetch_status=−2：被提取的行不存在。

(4) @@VERSION：返回 SQL Server 当前安装的日期、版本和处理器类型。

**3. 变量的定义**

定义变量语法如下：

```
DECLARE @variable_name datatype [, @variable_name datatype…]
```

【例 1.6】　定义两个局部变量：

```
DECLARE @sname char(6),@age smallint
UPDATE authors SET au_lname ='Jones'
WHERE au_id ='999-888-7777'
    IF @@ROWCOUNT =0
    PRINT 'Warning: No rows were updated'
```

## 1.8.2　运算符

**1. 具体运算符**

SQL Serve 提供了丰富的运算符，具体如下。

(1) 算术运算符：+、−、*、/、%(取余)。

(2) 比较运算符：>、>=、<、<=、=、<>、!=。

(3) 逻辑运算符：and、or、not。

(4) 位运算符：& 按位与，| 按位或，~ 按位非，^ 按位异或。

(5) 字符串连接运算符：+。

(6) 赋值语句：SELECT(一次可以给多个变量赋值)和 SET(一次仅可以给一个变量赋值)。

**2. 显示表达式的值**

显示表达式的值可以使用SELECT和PRINT语句，语法为

```
SELECT 表达式 1 [, 表达式 2, … ]
PRINT 表达式
```

【例1.7】 计算一元二次方程根 $ax^2+bx+c=0$。

```
DECLARE @x1 numeric(7,2),@x2 numeric(7,2)
DECLARE @a smallint,@b smallint,@c smallint,@s int
SELECT @a=3,@b=40,@c=5
SET @s=@b*@b-4*@a*@c
IF @s>=0
BEGIN
    SET @x1=(-@b+sqrt(@b*@b-4*@a*@c))/(2*@a)
    SET @x2=(-@b-sqrt(@b*@b-4*@a*@c))/(2*@a)
    SELECT @x1,@x2
END
ELSE
    SELECT '无实根解'
```

【例1.8】 用SET语句给变量赋值。

```
DECLARE @one varchar(18), @two varchar(18)
SET @one ='this is one'
SET @two ='this is two'
IF @one ='this is one'
    PRINT 'you got one'
IF @two ='this is two'
    PRINT 'you got two'
ELSE
    PRINT 'none'
```

或者

```
DECLARE @one varchar(18), @two varchar(18)
SELECT @one ='this is one', @two ='this is two'
IF @one ='this is one'
    PRINT 'you got one'
IF @two ='this is two'
    PRINT 'you got two'
ELSE
    PRINT 'none'
```

【例1.9】 用SELECT语句显示表达式的值。

```
SELECT sqrt(90) * 2, left('abcdef', 2)
```

### 1.8.3 注释符与通配符

**1. 注释符**

(1) 单行注释符--。

该注释符既可以单独注释一行，也可以放在语句行的尾端。

【例 1.10】 一行注释。

```
--Choose the pubs database.
   USE pubs
```

【例 1.11】 尾端注释

```
CREATE TABLE dbo.course (
      Cno    char(3)        NOT NULL ,     --课程号
      Cname   char(20)         NULL,       --课程名
      Cpno  char(3)         NULL,           --先行课
      Ceredit  tinyint    default 0  NOT NULL,     --学分
      constraint course_primary primary key (cno) )
```

(2) 多行注释 / * … * / 。

该注释可以插入单独行或 SQL 语句中。用于多行注释,注释的第一行用/ * 开始,接下来的注释行用 * * 开始,最后一个注释行的末尾用 * /结束注释。

2. 通配符

用于匹配包含一个或多个字符的任意字符串,通配符既可以用作前缀也可以用作后缀。通配符如表 1-11 所示。

表 1-11 通配符

| 通配符 | 描 述 | 示 例 |
|---|---|---|
| % | 包含零个或更多字符的任意字符串 | WHERE title LIKE '%computer%'<br>查找书名中包含单词 computer 的所有书名 |
| _<br>(下画线) | 任何单个字符 | WHERE au_fname LIKE '_ean'<br>查找以 ean 结尾的所有 4 个字母的名字,如 Dean、Sean 等 |
| [ ] | 指定范围([a－f])或集合([abcdef])中的任何单个字符 | WHERE au_lname LIKE '[C－P]arsen'<br>查找以 arsen 结尾且以介于 C 与 P 之间的任何单个字符开始的作者姓氏,如 Carsen、Larsen、Karsen 等 |
| [^] | 不属于指定范围([a～f])或集合([abcdef])的任何单个字符 | WHERE au_lname LIKE 'de[^l]%'<br>查找以 de 开始且其后的字母不为 l 的所有作者的姓氏 |

## 1.8.4 流控制语句

1. 具体流控制语句

SQL Server 具体流控制语句如表 1-12 所示。

表 1-12 具体流控制语句

| 关 键 字 | 描 述 |
|---|---|
| BEGIN…END | 定义语句块 |
| BREAK | 退出最内层的 WHILE 循环 |
| CONTINUE | 重新开始 WHILE 循环 |

续表

| 关键字 | 描述 |
| --- | --- |
| GOTO label | 从 label 所定义的 label 之后的语句处继续进行处理 |
| IF…ELSE | 定义条件以及当一个条件为 FALSE 时的操作 |
| RETURN | 无条件退出 |
| WAITFOR | 为语句的执行设置延迟 |
| WHILE | 当特定条件为 TRUE 时重复语句 |

2. 流控制语句实例

【例 1.12】 输入 3 个整型数据,按升序排序输出。

```
DECLARE @a smallint,@b smallint,@c smallint,@s smallint
SELECT @a=300,@b=40,@c=50
IF @a>@b
    SELECT @s=@a,@a=@b,@b=@s
IF @c<@a
    SELECT @c,@a,@b
ELSE
  IF @c>@b
    SELECT @a,@b,@c
  ELSE
    SELECT @a,@c,@b
```

【例 1.13】 计算 1+2+…+100 的值。

```
DECLARE @i int
DECLARE @sum int
SET @i=1
SET @sum=0
WHILE @i<=100
BEGIN
    SET @sum=@sum+@i
    SET @i=@i+1
END
SELECT @i, @sum
```

【例 1.14】 显示 100～200 的素数。

```
DECLARE @i int,@x int
SET @x=100
WHILE @x<=200
BEGIN
    SET @i=2
    WHILE @i<=sqrt(@x)
    BEGIN
        IF @x%@i =0
    BREAK
        SET @i=@i+1
    END
```

```
    IF @i>sqrt(@x)
        SELECT @x
    SET @x=@x+1
END
```

## 1.8.5 CASE语句

SQL Server 提供了计算条件列表并返回多个可能结果表达式之一的语句，该语句是 CASE 语句。

CASE 语句提供两种格式：简单 CASE 语句和 CASE 搜索语句，两种格式都支持可选的 ELSE 参数。

**1. 简单 CASE 语句**

简单 CASE 语句是将某个表达式与一组简单表达式进行比较以确定结果。

语法如下：

```
CASE input_expression
    WHEN when_expression THEN result_expression
    [ …n ]
    [ELSE else_result_expression]
END
```

其中，

- input_expression：所比较的简单表达式。
- when_expression：任意有效的 SQL Server 表达式，其数据类型必须与 input_expression 相同，或者可以隐式转换为相同数据类型。
- n：占位符，表明可以使用多条 WHEN…THEN…子句。
- THEN result_expression：result_expression 可以是任意有效的 SQL Server 表达式，当 input_expression = when_expression 时返回该表达式值。
- ELSE else_result_expression：else_result_expression 可以是任意有效的 SQL Server 表达式，其数据类型必须与表达式 result_expression 相同，或者可以隐式转换为相同数据类型。当 input_expression 的值不在上述 WHEN 范围内时返回该表达式值。如果省略此参数，且 input_expression 的值不在上述 WHEN 范围内，则返回 NULL 值。

【例 1.15】 输入课程类别号，显示该课程分类名称。

```
DECLARE @courseNo char(3)
SET @courseNo='003'
SELECT 课程性质 =
     CASE @courseNo
       WHEN '001' THEN '基础课程'
       WHEN '003' THEN '专业基础课'
       WHEN '004' THEN '专业必修课程'
       WHEN '007' THEN '基础课程'
       WHEN '006' THEN '专业限选课'
```

```
    ELSE '其他选修课'
  END
```

运行结果如图 1-50 所示。

| | 课程性质 |
|---|---|
| 1 | 专业基础课 |

图 1-50　例 1.15 的运行结果

**2. CASE 搜索语句**

搜索语句用于计算一组布尔表达式以确定结果。

语法如下：

```
CASE
    WHEN boolean_expression THEN result_expression
    [ …n ]
[ELSE else_result_expression]
END
```

其中，

- WHEN boolean_expression：boolean_expression 是任意有效的布尔表达式。
- THEN result_expression：result_expression 是任意有效的 SQL Server 表达式，当 boolean_expression 取值为 TRUE 时返回该表达式的值。
- n：占位符，表明可以使用多条 WHEN…THEN…子句。
- ELSE else_result_expression：else_result_expression 是任意有效的 SQL Server 表达式，其数据类型必须与表达式 result_expression 相同，或者可以隐式转换为相同数据类型。当表达式 boolean_expression 取值为 FALSE 时返回该表达式的值。如果省略此参数，则当表达式 boolean_expression 取值为 FALSE 时返回 NULL 值。

【例 1.16】　输入学生的成绩，将学生的百分制成绩转换为等级制成绩。

```
DECLARE @score smallint
SET @score=68
SELECT 成绩级别=
    CASE
      WHEN @score<60 THEN '不及格'
      WHEN @score<70 THEN '及格'
      WHEN @score<80 THEN '中等'
      WHEN @score<90 THEN '良好'
      WHEN @score<=100 THEN '优秀'
      ELSE '成绩有错'
    END
```

运行结果如图 1-51 所示。

| | 成绩级别 |
|---|---|
| 1 | 及格 |

图 1-51　例 1.16 的运行结果

## 1.9 实验一：安装 SQL Server 2019 和 SQL Server Management Studio

### 1.9.1 实验目的与要求

（1）掌握 SQL Server 数据库和开发工具的安装配置过程。

（2）掌握 SQL Server 数据库的运行环境以及相应实用工具的使用方法。

### 1.9.2 实验案例

详见 1.3 节。

### 1.9.3 实验内容

（1）安装 SQL Server 2019 数据库。

（2）安装集成开发工具 SQL Server Management Studio。

（3）启动 SQL Server 数据库，在集成开发工具 SQL Server Management Studio 中查看数据库、用户、系统表等信息，并将网络上的某个 SQL Server 数据库注册到本机中。

## 1.10 实验二：SQL Server 简单编程

### 1.10.1 实验目的与要求

（1）掌握 SQL Server 数据库提供的数据类型和函数。

（2）熟练掌握变量和流控制语句的使用。

（3）能够编写比较复杂的程序，为后继学习触发器和存储过程奠定扎实的基础。

### 1.10.2 实验案例

详见 1.6 节、1.7 节和 1.8 节。

### 1.10.3 实验内容

（1）编程：输入两个整数，求最大公约数和最小公倍数。

（2）使用循环嵌套语句编程求：在 0～999 的范围内，找出所有这样的数，其值等于该数中各位数字的立方和，如 $153 = 1^2 + 5^2 + 3^2$。

（3）有一个分数数列：$\frac{2}{1},\frac{3}{2},\frac{5}{3},\frac{8}{5},\frac{13}{8},\frac{21}{13},\cdots$求出这个数列前 20 项之和。

# 1.11 实验三:初识数据库

## 1.11.1 实验目的与要求

(1) 观察和分析数据库和表的创建过程。

(2) 理解和掌握数据库的模式导航图。

(3) 理解数据库的完整性约束。

(4) 查看某些重要的系统表以及内容的变化。

## 1.11.2 实验案例

学生成绩管理数据库 ScoreDB 的表结构参见主教材第 3 章的图 3-2～图 3-6,学生成绩管理数据库模式导航图参见主教材第 3 章的图 3-7,实例数据参见主教材第 3 章的图 3-8～图 3-12。

下面是创建数据库的脚本。

```
USE master
GO
IF exists (SELECT * FROM sysdatabases WHERE name='ScoreDB')
  DROP DATABASE ScoreDB
GO
CREATE DATABASE ScoreDB
ON
  ( name='ScoreDB',
    filename='d:\sqlWork\ScoreDB.mdf',
    size=5,
    maxsize=10,
    filegrowth=5)
LOG ON
( name='ScoreLog',
  filename='d:\sqlWork\ScoreLog.ldf',
  size=2,
  maxsize=5,
  filegrowth=1)
GO

USE ScoreDB
GO

PRINT 'create Course'
GO

CREATE TABLE Course (
  courseNo      char(3)                            NOT NULL ,       --课程号
  courseName    varchar(30)    unique              NOT NULL,        --课程名
  creditHour    numeric(1)     default 0           NOT NULL,        --学分
  courseHour    tinyint        default 0           NOT NULL,        --课时数
```

```
  priorCourse     char(3)     NULL,        --先修课程
  constraint CoursePK primary key (courseNo),
  FOREIGN KEY (PriorCourse) REFERENCES Course(courseNo)
)
GO

INSERT INTO Course VALUES('001','大学语文',2,32,null)
INSERT INTO Course VALUES('002','体育', 2,32,null)
INSERT INTO Course VALUES('003','大学英语',3,48,null)
INSERT INTO Course VALUES('004','高等数学',6,96,null)
INSERT INTO Course VALUES('005','C语言程序设计',4,80,'004')
INSERT INTO Course VALUES('006','计算机组成原理',4,64,'005')
INSERT INTO Course VALUES('007','数据结构',5,96,'005')
INSERT INTO Course VALUES('008','操作系统',4,64,'007')
INSERT INTO Course VALUES('009','数据库系统原理',4,80,'008')
INSERT INTO Course VALUES('010','会计学原理',4,64,'004')
INSERT INTO Course VALUES('011','中级财务会计',5,80,'010')
GO
----------------------------------------------------------------
PRINT 'create Class'
GO

CREATE TABLE Class (
  classNo      char(6)                          NOT NULL ,     --班级号
  className    varchar(30)    unique            NOT NULL,      --班级名
  institute    varchar(30)                      NOT NULL,      --所属学院
  grade        smallint       default 0         NOT NULL,      --年级
  classNum     tinyint                          NULL,          --班级人数
  constraint ClassPK primary key (ClassNo)
)
GO

INSERT INTO Class VALUES('CS2001','计算机科学与技术 20-01班','信息管理学院',
2020,null)
INSERT INTO Class VALUES('CS2002','计算机科学与技术 20-02班','信息管理学院',
2020,null)
INSERT INTO Class VALUES('IS2001','信息管理与信息系统 20-01班','信息管理学院',
2020,null)
INSERT INTO Class VALUES('IS2101','信息管理与信息系统 21-01班','信息管理学院',
2021,null)
INSERT INTO Class VALUES('CP2101','注册会计 21_01班','会计学院',2021,null)
INSERT INTO Class VALUES('CP2102','注册会计 21_02班','会计学院',2021,null)
INSERT INTO Class VALUES('CP2103','注册会计 21_03班','会计学院',2021,null)
INSERT INTO Class VALUES('ER2001','金融管理 20-01班','金融学院',2020,null)
INSERT INTO Class VALUES('CS2101','计算机科学与技术 21-01班','信息管理学院',
2021,null)
GO
----------------------------------------------------------------
PRINT 'Student'
GO
CREATE TABLE Student (
  studentNo    char(7)        NOT NULL
```

```
    check ( StudentNo like '[0-9][0-9][0-9][0-9][0-9][0-9][0-9]'), --学号
  studentName    varchar(20)                        NOT NULL ,       --姓名
  sex            char(2)                            NULL ,           --性别
  birthday       datetime                           NULL ,           --出生日期
  native         varchar(20)                        NULL ,           --籍贯
  nation         varchar(30)   default '汉族'        NULL,            --民族
  classNo        char(6)                            NULL,            --所属班级
  constraint StudentPK primary key (studentNo),
  constraint StudentFK foreign key(classNo) references Class(classNo)
)
GO

INSERT INTO Student VALUES('2100001','李勇', '男','2002-12-21 00:00','南昌','
汉族', 'CS2101')
INSERT INTO Student VALUES('2100002','刘晨', '女','2002-11-11 00:00','九江','
汉族', 'IS2101')
INSERT INTO Student VALUES('2100003','王敏', '女','2002-10-01 00:00','上海','
汉族', 'IS2101')
INSERT INTO Student VALUES('2100004','张立', '男','2003-05-20 00:00','南昌','
蒙古族', 'CS2101')
INSERT INTO Student VALUES('2100005','王红', '男','2003-04-26 00:00','南昌','
蒙古族', 'CP2102')
INSERT INTO Student VALUES('2100006','李志强', '男','2003-12-21 00:00','北京',
'汉族', 'CP2102')
INSERT INTO Student VALUES('2100007','李立', '女','2003-08-21 00:00','福建','
畲族', 'IS2101')
INSERT INTO Student VALUES('2100008','黄小红', '女','2003-08-09 00:00','云南',
'傣族', 'CS2101')
INSERT INTO Student VALUES('2100009','黄勇', '男','2003-11-21 00:00','九江','
汉族', 'CP2102')
INSERT INTO Student VALUES('2100010','李宏冰', '女','2002-03-09 00:00','上海',
'汉族', 'CP2102')
INSERT INTO Student VALUES('2100011','江宏吕', '男','2002-12-20 00:00','上海',
'汉族', 'CP2102')
INSERT INTO Student VALUES('2100012','王立红', '男','2002-11-18 00:00','北京',
'汉族', 'CS2101')
INSERT INTO Student VALUES('2100013','刘小华', '女','2003-07-16 00:00','云南',
'哈尼族', 'IS2101')
INSERT INTO Student VALUES('2100014','刘宏昊', '男','2003-09-16 00:00','福建',
'汉族', 'IS2101')
INSERT INTO Student VALUES('2100015','吴敏', '女','2000-01-20 00:00','福建','
畲族', 'CP2102')
INSERT INTO Student VALUES('2000001','李小勇', '男','2002-12-21 00:00','南昌',
'汉族', 'CS2001')
INSERT INTO Student VALUES('2000002','刘方晨', '女','2002-11-11 00:00','九江',
'汉族', 'IS2001')
INSERT INTO Student VALUES('2000003','王红敏', '女','2000-10-01 00:00','上海',
'汉族', 'IS2001')
INSERT INTO Student VALUES('2000004','张可立', '男','2003-05-20 00:00','南昌',
'蒙古族', 'CS2001')
INSERT INTO Student VALUES('2000005','王红', '男','2000-04-26 00:00','南昌','
蒙古族', 'CS2002')
```

```
GO
---------------------------------------------------------------
PRINT 'Term'
GO
CREATE TABLE Term (
  termNo     char(3)          NOT NULL ,     --学期号
  termName   varchar(30)      NOT NULL,      --学期名
  remarks    varchar(10)      NULL,          --备注
  constraint termPK primary key (termNo)
)
GO
INSERT INTO Term VALUES('201','2020-2021学年第一学期',null)
INSERT INTO Term VALUES('202','2020-2021学年第二学期',null)
INSERT INTO Term VALUES('203','2020-2021学年第三学期','小学期')
INSERT INTO Term VALUES('211','2021-2022学年第一学期',null)
INSERT INTO Term VALUES('212','2021-2022学年第二学期',null)
INSERT INTO Term VALUES('213','2021-2022学年第三学期','小学期')
GO
---------------------------------------------------------------
PRINT 'Score'
GO
CREATE TABLE Score (
  studentNo char(7)           NOT NULL ,     --学号
  courseNo  char(3)           NOT NULL ,     --课程号
  termNo    char(3)           NOT NULL ,     --学期号
  score   numeric(5,1) default 0 NOT NULL
    check( Score between 0.0 and 100.0)      --成绩
  /* 元组级完整性约束条件,主码由三个属性构成 */
  constraint ScorePK primary key (studentNo,courseNo,termNo),
  /* 表级完整性约束条件,studentNo是外码,被参照表是 Student */
  constraint ScoreFK1 foreign key(studentNo) references student(studentNo),
  /* 表级完整性约束条件,courseNo是外码,被参照表是 Course */
  constraint ScoreFK2 foreign key(termNo) references Term(termNo),
  /* 表级完整性约束条件,termNo是外码,被参照表是 Term */
  constraint ScoreFK3 foreign key(courseNo) references course(courseNo)
)
GO
INSERT INTO Score VALUES('2000001','001','201',98)
INSERT INTO Score VALUES('2000001','002','201',82)
INSERT INTO Score VALUES('2000001','010','201',86)
INSERT INTO Score VALUES('2000001','004','201',56)
INSERT INTO Score VALUES('2000001','005','202',77)
INSERT INTO Score VALUES('2000001','006','202',76)
INSERT INTO Score VALUES('2000001','007','202',77)
INSERT INTO Score VALUES('2000001','004','211',86)
INSERT INTO Score VALUES('2000001','003','211',82)
INSERT INTO Score VALUES('2000001','008','211',82)
INSERT INTO Score VALUES('2000001','009','212',77)

INSERT INTO Score VALUES('2000005','002','201',80)
INSERT INTO Score VALUES('2000005','003','201',69)
INSERT INTO Score VALUES('2000005','004','201',87)
```

```
INSERT INTO Score VALUES('2000005','005','201',77)
INSERT INTO Score VALUES('2000005','001','202',79)
INSERT INTO Score VALUES('2000005','006','202',69)
INSERT INTO Score VALUES('2000005','010','202',69)
INSERT INTO Score VALUES('2000005','007','211',90)
INSERT INTO Score VALUES('2000005','008','211',87)
INSERT INTO Score VALUES('2000005','009','212',90)
INSERT INTO Score VALUES('2000005','011','212',68)

INSERT INTO Score VALUES('2000003','005','201',60)
INSERT INTO Score VALUES('2000003','001','201',46)
INSERT INTO Score VALUES('2000003','002','201',38)
INSERT INTO Score VALUES('2000003','007','202',50)
INSERT INTO Score VALUES('2000003','002','202',58)
INSERT INTO Score VALUES('2000003','006','211',70)
INSERT INTO Score VALUES('2000003','010','211',90)
INSERT INTO Score VALUES('2000003','007','212',66)
INSERT INTO Score VALUES('2000003','008','212',82)
INSERT INTO Score VALUES('2000003','009','212',78)

INSERT INTO Score VALUES('2000004','001','201',48)
INSERT INTO Score VALUES('2000004','004','201',58)
INSERT INTO Score VALUES('2000004','003','202',70)
INSERT INTO Score VALUES('2000004','002','211',68)
INSERT INTO Score VALUES('2000004','007','211',71)
INSERT INTO Score VALUES('2000004','008','211',80)
INSERT INTO Score VALUES('2000004','001','212',70)
INSERT INTO Score VALUES('2000004','005','212',88)
INSERT INTO Score VALUES('2000004','006','212',72)

INSERT INTO Score VALUES('2100002','001','211',98)
INSERT INTO Score VALUES('2100002','004','211',60)
INSERT INTO Score VALUES('2100002','002','211',46)
INSERT INTO Score VALUES('2100002','003','212',98)
INSERT INTO Score VALUES('2100002','010','212',70)
INSERT INTO Score VALUES('2100002','005','212',86)

INSERT INTO Score VALUES('2100003','001','211',70)
INSERT INTO Score VALUES('2100003','002','211',60)
INSERT INTO Score VALUES('2100003','004','211',77)
INSERT INTO Score VALUES('2100003','005','212',87)

INSERT INTO Score VALUES('2100004','001','211',50)
INSERT INTO Score VALUES('2100004','002','211',70)
INSERT INTO Score VALUES('2100004','004','211',78)
INSERT INTO Score VALUES('2100004','010','211',89)
INSERT INTO Score VALUES('2100004','011','212',90)
INSERT INTO Score VALUES('2100004','003','212',88)
INSERT INTO Score VALUES('2100004','001','212',68)

INSERT INTO Score VALUES('2100005','001','211',82)
INSERT INTO Score VALUES('2100005','002','211',80)
```

```
INSERT INTO Score VALUES('2100005','010','211',90)
INSERT INTO Score VALUES('2100005','004','211',47)
INSERT INTO Score VALUES('2100005','003','212',82)
INSERT INTO Score VALUES('2100005','011','212',82)

INSERT INTO Score VALUES('2100014','001','211',60)
INSERT INTO Score VALUES('2100014','003','211',87)
INSERT INTO Score VALUES('2100014','004','211',45)
INSERT INTO Score VALUES('2100014','010','211',90)
INSERT INTO Score VALUES('2100014','004','212',88)
INSERT INTO Score VALUES('2100014','011','212',70)
INSERT INTO Score VALUES('2100014','002','212',69)
INSERT INTO Score VALUES('2100014','005','212',56)

INSERT INTO Score VALUES('2100012','001','211',68)
INSERT INTO Score VALUES('2100012','003','211',76)
INSERT INTO Score VALUES('2100012','004','211',70)
INSERT INTO Score VALUES('2100012','005','211',88)
INSERT INTO Score VALUES('2100012','002','212',78)
INSERT INTO Score VALUES('2100012','006','212',82)
INSERT INTO Score VALUES('2100012','007','212',90)
INSERT INTO Score VALUES('2100012','010','212',84)
GO
```

### 1.11.3 实验内容

创建商品订单管理数据库 OrderDB,其数据库模式导航图如图 1-52 所示,表结构如图 1-53～图 1-58 所示,相关数据如表 1-13～表 1-18 所示。创建脚本文件 OrderDB.sql,完成如下的操作:

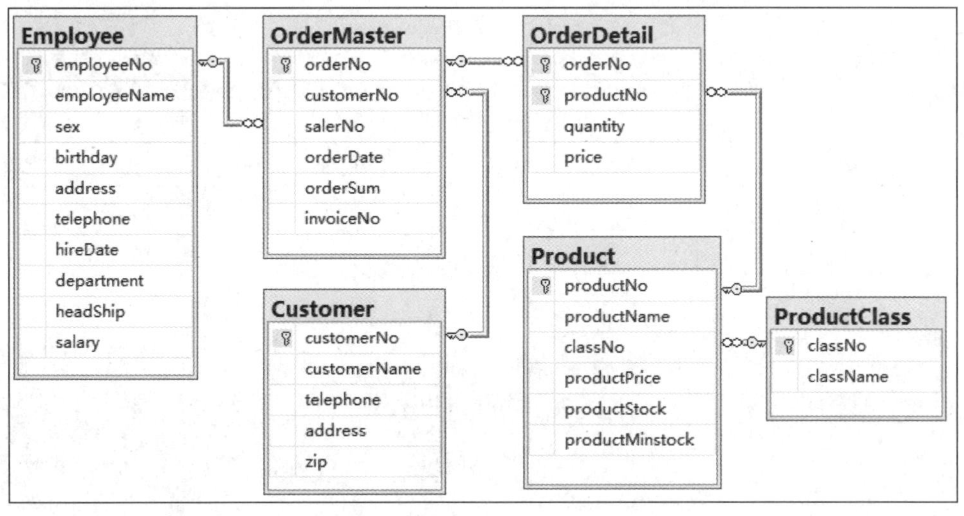


图 1-52 订单数据库模式导航图

| 列名 | 数据类型 | 允许 Null 值 |
| --- | --- | --- |
| classNo | char(3) | ☐ |
| className | varchar(40) | ☐ |

图 1-53 商品类别表 ProductClass 结构

| 列名 | 数据类型 | 允许 Null 值 |
| --- | --- | --- |
| productNo | char(9) | ☐ |
| productName | varchar(40) | ☐ |
| classNo | char(3) | ☐ |
| productPrice | numeric(7, 2) | ☐ |
| productStock | numeric(7, 2) | ☐ |
| productMinstock | numeric(7, 2) | ☐ |

图 1-54 商品基本信息表 Product 结构

| 列名 | 数据类型 | 允许 Null 值 |
| --- | --- | --- |
| customerNo | char(9) | ☐ |
| customerName | varchar(40) | ☐ |
| telephone | varchar(20) | ☐ |
| address | char(40) | ☐ |
| zip | char(6) | ☑ |

图 1-55 客户表 Customer 结构

| 列名 | 数据类型 | 允许 Null 值 |
| --- | --- | --- |
| employeeNo | char(8) | ☐ |
| employeeName | varchar(10) | ☐ |
| sex | char(1) | ☐ |
| birthday | datetime | ☑ |
| address | varchar(50) | ☑ |
| telephone | varchar(20) | ☑ |
| hireDate | datetime | ☐ |
| department | varchar(30) | ☐ |
| headShip | varchar(10) | ☐ |
| salary | numeric(8, 2) | ☐ |

图 1-56 员工表 Employee 结构

| 列名 | 数据类型 | 允许 Null 值 |
| --- | --- | --- |
| orderNo | char(12) | ☐ |
| customerNo | char(9) | ☐ |
| salerNo | char(8) | ☐ |
| orderDate | datetime | ☐ |
| orderSum | numeric(9, 2) | ☐ |
| invoiceNo | char(10) | ☐ |

图 1-57 订单主表 OrderMaster 结构

| 列名 | 数据类型 | 允许 Null 值 |
| --- | --- | --- |
| orderNo | char(12) | ☐ |
| productNo | char(9) | ☐ |
| quantity | int | ☐ |
| price | numeric(7, 2) | ☐ |

图 1-58 订单明细表 OrderDetail 结构

表 1-13 商品类别表 ProductClass 记录

| 序号 | classNo | className |
| --- | --- | --- |
| 1 | 001 | 手机 |
| 2 | 002 | 电视机 |
| 3 | 003 | CPU 处理器 |
| 4 | 004 | 耳机 |
| 5 | 005 | 手环 |

表 1-14 客户表 Customer 记录

| 序号 | customerNo | customerName | telephone | address | zip |
| --- | --- | --- | --- | --- | --- |
| 1 | C20200001 | 统一股份有限公司 | 022-3566021 | 天津市 | 220012 |
| 2 | C20200002 | 兴隆股份有限公司 | 022-3562452 | 天津市 | 220301 |

续表

| 序号 | customerNo | customerName | telephone | address | zip |
|---|---|---|---|---|---|
| 3 | C20200003 | 上海生物研究室 | 010-2121000 | 北京市 | 108001 |
| 4 | C20200004 | 五一商厦 | 021-4532187 | 上海市 | 210100 |
| 5 | C20210001 | 大地商城 | 010-1165152 | 北京市 | 100803 |
| 6 | C20210002 | 联合股份有限公司 | 021-4568451 | 上海市 | 210100 |
| 7 | C20210003 | 红度股份有限公司 | 010-5421585 | 北京市 | 100800 |
| 8 | C20220001 | 南昌市电脑研制中心 | 0791-4412152 | 南昌市 | 330046 |
| 9 | C20220002 | 世界技术开发公司 | 021-4564512 | 上海市 | 210230 |
| 10 | C20220003 | 万事达股份有限公司 | 022-4533141 | 天津市 | 220400 |

表 1-15　商品基本信息表 Product 记录

| 序号 | productNo | productName | classNo | productPrice | productStock | productMinstock |
|---|---|---|---|---|---|---|
| 1 | P20200001 | vivo-X9 | 001 | 2798.00 | 100.00 | 10.00 |
| 2 | P20200002 | 中兴 AXON 天机 7(A2017) | 001 | 3099.00 | 100.00 | 10.00 |
| 3 | P20200003 | 三星-Galaxy-A9 | 001 | 2599.00 | 50.00 | 5.00 |
| 4 | P20200004 | 海信 55 英寸 4K 智能电视 | 002 | 3999.00 | 10.00 | 6.00 |
| 5 | P20200005 | TCL-D55A630U | 002 | 3399.00 | 15.00 | 5.00 |
| 6 | P20210001 | 飞利浦 65 英寸 64 位九核 | 002 | 5899.00 | 35.00 | 5.00 |
| 7 | P20210002 | 酷睿四核 i5-6500 | 003 | 1469.00 | 500.00 | 50.00 |
| 8 | P20210003 | 酷睿四核 i7-7700k | 003 | 2799.00 | 500.00 | 50.00 |
| 9 | P20210004 | 华为手环 B3 | 005 | 949.00 | 180.00 | 30.00 |
| 10 | P20210005 | 魅族 H1 智能手环 | 005 | 1499.00 | 210.00 | 30.00 |
| 11 | P20210006 | AMAZFIT 智能手环 | 005 | 399.00 | 10.00 | 8.00 |
| 12 | P20220001 | 酷睿四核 i7-6700k | 003 | 819.00 | 28.00 | 5.00 |
| 13 | P20220002 | Beats-Solo2-MKLD2PA/A | 004 | 1499.00 | 300.00 | 60.00 |
| 14 | P20220003 | 魅族 EP51 | 004 | 269.00 | 400.00 | 50.00 |
| 15 | P20220004 | Beats-Solo3-MNEN2PA/A | 004 | 2288.00 | 150.00 | 30.00 |

表 1-16　员工表 Employee 记录

| 序号 | employeeNo | employeeName | sex | birthday | address | telephone | hireDate | department | headShip | salary |
|---|---|---|---|---|---|---|---|---|---|---|
| 1 | E2020001 | 喻自强 | M | 1985-4-15 | 南京市青海路 18 号 | 13817605008 | 2005-2-6 | 财务科 | 科长 | 5800 |
| 2 | E2020002 | 张小梅 | F | 1987-11-1 | 上海市北京路 8 号 | 13607405016 | 2006-3-28 | 业务科 | 职员 | 2400 |

续表

| 序号 | employeeNo | employeeName | sex | birthday | address | telephone | hireDate | department | headShip | salary |
|---|---|---|---|---|---|---|---|---|---|---|
| 3 | E2020003 | 张小娟 | F | 1987-3-6 | 上海市南京路 66 号 | 13707305025 | 2006-3-28 | 业务科 | 职员 | 2600 |
| 4 | E2020004 | 张露 | F | 1988-1-5 | 南昌市八一大道 130 号 | 15907205134 | 2020-3-28 | 业务科 | 科长 | 5100 |
| 5 | E2020005 | 张小东 | M | 1987-9-3 | 南昌市阳明路 99 号 | 15607105243 | 2020-3-28 | 业务科 | 职员 | 1800 |
| 6 | E2021001 | 陈辉 | M | 1988-11-1 | 南昌市青山路 100 号 | 13607705352 | 2015-3-28 | 办公室 | 主任 | 4500 |
| 7 | E2021002 | 韩梅 | F | 1991-12-11 | 上海市浦东大道 6 号 | 13807805461 | 2016-11-28 | 业务科 | 职员 | 2600 |
| 8 | E2021003 | 刘风 | F | 1992-5-21 | 江西财经大学 5 栋 1-101 室 | 15907805578 | 2021-2-28 | 业务科 | 职员 | 2500 |
| 9 | E2022001 | 陈诗杰 | M | 1993-1-6 | 江西财经大学 12 栋 3-304 室 | NULL | 2021-2-6 | 财务科 | 出纳 | 2200 |
| 10 | E2022002 | 张良 | M | 1993-2-16 | 上海市福州路 135 号 | NULL | 2021-2-6 | 业务科 | 职员 | 2700 |
| 11 | E2022003 | 黄梅莹 | F | 1994-5-15 | 上海市九江路 88 号 | NULL | 2018-2-20 | 业务科 | 职员 | 3100 |
| 12 | E2022004 | 李虹冰 | F | 1993-10-13 | 南昌市中山路 1 号 | NULL | 2018-2-20 | 业务科 | 职员 | 3400 |
| 13 | E2022005 | 张小梅 | F | 1994-11-6 | 深圳市阳关大道 10 号 | NULL | 2022-2-21 | 财务科 | 会计 | 5000 |

表 1-17　订单主表 OrderMaster 记录

| 序号 | orderNo | customerNo | salerNo | orderDate | orderSum | invoiceNo |
|---|---|---|---|---|---|---|
| 1 | 202001090001 | C20200001 | E2020002 | 2020-01-09 | 17 293.00 | I000000001 |
| 2 | 202001090002 | C20200004 | E2020003 | 2020-01-09 | 25 389.00 | I000000002 |
| 3 | 202001090003 | C20200003 | E2020002 | 2020-01-09 | 29 089.00 | I000000003 |
| 4 | 202002190001 | C20200001 | E2020003 | 2020-02-19 | 21 390.80 | I000000004 |
| 5 | 202002190002 | C20200002 | E2020002 | 2020-02-19 | 15 395.00 | I000000005 |
| 6 | 202003010001 | C20200002 | E2020004 | 2020-03-01 | 14 591.00 | I000000006 |
| 7 | 202003020001 | C20200004 | E2020003 | 2020-03-02 | 16 492.00 | I000000007 |
| 8 | 202103090001 | C20210003 | E2021002 | 2021-03-09 | 46 088.00 | I000000008 |
| 9 | 202105090001 | C20210002 | E2021002 | 2021-05-09 | 10 692.80 | I000000009 |

续表

| 序号 | orderNo | customerNo | salerNo | orderDate | orderSum | invoiceNo |
|---|---|---|---|---|---|---|
| 10 | 202106120001 | C20210001 | E2021003 | 2021-06-12 | 7744.20 | I000000010 |
| 11 | 202110010001 | C20210001 | E2021003 | 2021-10-01 | 14 990.00 | I000000011 |
| 12 | 202201140001 | C20220001 | E2022003 | 2022-01-14 | 8571.00 | I000000012 |
| 13 | 202202070001 | C20220003 | E2022002 | 2022-02-07 | 16 777.00 | I000000013 |

表 1-18 订单明细表 OrderDetail 记录

| 序号 | orderNo | productNo | quantity | price | 序号 | orderNo | productNo | quantity | price |
|---|---|---|---|---|---|---|---|---|---|
| 1 | 202001090001 | P20200001 | 1 | 2798.00 | 20 | 202103090001 | P20210001 | 5 | 5899.00 |
| 2 | 202001090001 | P20200002 | 3 | 3099.00 | 21 | 202103090001 | P20210002 | 2 | 1499.00 |
| 3 | 202001090001 | P20200003 | 2 | 2599.00 | 22 | 202103090001 | P20210003 | 3 | 2799.00 |
| 4 | 202001090002 | P20200001 | 2 | 2798.00 | 23 | 202105090001 | P20200002 | 1 | 3099.00 |
| 5 | 202001090002 | P20200003 | 5 | 2599.00 | 24 | 202105090001 | P20210004 | 2 | 949.00 |
| 6 | 202001090002 | P20200005 | 2 | 3399.00 | 25 | 202105090001 | P20210005 | 3 | 1499.60 |
| 7 | 202001090003 | P20200001 | 2 | 2798.00 | 26 | 202105090001 | P20210006 | 3 | 399.00 |
| 8 | 202001090003 | P20200002 | 5 | 3099.00 | 27 | 202106120001 | P20210002 | 2 | 1499.00 |
| 9 | 202001090003 | P20200004 | 2 | 3999.00 | 28 | 202106120001 | P20210004 | 1 | 949.00 |
| 10 | 202002190001 | P20200001 | 3 | 2798.60 | 29 | 202106120001 | P20210005 | 2 | 1499.60 |
| 11 | 202002190001 | P20200003 | 5 | 2599.00 | 30 | 202106120001 | P20210006 | 2 | 399.00 |
| 12 | 202002190002 | P20200003 | 2 | 2599.00 | 31 | 202110010001 | P20200003 | 2 | 2599.00 |
| 13 | 202002190002 | P20200005 | 3 | 3399.00 | 32 | 202110010001 | P20210002 | 6 | 1499.00 |
| 14 | 202003010001 | P20200001 | 4 | 2798.00 | 33 | 202110010001 | P20210006 | 2 | 399.00 |
| 15 | 202003010001 | P20200005 | 1 | 3399.00 | 34 | 202201140001 | P20220002 | 5 | 1499.00 |
| 16 | 202003020001 | P20200001 | 2 | 2798.00 | 35 | 202201140001 | P20220003 | 4 | 269.00 |
| 17 | 202003020001 | P20200002 | 1 | 3099.00 | 36 | 202202070001 | P20220001 | 2 | 819.00 |
| 18 | 202003020001 | P20200003 | 3 | 2599.00 | 37 | 202202070001 | P20220003 | 5 | 269.00 |
| 19 | 202103090001 | P20200003 | 2 | 2599.00 | 38 | 202202070001 | P20220004 | 6 | 2299.00 |

(1) 创建订单管理数据库 OrderDB。

(2) 为订单数据库中的表建立主键和外键约束。

(3) 为表插入数据。

(4) 观察脚本运行的结果,如果出错请分析出错原因并修改脚本文件。

# 第 2 章

# 数据库查询

## 2.1 相关知识

SQL 语言于 1974 年由 Boyce 等提出，并于 1975—1979 年在 IBM 公司研制的 System R 数据库管理系统上实现，现在已成为国际标准。目前，关系数据库管理系统基本采用 SQL 作为其操作数据库的语言，SQL Server 也不例外，并对 SQL 标准进行了扩充，称为 Transact-SQL (Transact Structure Query Language)，简称 T-SQL，它是在 SQL 语言的基础上扩充了许多新的内容。T-SQL 语言主要由以下几部分组成：

(1) 数据定义语言 DDL：用于定义数据库模式、外模式和内模式，从而实现对基本表、视图和索引的定义。

(2) 数据操纵语言 DML：用于对数据库中的数据进行插入、删除、更新和查询操作。

(3) 数据控制语言 DCL：用于数据库中的用户定义、授权、完整性约束定义以及事务控制等。

(4) 系统存储过程：安装 SQL Server 后，SQL Server 自动创建了一些存储过程，这些存储过程称为系统存储过程，主要是方便用户对系统表(数据字典)的操作，如从系统表中查询信息，对系统表进行更新操作等，使用系统存储过程，用户不必了解系统表的结构，也不需要使用 SQL 语言对系统表进行操作。

(5) 其他的语言元素：由于 T-SQL 是一个可编程的 SQL 语言，出于编程的需要，增加了一些语言元素，如注释语句、循环语句、条件语句等。

### 2.1.1 订单管理数据库

本章使用的数据库是订单管理数据库 OrderDB，由 6 张表组成，包括员工表、客户表、商品类别表、商品基本信息表、订单主表和订单明细表。数据库模式导航图和样例数据参见第 1 章实验三。

**1. 员工表 Employee**

员工表 Employee 的表结构如表 2-1 所示，其中，员工编号构成为 E+年+流水号，共 8 位，第 1 位为 E，如 E2020001，年份取系统的当前日期的年份，末尾 3 位为该年度的流水号；性别为 F 表示女，M 表示男。

表 2-1 员工表 Employee 的表结构

| 属性含义 | 属性名 | 数据类型 |
|---|---|---|
| 员工编号 | employeeNo | char(8) |
| 员工姓名 | employeeName | varchar(10) |
| 性别 | sex | char(1) |
| 出生日期 | birthday | datetime |
| 住址 | address | varchar(50) |
| 电话 | telephone | varchar(20) |
| 雇用日期 | hireDate | datetime |
| 所属部门 | department | varchar(30) |
| 职务 | headShip | varchar(10) |
| 薪水 | salary | numeric(8, 2) |

### 2. 客户表 Customer

客户表 Customer 的表结构如表 2-2 所示，其中，客户号构成为 C＋年＋流水号，共 9 位，第 1 位为 C，如 C20200001，年份取建立日期的年份，末尾 3 位为该年度的流水号。

表 2-2 客户表 Customer 的表结构

| 属性含义 | 属性名 | 数据类型 |
|---|---|---|
| 客户号 | customerNo | char(9) |
| 客户名称 | customerName | varchar(40) |
| 客户住址 | address | varchar(40) |
| 客户电话 | telephone | varchar(20) |
| 邮政编码 | zip | char(6) |

### 3. 商品类别表 ProductClass

商品类别表 ProductClass 的表结构如表 2-3 所示，其中，类别编号构成为流水号。

表 2-3 商品类别表 Product 的表结构

| 属性含义 | 属性名 | 数据类型 |
|---|---|---|
| 类别编号 | classNo | char(3) |
| 类别名称 | className | varchar(40) |

### 4. 商品基本信息表 Product

商品基本信息表 Product 的表结构如表 2-4 所示，其中，商品编号构成为 P＋年＋流水号，共 9 位，第 1 位为 P，如 P20200001，年份取建立日期的年份，末尾 4 位为该年度的流水号。

表 2-4　商品基本信息表 Product 的表结构

| 属性含义 | 属性名 | 数据类型 |
| --- | --- | --- |
| 商品编号 | productNo | char(9) |
| 商品名称 | productName | varchar(40) |
| 商品类别 | classNo | char(3) |
| 商品定价 | productPrice | numeric(7,2) |
| 商品实际库存 | productStock | numeric(7,2) |
| 商品最低库存 | productMinstock | numeric(7,2) |

**5. 订单主表 OrderMaster**

订单主表 OrderMaster 的表结构如表 2-5 所示，其中，订单编号的构成为年＋月＋日＋流水号，共 12 位，如 20200109001，年 4 位，月 2 位，日 2 位，末尾 4 位为该日期的流水号。业务员必须是员工。

表 2-5　订单主表 OrderMaster 的表结构

| 属性含义 | 属性名 | 数据类型 |
| --- | --- | --- |
| 订单编号 | orderNo | char(12) |
| 客户号 | customerNo | char(9) |
| 业务员编号 | salerNo | char(8) |
| 订单日期 | orderDate | datetime |
| 订单金额 | orderSum | numeric(9, 2) |
| 发票号码 | invoiceNo | char(10) |

**6. 订单明细表 OrderDetail**

订单明细表 OrderDetail 的表结构如表 2-6 所示。

表 2-6　订单明细表 OrderDetail 的表结构

| 属性含义 | 属性名 | 数据类型 |
| --- | --- | --- |
| 订单编号 | orderNo | char(12) |
| 商品编号 | productNo | char(9) |
| 销售数量 | quantity | int |
| 成交单价 | price | numeric(7, 2) |

## 2.1.2　查询语句

查询是数据库系统最常见的操作，T-SQL 的查询语句的语法如下：

```
SELECT [ ALL | DISTINCT ] [ TOP n [ PERCENT ] ]
    <select_list >
FROM table_source
[ WHERE search_condition ]
[ GROUP BY group_by_expression ]
[ HAVING search_condition ]
[ ORDER BY order_expression [ ASC | DESC ] ]
```

其中，

(1) DISTINCT：从结果集中去除重复的行。

(2) TOP n [ PERCENT ]：指定返回结果集的前 n 行，n 是 0～4294967295 的整数。如果指定 PERCENT 关键字，则只从结果集中输出前百分之 n 行，n 必须是 0～100 的整数。如果指定了 ORDER BY，行将在结果集排序之后选定。

【例 2.1】 在订单数据库中，查询职工工资最高的前 8 个职工编号、职工姓名和工资。

SQL 语句如下：

```
SELECT TOP 8 employeeNo, employeeName, salary
FROM Employee
ORDER BY salary DESC
```

【例 2.2】 在订单数据库中，查询职工工资最高的前 10%的职工编号、职工姓名和工资。

SQL 语句如下：

```
SELECT TOP 10 PERCENT employeeNo, employeeName, salary
FROM Employee
ORDER BY salary DESC
```

(3) <select_list>：为结果集选择的列。选择列表是以逗号分隔的一系列表达式，可以是属性名、函数、表达式以及 CASE 语句。

【例 2.3】 在订单数据库的员工表中，根据性别的取值，如果为"M"，显示"男"，如果为"F"，显示"女"。

使用 CASE 语句，其语法如下：

```
CASE input_expression
    WHEN WHEN_expression THEN result_expression
      [ …n ]
    ELSE else_result_expression
END
```

SQL 语句如下：

```
SELECT employeeNo, employeeName,
    CASE sex WHEN 'M' THEN '男'
        WHEN 'F' THEN '女'
    END AS sex, birthday
FROM Employee
```

结果如图 2-1 所示。

| | employeeNo | employeeName | sex | birthday |
|---|---|---|---|---|
| 1 | E2020001 | 喻自强 | 男 | 1985-04-15 00:00:00.000 |
| 2 | E2020002 | 张小梅 | 女 | 1987-11-01 00:00:00.000 |
| 3 | E2020003 | 张小娟 | 女 | 1987-03-06 00:00:00.000 |
| 4 | E2020004 | 张露 | 女 | 1988-01-05 00:00:00.000 |
| 5 | E2020005 | 张小东 | 男 | 1987-09-03 00:00:00.000 |
| 6 | E2021001 | 陈辉 | 男 | 1988-11-01 00:00:00.000 |
| 7 | E2021002 | 韩梅 | 女 | 1991-12-11 00:00:00.000 |
| 8 | E2021003 | 刘风 | 女 | 1992-05-21 00:00:00.000 |
| 9 | E2022001 | 陈诗杰 | 男 | 1993-01-06 00:00:00.000 |
| 10 | E2022002 | 张良 | 男 | 1993-02-16 00:00:00.000 |
| 11 | E2022003 | 黄梅莹 | 女 | 1994-05-15 00:00:00.000 |
| 12 | E2022004 | 李虹冰 | 女 | 1993-10-13 00:00:00.000 |

图 2-1　例 2.3 的运行结果

CASE 语句还有另一个语法如下：

```
CASE
    WHEN boolean_expression THEN result_expression
    [ …n ]
    ELSE else_result_expression
END
```

【例 2.4】 在订单数据库中，根据员工的薪水进行分类显示。

SQL 语句如下：

```
SELECT employeeNo, employeeName,
    薪水=CASE
        WHEN salary<2000 THEN '低收入者'
        WHEN salary<4000 THEN '中等收入者'
        ELSE '高收入者'
    END, salary
FROM Employee
ORDER BY salary
```

结果如图 2-2 所示。

| | employeeNo | employeeName | 薪水 | salary |
|---|---|---|---|---|
| 1 | E2020005 | 张小东 | 低收入者 | 1800.00 |
| 2 | E2022001 | 陈诗杰 | 中等收入者 | 2200.00 |
| 3 | E2020002 | 张小梅 | 中等收入者 | 2400.00 |
| 4 | E2021003 | 刘风 | 中等收入者 | 2500.00 |
| 5 | E2021002 | 韩梅 | 中等收入者 | 2600.00 |
| 6 | E2020003 | 张小娟 | 中等收入者 | 2600.00 |
| 7 | E2022002 | 张良 | 中等收入者 | 2700.00 |
| 8 | E2022003 | 黄梅莹 | 中等收入者 | 3100.00 |
| 9 | E2022004 | 李虹冰 | 中等收入者 | 3400.00 |
| 10 | E2021001 | 陈辉 | 高收入者 | 4500.00 |
| 11 | E2022005 | 张小梅 | 高收入者 | 5000.00 |
| 12 | E2020004 | 张露 | 高收入者 | 5100.00 |

图 2-2　例 2.4 的运行结果

(4) table_source：为作用的关系对象，可以是表名、视图名和查询表，可以为这些关系对象取别名，称为元组变量，取别名使用“[AS] [别名]”格式。

【例 2.5】 在订单数据库中，查询每个客户的订单编号、客户名称、订单金额。

SQL 语句如下：

```
SELECT b.orderNo, customerName, sum(quantity * price)
FROM Customer a, OrderMaster b, OrderDetail c
WHERE a.customerNo=b.customerNo AND b.orderNo=c.orderNo
GROUP BY b.orderNo, customerName
ORDER BY customerName
```

结果如图 2-3 所示。

| | orderNo | customerName | (无列名) |
|---|---|---|---|
| 1 | 202106120001 | 大地商城 | 7744.20 |
| 2 | 202110010001 | 大地商城 | 14990.00 |
| 3 | 202103090001 | 红度股份有限公司 | 46088.00 |
| 4 | 202105090001 | 联合股份有限公司 | 10692.80 |
| 5 | 202201140001 | 南昌市电脑研制中心 | 8571.00 |
| 6 | 202001090003 | 上海生物研究室 | 29089.00 |
| 7 | 202001090001 | 统一股份有限公司 | 17293.00 |
| 8 | 202002190001 | 统一股份有限公司 | 21390.80 |
| 9 | 202202070001 | 万事达股份有限公司 | 16777.00 |
| 10 | 202001090002 | 五一商厦 | 25389.00 |
| 11 | 202003020001 | 五一商厦 | 16492.00 |
| 12 | 202002190002 | 兴隆股份有限公司 | 15395.00 |

图 2-3　例 2.5 的运行结果

## 2.2　实验四：单表查询

### 2.2.1　实验目的与要求

(1) 掌握 SQL 查询语句的基本概念。

(2) 掌握 SQL Server 查询语句的基本语法。

(3) 熟练使用 SQL 的 SELECT 语句对单表进行查询。

(4) 熟练掌握并运用 SQL Server 所提供的函数。

(5) 熟练使用 SQL 语句进行单表聚合操作。

### 2.2.2　实验案例

**1. 实验环境初始化**

(1) 设置文件路径。在 C 磁盘根目录下创建一个工作文件夹 c:\sqlWork，该文件夹用于存放试验用的数据库。

(2) 启动 SQL Server 服务器。详见 1.4.1 节的启动服务。

(3) 启动 SQL Server Management Studio。在 Windows 的开始菜单中选择

Microsoft SQL Server Management Studio 18，出现如图2-4所示的界面。输入登录账号和密码后，单击连接，出现如图2-5所示的界面。

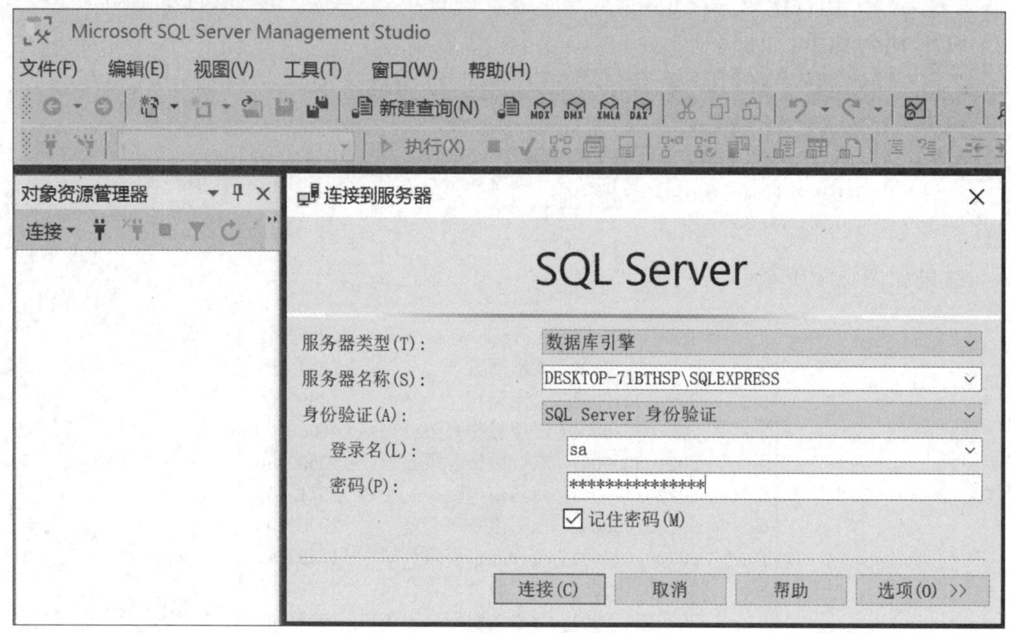


图 2-4　Management Studio 1

图 2-5　Management Studio 2

（4）生成订单数据库。展开“对象资源管理器”，选择master数据库，如图2-6所示。单击 新建查询(N) 按钮，出现如图2-7所示界面。

将订单数据库脚本OrderDB.sql导入查询分析器中，单击“执行”按钮，生成订单管理数据库OrderDB，如图2-8所示。

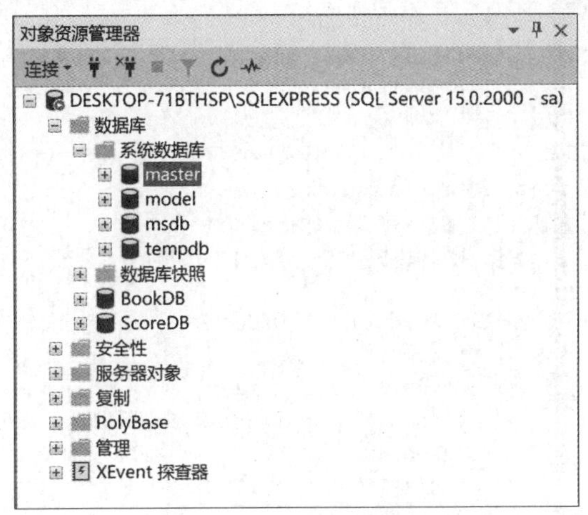


图 2-6 选择 master 数据库

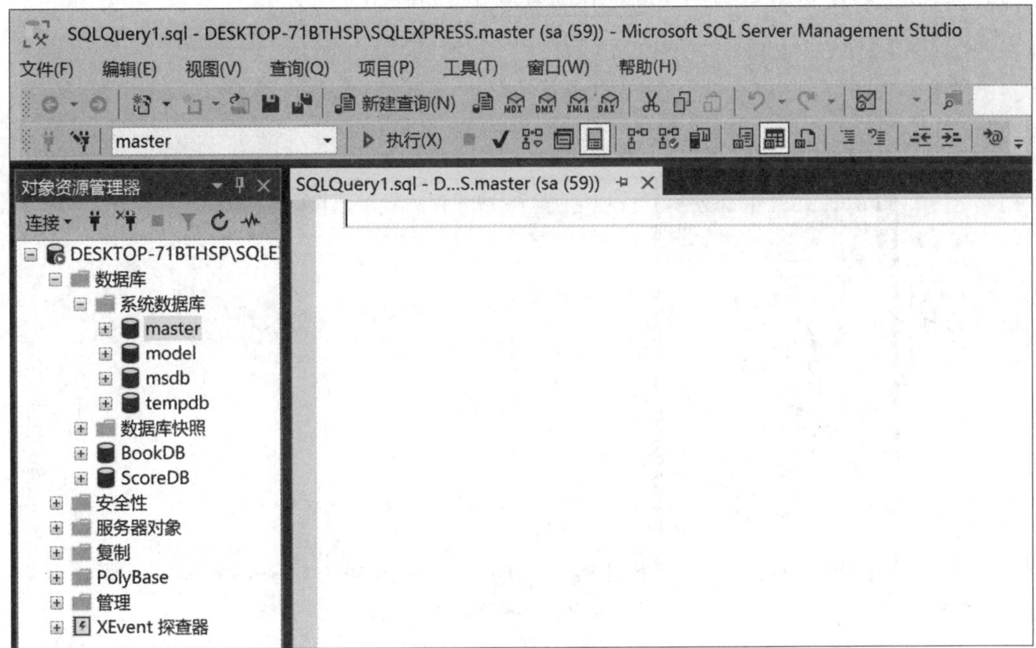


图 2-7 在 master 数据库中生成订单数据库界面

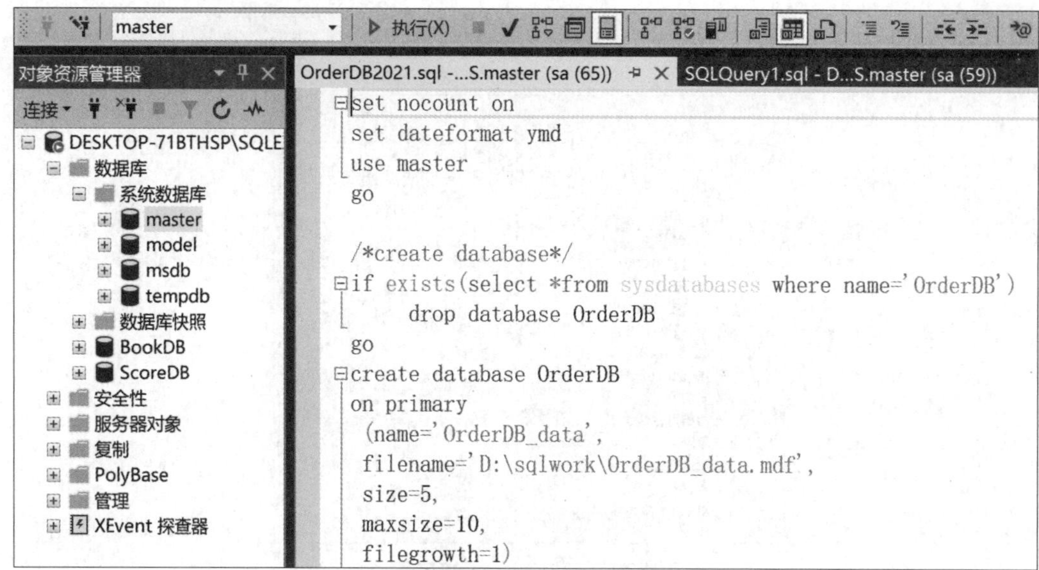


图 2-8　生成订单数据库

（5）进入订单数据库。刚刚生成的数据库自动进入订单数据库，如果没有进入，则从下拉列表框中选择 OrderDB，单击 新建查询(N) 按钮，如图 2-9 所示。

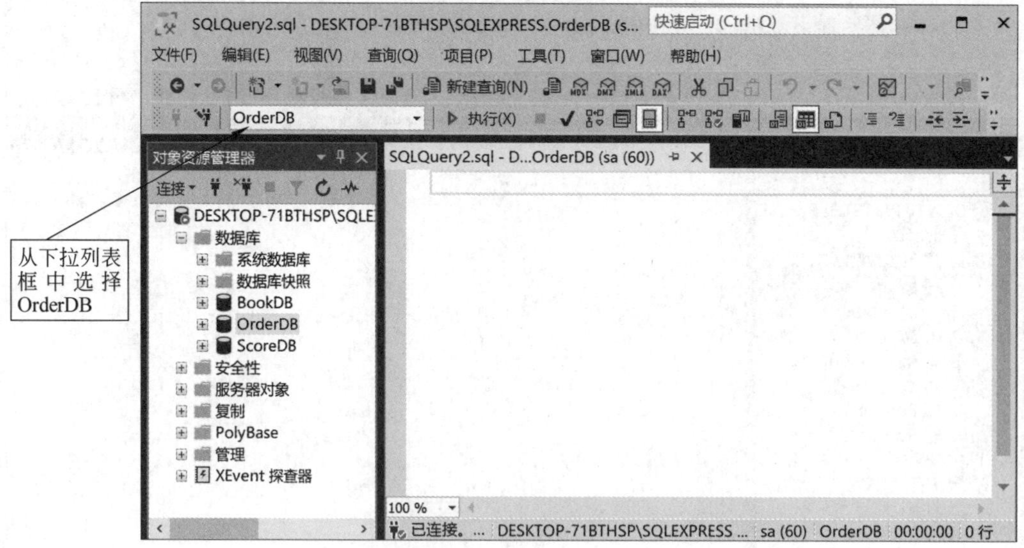


图 2-9　订单数据库

在图 2-9 所示的界面中，就可以进行以下的实验。

**2. 使用 SELECT 语句进行投影运算**

投影运算指在表中选取若干列（或改变列的显示位置）来显示数据的操作。

【例 2.6】　查询全部职工的基本信息。

SQL 语句如下：

```
SELECT *
FROM Employee
```

结果如图 2-10 所示。

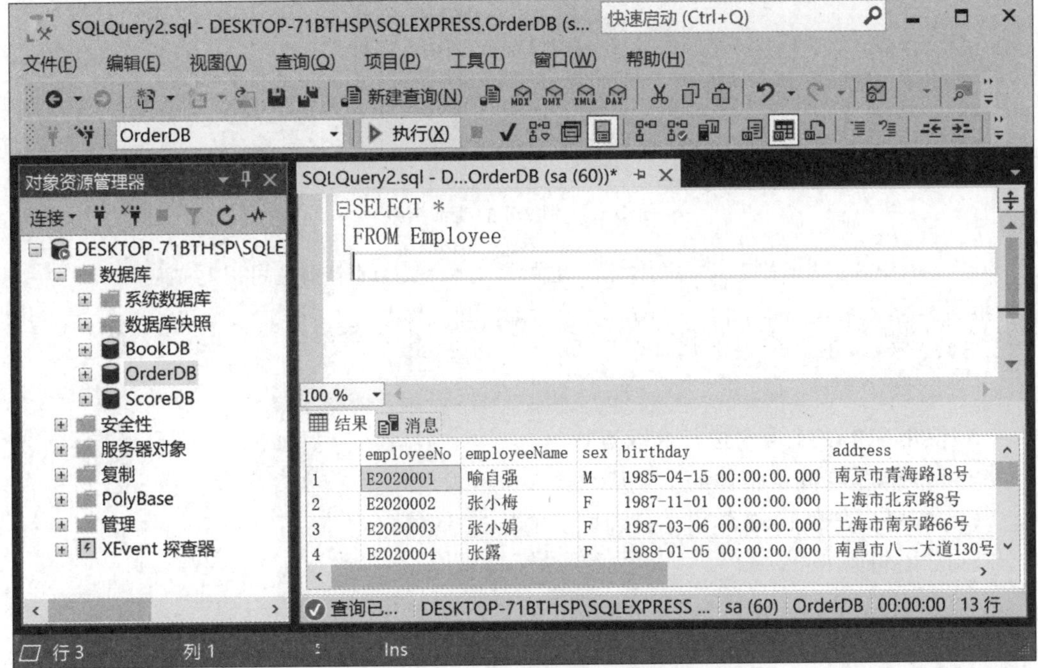


图 2-10　例 2.6 的查询结果

【例 2.7】　查询员工表中所有职工的部门、职工号、姓名和薪水。

SQL 语句如下：

```
SELECT department, employeeNo, employeeName, salary
FROM Employee
```

结果如图 2-11 所示。

| | department | employeeNo | employeeName | salary |
|---|---|---|---|---|
| 1 | 财务科 | E2020001 | 喻自强 | 5800.00 |
| 2 | 业务科 | E2020002 | 张小梅 | 2400.00 |
| 3 | 业务科 | E2020003 | 张小娟 | 2600.00 |
| 4 | 业务科 | E2020004 | 张露 | 5100.00 |
| 5 | 业务科 | E2020005 | 张小东 | 1800.00 |
| 6 | 办公室 | E2021001 | 陈辉 | 4500.00 |

图 2-11　例 2.7 的查询结果

【例 2.8】　查询全体职工的姓名、年龄、所属部门，并且用汉语显示表头信息。

SQL 语句如下：

```
SELECT employeeName 员工姓名, year(getdate())-year(birthday) 年龄,
       department 所属部门
```

```
FROM Employee
```

结果如图 2-12 所示。

|  | 员工姓名 | 年龄 | 所属部门 |
|---|---|---|---|
| 1 | 喻自强 | 37 | 财务科 |
| 2 | 张小梅 | 35 | 业务科 |
| 3 | 张小娟 | 35 | 业务科 |
| 4 | 张露 | 34 | 业务科 |
| 5 | 张小东 | 35 | 业务科 |
| 6 | 陈辉 | 34 | 办公室 |

图 2-12　例 2.8 的查询结果

在本例中，为列取别名，可以用 AS，也可以省略 AS，即本例也可以写成：

```
SELECT employeeName AS 员工姓名, year(getdate())-year(birthday) AS 年龄,
        department AS 所属部门
FROM Employee
```

**3. 使用 SELECT 语句进行选取运算**

选取操作是将满足条件的记录从数据库中检索出来。

**【例 2.9】** 查询 1987 年出生且为职员的员工信息。

SQL 语句如下：

```
SELECT *
FROM employee
WHERE year(birthday)=1987 and headship='职员'
```

**【例 2.10】** 查询业务科或财务科的职工姓名、性别和所在部门，仅显示前面 5 位职工。

SQL 语句如下：

```
SELECT TOP 5 employeeName, sex, department
FROM employee
WHERE department IN ('业务科', '财务科')
```

**【例 2.11】** 查询薪水为 2000 元或 5000 元的职工编号、姓名、所在部门和薪水。

SQL 语句如下：

```
SELECT employeeNo, employeeName, department, salary
FROM employee
WHERE salary IN (2000, 5000)
```

该语句也可以写成：

```
SELECT employeeNo, employeeName, department, salary
FROM employee
WHERE salary=2000 OR salary=5000
```

**【例 2.12】** 查询薪水为 3000～4000 元的职工姓名和薪水。

SQL 语句如下：

```
SELECT employeeName, salary
FROM Employee
WHERE salary BETWEEN 3000 AND 4000
```

【例 2.13】 查询薪水不为 3000～4000 的职工姓名和薪水。

SQL 语句如下：

```
SELECT employeeName, salary
FROM Employee
WHERE salary NOT BETWEEN 3000 AND 4000
```

其中条件也可以写成：

```
WHERE salary<3000 OR salary>4000
```

【例 2.14】 查询所有姓张的职工姓名、所属部门和性别，且性别显示为"男"或"女"。

SQL 语句如下：

```
SELECT employeeName, Department,
    sex=CASE sex
        WHEN 'M' THEN '男'
        WHEN 'F' THEN '女'
    END
FROM Employee
WHERE employeeName LIKE '张%'
```

【例 2.15】 查询姓张且全名为三个汉字的职工姓名。

SQL 语句如下：

```
SELECT employeeName
FROM Employee
WHERE employeeName LIKE '张__'
```

【例 2.16】 查询既不在业务科也不在财务科的职工姓名、性别和所在部门。

SQL 语句如下：

```
SELECT employeeName 姓名,
    CASE sex
        WHEN 'M' THEN '男'
        WHEN 'F' THEN '女'
    END 性别, department 所属部门
FROM Employee
WHERE department NOT IN ('业务科', '财务科')
```

其中条件也可以写成：

```
WHERE department<>'业务科' AND department<>'财务科'
```

【例 2.17】 查询 2018 年被雇用的职工号、姓名、性别、电话号码、出生日期以及年龄，如果电话号码为空，显示"不详"，出生日期按 yyyy-mm-dd 显示。

SQL 语句如下：

```
SELECT employeeNo, employeeName 姓名,
    CASE sex
        WHEN 'M' THEN '男'
        WHEN 'F' THEN '女'
    END AS 性别,
    isnull(telephone, '不详') 电话号码,
    isnull(convert(char(10), birthday, 120), '不详') 出生日期,
    年龄=year(getdate())-year(birthday)
FROM Employee
WHERE year(hireDate)=2018
```

运行结果如图 2-13 所示。

| | employeeNo | 姓名 | 性别 | 电话号码 | 出生日期 | 年龄 |
|---|---|---|---|---|---|---|
| 1 | E2022003 | 黄梅莹 | 女 | 不详 | 1994-05-15 | 28 |
| 2 | E2022004 | 李虹冰 | 女 | 不详 | 1993-10-13 | 29 |

图 2-13　例 2.17 的查询结果

为查询列取一个新名称，有 3 种方法：

① 直接在查询列后取一个名字，如 SELECT employeeName 员工姓名。

② 在查询列后用一个关键字 AS，如 SELECT employeeName AS 员工姓名。

③ 对查询列进行赋值，如 SELECT 员工姓名＝employeeName。

**4. 使用 SELECT 语句进行排序运算**

【例 2.18】 查询 1 月出生的员工编号、姓名、出生日期，并按出生日期的降序输出。

SQL 语句如下：

```
SELECT employeeNo, employeeName, birthday
FROM Employee
WHERE month(birthday)=1
ORDER BY birthday DESC
```

**5. 使用 SELECT 语句进行分组聚合运算**

【例 2.19】 在订单主表中查询每个业务员的订单数量。

分析：

① 要查询每个业务员的订单数量，只需要对订单主表进行操作。

② 本例要使用分组聚集操作，按销售员编号进行分组，统计订单数量。

③ 完整的 SQL 语句如下：

```
SELECT salerNo, count(*)
FROM OrderMaster
GROUP BY salerNo
```

【例 2.20】 统计客户号为 C20210002 的客户的订单数、订货总额和平均订货金额。

SQL 语句如下：

```
SELECT sum(orderSum), avg(orderSum)
FROM OrderMaster
WHERE customerNo='C20210002'
```

【例 2.21】 统计每个客户的订单数、订货总额和平均订货金额。

SQL 语句如下：

```
SELECT customerNo, sum(orderSum), avg(orderSum)
FROM OrderMaster
GROUP BY customerNo
```

注意：例 2.20 和例 2.21 的区别，集聚函数可用于分组中，也可以不用在分组中，如果要分别求每个组的集聚值，必须使用分组，如例 2.21，如果仅求某一个组的集聚值，仅使用 WHERE 语句，如例 2.20，在查询列中不能使用除集聚函数之外的任何表达式。

【例 2.22】 查询订单中至少包含 3 种(含 3 种)以上商品的订单编号及订购次数，且订购的商品数量在 2 件(含 2 件)以上。

分析：

① 查询至少包含 3 种(含 3 种)以上商品的订单，需要对订单明细表进行分组集聚操作，按订单编号分组，并对组求条件，选取出其订货的商品种类大于或等于 3 的订单，本例需要使用 GROUP BY 和 HAVING 子句。

② 本例还需满足一个条件，即订购的商品数量在 2 件(含 2 件)以上，需要使用 WHERE 子句，将订货数量小于 2 的商品过滤掉。

③ 完整的 SQL 语句如下：

```
SELECT orderNo, count(*)
FROM OrderDetail
WHERE quantity>=2
GROUP BY orderNo
HAVING count(*)>=3
```

注意：WHERE 子句指整个查询范围，HAVING 指对分组后的每个组求满足条件的记录，本例执行的过程是：首先在订单明细表中查询出订货数量在 2 件(含 2 件)以上的记录，然后在查询的结果中再按订单编号进行分组，将组内元组数大于或等于 3 的组输出。

### 2.2.3 实验内容

在 OrderDB 中，首先统计订单主表中的订单金额，使用命令：

```
UPDATE OrderMaster SET orderSum=sum2
FROM OrderMaster a, (SELECT orderNo, sum(quantity*price) sum2
    FROM OrderDetail
    GROUP BY orderNo) b
WHERE a.orderNo=b.orderNo
```

然后完成如下的查询：

(1) 查询名字中含有“有限”的客户名称和所在地。

(2) 查询出姓“张”并且姓名的最后一个字为“梅”的员工。

(3) 查询住址中含有“上海”或“南昌”的员工，并显示其姓名、所属部门、职务、住址、出生日期和性别，其中如果出生日期为空，显示“不详”，否则按格式“yyyy-mm-dd”显示，性别用“男”和“女”显示。

（4）选取编号不为C20200003～C20210002的客户编号、客户名称、客户地址。

（5）在订单主表中选取订单金额最高的前10%的订单数据。

（6）计算出一共销售了几种商品。

（7）计算OrderDetail表中每种商品的销售数量、平均销售单价和总销售金额，并且依据销售金额由大到小排序输出。

（8）按客户编号统计每个客户2020年3月的订单总金额。

（9）统计至少销售了10件以上的商品编号和销售数量。

（10）统计在业务科工作且在1987年或1988年出生的员工人数和平均工资。

（11）实验问题：

① 给出SQL语句实现分组聚集操作的执行过程。

② WHERE和HAVING子句都是用于指定查询条件的，请给出你对这两个子句的理解，用实例说明。

③ 在分组聚集操作中，为什么在查询列中，除了集聚函数运算，其他表达式必须包含在GROUP BY子句中。

# 2.3 实验五：多表查询

## 2.3.1 实验目的与要求

（1）熟练掌握SQL语句的使用。

（2）熟练使用SQL语句进行连接操作。

## 2.3.2 实验案例

### 1. 简单表连接

【例2.23】 查询住址在上海的员工所做的订单，结果输出员工编号、姓名、住址、订单编号、客户编号和订单日期，并按客户编号排序输出。

分析：

① 由于员工信息在员工表中，订单信息在订单主表中，故该查询涉及两张表：员工表和订单主表。

② 两张表的连接条件是员工表中的员工编号等于订单主表中的销售员编号，即：

```
employeeNo=salerNo
```

③ 要求查询住址在上海的销售员所做的订单，因此对员工表有一个选取操作。

④ 要求按客户编号排序输出，因此需要排序语句。

⑤ SQL语句如下：

```
SELECT employeeNo, employeeName, address, orderNo, customerNo, orderDate
FROM Employee a, OrderMaster b
WHERE employeeNo=salerNo                          --连接条件
    AND address LIKE '%上海%'                      --选取条件
ORDER BY employeeNo
```

【例 2.24】　查找订购了"酷睿四核 I7-7700k"商品的客户编号、客户名称、订单编号、订货数量和订货金额，并按客户编号的升序排序输出。

分析：

由于客户名称在客户表中，商品名称在商品基本信息表中，订货数量和单价在订单明细表中，客户与订单的关系在订货主表中，因此该查询涉及 4 张表的连接：客户表、商品基本信息表、订单主表和订单明细表。

SQL 语句如下：

```
SELECT a.customerNo, customerName, b.orderNo, quantity, quantity * price total
FROM Customer a, OrderMaster b, OrderDetail c, Product d
WHERE a.customerNo=b.customerNo AND b.orderNo=c.orderNo
    AND c.productNo=d.productNo
    AND productName='酷睿四核 I7-7700k'
ORDER BY a.customerNo
```

【例 2.25】　查找与"张小梅"在同一个部门工作的员工姓名、所属部门、性别和出生日期，并按所属部门排序输出。

分析：

① 要查找与"张小梅"在同一个部门工作的员工，首先要查询出"张小梅"在哪个部门工作，由于"张小梅"与其他员工在同一张员工表中，因此该查询可使用自表连接方法。

② 使用自表连接，在 FROM 子句中，必须为相同的表取不同的元组变量，从逻辑上看是两张不同的表，物理上却是一张表。本查询使用"Employee a"表查询"张小梅"所在的部门，使用"Employee b"表查询其他与"张小梅"在同一部门工作的员工。

③ 本查询的连接条件是"张小梅"所在的部门编号与要查询的员工部门编号相等，WHERE 条件为：

```
WHERE a.department=b.department AND a.employeeName='张小梅'
```

④ 查询列是 B 表中的员工，对查询出来的员工的性别用"男"或"女"表示。

⑤ SQL 语句如下：

```
SELECT b.employeeName, b.department,
    CASE b.sex WHEN 'F' THEN '女'
        WHEN 'M' THEN '男'
    END sex,
    convert(char(10), b.birthday, 120)
FROM Employee a, Employee b
WHERE a.department=b.department AND a.employeeName='张小梅'
ORDER BY b.department
```

【例 2.26】　查询 1993 年出生的员工所接的订单，输出结果为员工编号、姓名、所属部门、订单编号、客户名称、订单日期，按员工编号排序输出。

SQL 语句如下：

```
SELECT employeeNo, employeeName, department, orderNo, customerName,
       orderDate
```

```
FROM Employee a, Customer b, OrderMaster c
WHERE a.employeeNo=salerNo AND b.customerNo=c.customerNo
      AND year(birthday)=1993
ORDER BY employeeNo
```

【例 2.27】 查询销售数量大于 4 的商品编号、商品名称、数量和单价。

SQL 语句如下:

```
SELECT a.productNo, productName, quantity, price
FROM OrderDetail AS a INNER JOIN Product AS b
    ON (a.productNo=b.productNo) AND quantity>4
ORDER BY a.productNo
```

本例也可以写成:

```
SELECT a.productNo, productName, quantity, price
FROM OrderDetail a, Product b
WHERE a.productNo=b.productNo AND quantity>4
ORDER BY a.productNo
```

运行结果如图 2-14 所示。

| | productNo | productName | quantity | price |
|---|---|---|---|---|
| 1 | P20200002 | 中兴AXON天机7(A2017) | 5 | 3099.00 |
| 2 | P20200003 | 三星-Galaxy-A9 | 5 | 2599.00 |
| 3 | P20200003 | 三星-Galaxy-A9 | 5 | 2599.00 |
| 4 | P20210001 | 飞利浦65英寸64位九核 | 5 | 5899.00 |
| 5 | P20210002 | 酷睿四核i5-6500 | 6 | 1499.00 |
| 6 | P20220002 | Beats-Solo2-MKLD2PA/A | 5 | 1499.00 |
| 7 | P20220003 | 魅族EP51 | 5 | 269.00 |
| 8 | P20220004 | Beats-Solo3-MNEN2PA/A | 6 | 2299.00 |

图 2-14 例 2.27 的查询结果

注意:该连接为普通的连接操作,可以对其进行外连接操作。

左外连接 SQL 语句如下:

```
SELECT a.productNo, productName, quantity, price
FROM OrderDetail AS a LEFT JOIN Product AS b
    ON (a.productNo=b.productNo) AND quantity>4
ORDER BY a.productNo
```

运行结果如图 2-15 所示。

本例中,OrderDetail 表的记录数是 38,作为左外连接的表,连接结果应包含 38 条记录。由于 OrderDetail 表中商品订购数量小于 4 的记录有 30 条记录,对于订购数量小于或等于 4 的商品未被检索出来,因此对应的商品名称用 NULL 值替代。

右外连接 SQL 语句如下:

```
SELECT a.productNo, productName, quantity, price
FROM OrderDetail AS a RIGHT JOIN Product AS b
    ON (a.productNo=b.productNo) AND quantity>4
```

|  | productNo | productName | quantity | price |
|---|---|---|---|---|
| 1 | P20200001 | NULL | 1 | 2798.00 |
| 2 | P20200001 | NULL | 2 | 2798.00 |
| 3 | P20200001 | NULL | 3 | 2798.60 |
| 4 | P20200001 | NULL | 2 | 2798.00 |
| 5 | P20200001 | NULL | 4 | 2798.00 |
| 6 | P20200001 | NULL | 2 | 2798.00 |
| 7 | P20200002 | NULL | 1 | 3099.00 |
| 8 | P20200002 | 中兴AXON天机7(A2017) | 5 | 3099.00 |
| 9 | P20200002 | NULL | 3 | 3099.00 |
| 10 | P20200002 | NULL | 1 | 3099.00 |
| 11 | P20200003 | NULL | 2 | 2599.00 |
| 12 | P20200003 | NULL | 2 | 2599.00 |
| 13 | P20200003 | 三星-Galaxy-A9 | 5 | 2599.00 |
| 14 | P20200003 | 三星-Galaxy-A9 | 5 | 2599.00 |
| 15 | P20200003 | NULL | 2 | 2599.00 |
| 16 | P20200003 | NULL | 3 | 2599.00 |
| 17 | P20200003 | NULL | 2 | 2599.00 |
| 18 | P20200004 | NULL | 2 | 3999.00 |
| 19 | P20200005 | NULL | 1 | 3399.00 |
| 20 | P20200005 | NULL | 3 | 3399.00 |
| 21 | P20200005 | NULL | 2 | 3399.00 |
| 22 | P20210001 | 飞利浦65英寸64位九核 | 5 | 5899.00 |
| 23 | P20210002 | NULL | 2 | 1499.00 |
| 24 | P20210002 | 酷睿四核i5-6500 | 6 | 1499.00 |
| 25 | P20210002 | NULL | 2 | 1499.00 |
| 26 | P20210003 | NULL | 3 | 2799.00 |
| 27 | P20210004 | NULL | 1 | 949.00 |
| 28 | P20210004 | NULL | 2 | 949.00 |
| 29 | P20210005 | NULL | 3 | 1499.60 |
| 30 | P20210005 | NULL | 2 | 1499.60 |
| 31 | P20210006 | NULL | 2 | 399.00 |
| 32 | P20210006 | NULL | 3 | 399.00 |
| 33 | P20210006 | NULL | 2 | 399.00 |
| 34 | P20220001 | NULL | 2 | 819.00 |
| 35 | P20220002 | Beats-Solo2-MKLD2... | 5 | 1499.00 |
| 36 | P20220003 | NULL | 4 | 269.00 |
| 37 | P20220003 | 魅族EP51 | 5 | 269.00 |
| 38 | P20220004 | Beats-Solo3-MNEN2... | 6 | 2299.00 |

图 2-15　例 2.27 的左外连接查询结果

```
ORDER BY a.productNo
```

运行结果如图 2-16 所示。

|  | productNo | productName | quantity | price |
|---|---|---|---|---|
| 1 | NULL | vivo-X9 | NULL | NULL |
| 2 | NULL | 海信55英寸4K智能电视 | NULL | NULL |
| 3 | NULL | TCL-D55A630U | NULL | NULL |
| 4 | NULL | 酷睿四核i7-7700k | NULL | NULL |
| 5 | NULL | 华为手环B3 | NULL | NULL |
| 6 | NULL | 魅族H1智能手环 | NULL | NULL |
| 7 | NULL | AMAZFIT智能手环 | NULL | NULL |
| 8 | NULL | 酷睿四核i7-6700k | NULL | NULL |
| 9 | P20200002 | 中兴AXON天机7(A2017) | 5 | 3099.00 |
| 10 | P20200003 | 三星-Galaxy-A9 | 5 | 2599.00 |
| 11 | P20200003 | 三星-Galaxy-A9 | 5 | 2599.00 |
| 12 | P20210001 | 飞利浦65英寸64位九核 | 5 | 5899.00 |
| 13 | P20210002 | 酷睿四核i5-6500 | 6 | 1499.00 |
| 14 | P20220002 | Beats-Solo2-MKLD2PA/A | 5 | 1499.00 |
| 15 | P20220003 | 魅族EP51 | 5 | 269.00 |
| 16 | P20220004 | Beats-Solo3-MNEN2PA/A | 6 | 2299.00 |

图 2-16　例 2.27 的右外连接查询结果

本例中，Product 表的记录数是 15，作为右外连接的表，连接结果应至少包含 15 条记录。由于 OrderDetail 表中商品订购数量大于 4 的记录仅有 8 条记录，包含的商品有 7 种，这 8 条记录被检出来，另外还有 8 种商品其订购数量小于 4，其所在的商品未被检索出来，因此对应的商品编号、订货数量和单价用 NULL 值替代，故检索的结果包含 16 条记录。

全外连接 SQL 语句如下：

```
SELECT a.productNo, productName, quantity, price
FROM OrderDetail AS a FULL JOIN Product AS b
    ON (a.productNo=b.productNo) AND quantity>4
ORDER BY a.productNo
```

运行结果如图 2-17 所示。

| | productNo | productName | quantity | price |
|---|---|---|---|---|
| 1 | NULL | vivo-X9 | NULL | NULL |
| 2 | NULL | 海信55英寸4K智能电视 | NULL | NULL |
| 3 | NULL | TCL-D55A630U | NULL | NULL |
| 4 | NULL | 酷睿四核i7-7700k | NULL | NULL |
| 5 | NULL | 华为手环B3 | NULL | NULL |
| 6 | NULL | 魅族H1智能手环 | NULL | NULL |
| 7 | NULL | AMAZFIT智能手环 | NULL | NULL |
| 8 | NULL | 酷睿四核i7-6700k | NULL | NULL |
| 9 | P20200001 | NULL | 1 | 2798.00 |
| 10 | P20200001 | NULL | 2 | 2798.00 |
| 11 | P20200001 | NULL | 3 | 2798.60 |
| 12 | P20200001 | NULL | 2 | 2798.00 |
| 13 | P20200001 | NULL | 4 | 2798.00 |
| 14 | P20200001 | NULL | 2 | 2798.00 |
| 15 | P20200002 | NULL | 1 | 3099.00 |
| 16 | P20200002 | 中兴AXON天机7(A2017) | 5 | 3099.00 |
| 17 | P20200002 | NULL | 3 | 3099.00 |
| 18 | P20200002 | NULL | 1 | 3099.00 |
| 19 | P20200003 | NULL | 2 | 2599.00 |
| 20 | P20200003 | 三星-Galaxy-A9 | 5 | 2599.00 |
| 21 | P20200003 | 三星-Galaxy-A9 | 5 | 2599.00 |
| 22 | P20200003 | NULL | 2 | 2599.00 |
| 23 | P20200003 | NULL | 3 | 2599.00 |
| 24 | P20200003 | NULL | 2 | 2599.00 |
| 25 | P20200003 | NULL | 2 | 2599.00 |
| 26 | P20200004 | NULL | 2 | 3999.00 |
| 27 | P20200005 | NULL | 1 | 3399.00 |
| 28 | P20200005 | NULL | 3 | 3399.00 |
| 29 | P20200005 | NULL | 2 | 3399.00 |
| 30 | P20210001 | 飞利浦65英寸64位九核 | 5 | 5899.00 |
| 31 | P20210002 | NULL | 2 | 1499.00 |
| 32 | P20210002 | NULL | 2 | 1499.00 |
| 33 | P20210002 | 酷睿四核i5-6500 | 6 | 1499.00 |
| 34 | P20210003 | NULL | 3 | 2799.00 |
| 35 | P20210004 | NULL | 1 | 949.00 |
| 36 | P20210004 | NULL | 2 | 949.00 |
| 37 | P20210005 | NULL | 3 | 1499.60 |
| 38 | P20210005 | NULL | 2 | 1499.60 |
| 39 | P20210006 | NULL | 2 | 399.00 |
| 40 | P20210006 | NULL | 3 | 399.00 |
| 41 | P20210006 | NULL | 2 | 399.00 |
| 42 | P20220001 | NULL | 2 | 819.00 |
| 43 | P20220002 | Beats-Solo2-MKLD2... | 5 | 1499.00 |
| 44 | P20220003 | NULL | 4 | 269.00 |
| 45 | P20220003 | 魅族EP51 | 5 | 269.00 |
| 46 | P20220004 | Beats-Solo3-MNEN2... | 6 | 2299.00 |

图 2-17　例 2.27 的全外连接查询结果

本例是将所有满足和不满足条件的记录全部检索出来，满足连接条件的记录数是 8 条，除了这 8 条之外，左外连接不满足连接条件的记录数是 30 条，右外连接不满足连接条件的记录数是 8 条，查询最终的结果记录数是 8+30+8=46(条)。

【例 2.28】　查询每个客户订购商品的订单信息，输出结果为客户编号、客户名称、商品编号、商品名称、数量、单价和金额。

SQL 语句如下：

```
SELECT a.customerNo, customerName, b.productNo, productName, quantity,
        price, quantity*price
FROM Customer a, Product b, OrderMaster c, OrderDetail d
WHERE a.customerNo=c.customerNo AND c.orderNo=d.orderNo
    AND b.productNo=d.productNo
```

【例 2.29】　查询在同一部门工作的员工的姓名和所属部门。

分析：

① 要查找在同一个部门工作的员工，可使用自表连接方法。

② 本查询使用“Employee a”表查询某员工，使用“Employee b”表查询与其在同一部门工作的员工。在 SELECT 子句中的 a.employeeName、a.department 表示某员工的姓名和所属部门，b.employeeName、b.department 表示与其在同一部门工作的员工姓名和所属部门。

③ 本查询的连接条件是部门编号相等，WHERE 条件为：

```
WHERE a.department=b.department
```

④ 由于员工本人属于同一个部门，为了避免这种查询结果出现，在 WHERE 子句中必须包含一个条件 a.employeeNo!＝b.employeeNo，即在 b 表中去掉员工本人这种情况。

⑤ 在 b 表中已经出现的员工，不要在 a 表中再出现，在 WHERE 子句中还必须包含一个条件 a.employeeName＞b.employeeName。

⑥ 为了使得输出结果清晰，可以按员工姓名进行排序输出，SQL 语句如下：

```
SELECT a.employeeName, a.department, b.employeeName, b.department
FROM employee a, employee AS b
WHERE a.employeeNo!=b.employeeNo AND a.employeeName>b.employeeName
    AND (a.department=b.department)
ORDER BY a.employeeName
```

【例 2.30】 查找“魅族 H1 智能手环”的销售情况，要求显示相应的销售员的姓名、性别、销售日期、销售数量和金额，其中性别用“男”或“女”显示，销售日期以 yyyy-mm-dd 格式显示。

SQL 语句如下：

```
SELECT employeeName 姓名, 性别=
    CASE a.sex
        WHEN 'M' THEN '男'
        WHEN 'F' THEN '女'
        ELSE '未'
    END,
    销售日期=isnull(convert(char(10), b.orderDate,120), '日期不详'),
    quantity 数量, quantity * price AS 金额
FROM Employee a, OrderMaster b, OrderDetail c, Product d
WHERE d.productNo=c.productNo AND a.employeeNo=b.salerNo
    AND b.orderNo=c.orderNo
    AND productName='魅族 H1 智能手环'
```

**2. 使用 SELECT 语句进行简单的子查询运算**

【例 2.31】 查询由“张小娟”员工所制作的订单信息。

SQL 语句如下：

```
SELECT *
FROM OrderMaster
WHERE salerNo IN (
    SELECT employeeNo
    FROM Employee
    WHERE employeeName='张小娟' )
```

【例 2.32】 查询没有订购商品的且在北京地区的客户编号、客户名称和邮政编码，并按邮政编码降序排序。

SQL 语句如下：

```
SELECT customerNo, customerName, zip
FROM Customer
WHERE customerNo NOT IN (
    SELECT customerNo
    FROM OrderMaster ) AND address='北京市'
ORDER BY zip
```

【例 2.33】 查询订购了“魅族 H1 智能手环”商品的订单编号、订货数量和订货单价。

SQL 语句如下：

```
SELECT orderNo, quantity, price
FROM OrderDetail
WHERE productNo IN (
    SELECT productNo
    FROM Product
    WHERE productName='魅族 H1 智能手环' )
```

【例 2.34】 查询与员工编号“E2020003”在同一个部门的员工编号、姓名、性别、所属部门。

SQL 语句如下：

```
SELECT employeeNo, employeeName, sex, department
FROM Employee
WHERE department IN (
    SELECT department
    FROM Employee
    WHERE employeeNo='E2020003' )
```

【例 2.35】 查询在同一张订单中既订购了“P20200001”商品又订购了“P20200002”商品的客户编号、订单编号和订单金额。

SQL 语句如下：

```
SELECT customerNo, orderNo, orderSum
FROM OrderMaster
WHERE orderNo IN
        (  SELECT orderNo
           FROM OrderDetail
           WHERE productNo='P20200001' )
    AND orderNo IN
      (  SELECT orderNo
         FROM OrderDetail
         WHERE productNo='P20200002' )
```

注意：本例使用了并列的子查询，第一个子查询用于查询订购了'P20200001'商品的订单号，第二个子查询用于查询订购了'P20200002'商品的订单号，这两个订单号必须是一样的，表示同时订购了'P20200001'和'P20200002'两种商品的订单，本例也可以使用连接方

法实现。本例不可以写成

```
SELECT customerNo, orderNo, orderSum
FROM OrderMaster
WHERE orderNo IN (
    SELECT orderNo
    FROM OrderDetail
    WHERE productNo='P20200001' AND productNo='P20200002')
```

因为在同一条订单明细记录中,不可能出现同一个元组既满足商品编号为“P20200001”,又满足商品编号为“P20200002”的条件。

【例 2.36】 查询没有订购“vivo X9”或“华为手环 B3”的客户编号、客户名称。

分析:

① 本例采用多重嵌套子查询,查询结果包括客户编号、客户名称,只需要对客户表操作,故 FROM 子句仅包含 Customer 表。

② 构造一个子查询,查询订购了“vivo X9”或“华为手环 B3”的订单编号,由于订单明细表中没有商品名称,必须从商品基本信息表 Product 中获取这两种商品的编号,其子查询为:

```
SELECT orderNo
FROM OrderDetail
WHERE productNo IN (
    SELECT productNo
    FROM Product
    WHERE productName='vivo X9' OR productName='华为手环 B3')
```

③ 在订单主表中,查询这样的客户编号,其订单编号不在选购了“vivo X9”或“华为手环 B3”的订单编号中,使用 NOT IN 关键字。

④ 最后,在客户表中,查询这样的客户,其客户编号在子查询中出现的客户编号,使用 IN 关键字。

⑤ 完整的 SQL 语句如下:

```
SELECT customerNo, customerName
FROM Customer
WHERE customerNo IN (
        SELECT customerNo
        FROM OrderMaster
        WHERE orderNo NOT IN (
             SELECT orderNo
             FROM OrderDetail
             WHERE productNo IN (
                 SELECT productNo
                 FROM Product
                 WHERE productName='vivo X9' OR productName='华为手环 B3' )
        )
    )
```

**3. 多表分组运算**

首先统计订单主表的销售总额。

分析：

① 由于订单明细表中包含了每张订单的每件货物的订购数量和订购金额，因此，必须在该表中统计每张订单的总额，然后用统计出来的订单总额更新订单主表的订单金额。

② 构造一个查询 b，在订单明细表中按订单编号统计每张订单的订单总额，SQL 语句如下：

```
SELECT orderNo, sum(quantity * price) computerSum
FROM OrderDetail
GROUP BY orderNo
```

③ 将该查询 b 与订单主表做连接，连接条件是订单编号相等，用 b 查询中的订单汇总金额更新订单主表相应的订单金额属性。

④ 完整的 SQL 语句如下：

```
UPDATE OrderMaster SET orderSum=computerSum                --统计订单金额
FROM OrderMaster a, (
    SELECT orderNo, sum(quantity * price) computerSum
    FROM OrderDetail
    GROUP BY orderNo ) b
WHERE a.orderNo=b.orderNo
```

【例 2.37】 查询订单金额最高的订单编号、客户姓名、销售员名称和相应的订单金额。

分析：

① 本例要查询订单编号、客户姓名、销售员名称和相应的订单金额，涉及 3 张表的连接操作：员工表、客户表和订单主表。

②在 FROM 子句中包含员工表、客户表和订单主表，在 WHERE 子句中包含这 3 张表的连接条件。

③ 需要查询订单金额最高的订单编号，需要构造一个子查询，用于查询最高订单的金额数，使用子查询：

```
orderSum=( SELECT max(orderSum)
           FROM OrderMaster )
```

④ 完整的 SQL 语句如下：

```
SELECT orderNo, customerName, employeeName, orderSum
FROM Employee a, Customer b, OrderMaster c
WHERE a.employeeNo=c.salerNo AND b.customerno=c.customerNo    --连接操作
      AND orderSum=( SELECT max(orderSum)                      --选取操作
                     FROM OrderMaster )
```

【例 2.38】 查询订购了“酷睿四核 i5-6500”商品的订购数量、订购平均价和订购总金额。

SQL 语句如下：

```
SELECT sum(quantity), avg(price), sum(quantity * price)
FROM OrderDetail
```

```
WHERE productNo IN (
        SELECT productNo
        FROM Product
        WHERE productName='酷睿四核 i5-6500' )
```

【例 2.39】 查询订购了"TCL-D55A630U"商品且订货数量为 2～4 的订单编号、订货数量和订货金额。

分析：

① 本例需要使用两个查询条件：

一是订货数量为 2～4，使用条件：

```
quantity BETWEEN 2 AND 4
```

二是订购了"TCL-D55A630U"的商品，使用子查询：

```
productNo IN (
     SELECT productNo
     FROM Product
     WHERE productName=' TCL-D55A630U ' )
```

② 完整的 SQL 语句如下：

```
SELECT sum(quantity), avg(price), sum(quantity * price)
FROM OrderDetail
WHERE productNo IN (
        SELECT productNo
        FROM Product
        WHERE productName=' TCL-D55A630U ' )
    AND quantity BETWEEN 2 AND 4
```

### 2.3.3 实验内容

(1) 找出同一天进入公司服务的员工。

(2) 在 Employee 表中查询薪水超过员工平均薪水的员工信息。

(3) 查询没有订购商品的客户编号和客户名称。

(4) 使用子查询查找"酷睿四核 I7-7700k"的销售情况，要求显示相应的销售员的姓名、性别、销售日期、销售数量和金额，其中性别用"男"或"女"表示。

(5) 查找每个员工的销售记录，要求显示销售员的编号、姓名、性别、商品名称、数量、单价、金额和销售日期，其中性别使用"男"或"女"表示，日期使用"yyyy-mm-dd"格式显示。

(6) 分别使用左外连接、右外连接、完整外部连接查询单价高于 400 元的商品编号、商品名称、订货数量和订货单价，并分析比较检索的结果。

(7) 查询单价高于 400 元的商品编号、商品名称、订货总数量和订货总价。

(8) 查询 OrderMaster 表中订单金额最高的订单号及订单金额。

(9) 查找订购总金额在 5000 元以上的客户编号、客户名称和订购总金额。

(10) 查询每种商品的总销售数量及总销售金额，要求显示出商品编号、商品名称、总数量及总金额，并按商品号从小到大排列。

（11）实验问题：

① 连接操作类型有哪些？分析外连接在现实应用中的意义。

② 查询表可以用在什么地方？使用查询表要注意哪些地方？

③ 分析SQL语句中的IN和OR关键字有何异同点？它们可以互换吗？给出实例说明。

## 2.4 实验六：复杂查询

### 2.4.1 实验目的与要求

（1）熟练掌握存在量词、查询表的使用方法。

（2）熟练使用SQL语句进行复杂的数据汇总操作。

### 2.4.2 实验案例

**1. 复杂表连接操作**

**【例2.40】** 查找订购了“酷睿四核”商品的客户编号、客户名称、订货总数量和订货总金额。

分析：

① 要查询订购商品的客户编号、客户名称、订货总数量和订货总金额，涉及3张表的连接：客户表、订单主表和订单明细表。

② 要查询订购了“酷睿四核”商品的客户，还必须与商品基本信息表做连接操作，同时对商品基本信息表做一个选取操作，选取条件是商品名称为“酷睿四核”。

③ 本例要使用分组操作，按客户编号和客户名称进行分组，统计订货总数量和订货总金额，注意本例与例2.34的区别。

④ 完整的SQL语句如下：

```
SELECT a.customerNo, customerName, sum(quantity), sum(quantity*price)
FROM Customer a, OrderMaster b, OrderDetail c, Product d
WHERE a.customerNo=b.customerNo AND b.orderNo=c.orderNo
    AND c.productNo=d.productNo
    AND productName like '酷睿四核%'
GROUP BY a.customerNo, customerName
```

**【例2.41】** 查询每个客户订购的商品编号、商品所属类别、商品数量及订货金额，结果显示客户名称、商品名称、商品所属类别、商品数量及订货金额，并按客户编号升序、次按订货金额的降序排序输出。

完整的SQL语句如下：

```
SELECT customerName, productName, productClass, sum(quantity),
      sum(quantity*price)
FROM Customer a, Product b, OrderMaster c, OrderDetail d
WHERE a.customerNo=c.customerNo AND b.productNo=d.productNo
```

```
    AND c.orderNo=d.orderNo
GROUP BY customerName, productName, productClass
ORDER BY customerName, sum(quantity * price) DESC
```

【例 2.42】　按商品类别查询每类商品的订货平均单价在2000元(含2000元)以上的商品类别名称、订货总数量、订货平均单价和订货总金额。

分析：

①商品类别在商品基本信息表中,订货单价在订单明细表中,该查询涉及这两张表的连接操作。

② 本例按商品类别分组统计每类商品的订货总数量、订货平均单价和订货总金额。

③ 必须对分组后的元组进行过滤,仅检索平均单价在2000元(含2000元)以上的商品,使用 HAVING avg(price)>=2000 子句。

④ 完整的 SQL 语句如下：

```
SELECT className, sum(quantity), avg(price), sum(quantity * price)
FROM ProductClass a, Product b, OrderDetail c
WHERE a.classNo=b.classNo and b.productNo=c.productNo
GROUP BY className
HAVING avg(price)>=2000
```

【例 2.43】　查找至少有2次销售的业务员名单和销售日期。

分析：

① 本例可以使用子查询或连接方法实现。

② 构造一个子查询,在订单主表中按销售员进行分组查询至少有2次销售记录的销售员编号。子查询的 SQL 语句如下：

```
SELECT salerNo
FROM orderMaster
GROUP BY salerNo
HAVING count(*)>=2
```

③ 要查询业务员名单和销售日期,涉及员工表和销售主表的连接操作。

④ 在连接的结果上,检索员工编号在子查询中销售员编号集合中。

⑤ 使用子查询的 SQL 语句如下：

```
SELECT employeeName, orderDate
FROM employee a, orderMaster b
WHERE employeeNo=salerNo AND employeeNo IN (
    SELECT salerNo
    FROM orderMaster
    GROUP BY salerNo
    HAVING count(*)>=2 )
ORDER BY employeeName
```

⑥ 使用连接方法,构造一个查询表,在订单主表中按销售员进行分组查询至少有2次销售记录的销售员编号,将该查询表与员工表和订单主表进行连接操作,其 SQL 语句如下：

```
SELECT employeeName, orderDate
FROM employee a, orderMaster b, (
        SELECT salerNo
        FROM orderMaster
        GROUP BY salerNo
        HAVING count(*)>=2 ) c
WHERE employeeNo=b.salerNo AND b.salerNo=c.salerNo
ORDER BY employeeName
```

查询表与普通表、视图的使用方法相同，但是查询表出现在 FROM 子句中必须为其指定元组变量名。

【例 2.44】 查找订货金额最大的客户名称和总货款。

分析：

① 本例可以使用子查询或连接方法实现。

② 使用连接方法，需要使用查询表，用于查询在订单主表中，按客户编号进行分组统计每个客户的客户编号和订单总额，然后从该查询表中查询最大的订单总额，该查询表的 SQL 语句如下：

```
SELECT customerNo, sum(orderSum) as sumOrder
FROM OrderMaster
GROUP BY customerNo
```

③ 再构造一个查询表，用于查询最高的订单总额和客户编号，即从上面的查询表中，选择其订单总额最高的客户编号和相应的订单总额，最后将该查询表与客户表进行连接得到结果。

④ 使用连接方法的 SQL 语句如下：

```
SELECT a.customerNo, customerName, sumOrder
FROM Customer a, (
     SELECT customerNo, sumOrder
     FROM ( SELECT customerNo, sum(orderSum) AS sumOrder
            FROM OrderMaster
            GROUP BY customerNo ) b
      WHERE b.sumOrder=(SELECT max(sumOrder)
                            FROM ( SELECT customerNo, sum(orderSum) AS sumOrder
                                   FROM OrderMaster
                                   GROUP BY customerNo ) c
                            )
     ) d
WHERE a.customerNo=d.customerNo
```

⑤ 使用子查询方法，由于订单金额在订单主表中，客户名称在客户表中，需要对这两张表进行连接操作，在连接的基础上，按客户编号和名称进行分组统计每个客户的订单总额。

⑥ 对分组后的每个客户的订单总额，要求查询总额最高的客户，必须进一步对分组求条件，使用 HAVING 子句，HAVING 子句可以直接对集聚函数进行操作，在 HAVING 子句中构造一个子查询，该子查询用于查询客户订单总额中的最高客户，该子

查询中用到了查询表。

⑦ 使用子查询方法的 SQL 语句如下：

```
SELECT a.customerNo, customerName, sum(orderSum)
FROM customer a, OrderMaster b
WHERE a.customerNo=b.customerNo
GROUP BY a.customerNo, customerName
HAVING sum(orderSum)=(
            SELECT max(sumOrder)
            FROM ( SELECT customerNo, sum(orderSum) AS sumOrder
                  FROM OrderMaster
                  GROUP BY customerNo ) c
)
```

【例 2.45】 查找销售总额少于 20 000 元的销售员编号、姓名和销售额。

分析：

① 本例也有多种解法,使用查询表或直接使用分组集聚操作。

② 使用查询表的 SQL 语句：

```
SELECT employeeNo, employeeName, d.saleSum
FROM Employee a, (
        SELECT salerNo, saleSum
        FROM ( SELECT salerNo, sum(orderSum) AS saleSum
              FROM OrderMaster
              GROUP BY salerNo ) b
        WHERE b.saleSum<20000 ) d
WHERE a.employeeNo=d.salerNo
```

③ 直接使用分组集聚操作的 SQL 语句：

```
SELECT employeeNo, employeeName, sum(orderSum)
FROM Employee a, OrderMaster b
WHERE a.employeeNo=b.salerNo
GROUP BY employeeNo, employeeName
HAVING sum(orderSum)<20000
```

【例 2.46】 查找至少订购了 4 种商品的客户编号、客户名称、商品编号、商品名称、数量和金额。

完整的 SQL 语句如下：

```
SELECT a.customerNo, customerName, b.productNo, productName, d.quantity,
        d.quantity*d.price
FROM Customer a, Product b, OrderMaster c, OrderDetail d
WHERE a.customerNo=c.customerNo AND d.productNo=b.productNo
      AND c.orderNo=d.orderNo
      AND a.customerNo IN (
          SELECT customerNo
          FROM (  SELECT customerNo, count(distinct productNo) prodid
                  FROM ( SELECT customerNo, productNo
```

```
            FROM OrderMaster e, OrderDetail f
            WHERE e.orderNo=f.orderNo ) g
        GROUP BY customerNo
        HAVING count(distinct productNo)>=4 ) h
)
```

或者：

```
SELECT a.customerNo, customerName, b.productNo, productName, d.quantity,
    d.quantity*d.price
FROM Customer a, Product b, OrderMaster c, OrderDetail d
WHERE a.customerNo=c.customerNo AND d.productNo=b.productNo
    AND c.orderNo=d.orderNo
    AND a.customerNo IN (
        SELECT customerNo
        FROM OrderMaster e, OrderDetail f
        WHERE e.orderNo=f.orderNo
        GROUP BY customerNo
        HAVING count(distinct productNo)>=4 )
```

【例 2.47】 查找同时订购了商品编号为"P20200001"和商品编号为"P20200002"商品的客户编号、客户姓名、商品编号、商品名称和销售数量，按客户编号排序输出。

分析：

① 查询客户编号、客户姓名、商品编号、商品名称和销售数量，需要使用客户表、商品基本信息表、订单主表和订单明细表的连接操作。

② 要查询同时订购了商品编号为"P20200002"和商品编号为"P20200001"的客户，需要两个选取条件，即客户编号要同时在订购了商品编号为"P20200002"和商品编号为"P20200001"的客户编号集合中，使用两个子查询完成该选取条件。

③ 若输出结果仅包含这两种商品，还必须有一个选取条件，即商品编号在"P20200002"或"P20200001"中。

④ 完整的 SQL 语句如下：

```
SELECT a.customerNo, customerName, b.productNo, productName, d.quantity
FROM Customer a, Product b, OrderMaster c, OrderDetail d
WHERE a.customerNo=c.customerNo AND d.productNo=b.productNo
    AND c.orderNo=d.orderNo
    AND a.customerNo IN (
        SELECT customerNo
        FROM OrderMaster e, OrderDetail f
        WHERE e.orderNo=f.orderNo AND f.productNo='P20200002' )
    AND a.customerNo IN (
        SELECT customerNo
        FROM OrderMaster e, OrderDetail f
        WHERE e.orderNo=f.orderNo AND f.productNo='P20200001' )
    AND d.productNo IN ('P20200002', 'P20200001')
ORDER BY a.customerNo
```

【例 2.48】 计算每一商品每月的销售金额总和，并将结果按销售月份，次按订货金额降序排序输出。

完整的 SQL 语句如下：

```
SELECT productNo, month(orderDate) saleMonth, count(*) countProduct,
       sum(quantity*price) totSale
FROM OrderMaster e, OrderDetail f
WHERE e.orderNo=f.orderNo
GROUP BY productNo, month(orderDate)
ORDER BY month(orderDate), totSale desc
```

**2. 存在量词运算**

【例 2.49】 查询订购了“魅族 H1 智能手环”商品的客户姓名、订货数量和订货日期。

分析：

① 查询客户姓名、订货数量和订货日期，涉及客户表、订单主表和订单明细表的连接操作。

② 查询订购了“魅族 H1 智能手环”商品的客户，使用一个相关子查询，针对外查询的每一个客户，判断其是否订购了“魅族 H1 智能手环”，SQL 语句如下：

```
EXISTS (
        SELECT customerNo
        FROM OrderMaster e, OrderDetail f, Product g
        WHERE e.orderNo=f.orderNo AND f.productNo=g.productNo
        AND a.customerNo=e.customerNo AND productName='魅族 H1 智能手环')
```

其中 a.customerNo 是外查询中的某个客户编号。

③ 如果仅查询订购了“魅族 H1 智能手环”商品的客户，还必须满足一个条件，即查询出的商品只包含“魅族 H1 智能手环”商品。

④ 完整的 SQL 语句如下：

```
SELECT customerName, quantity, orderDate
FROM Customer a, OrderMaster b, OrderDetail c
WHERE a.customerNo=b.customerNo AND b.orderNo=c.orderNo
     AND EXISTS (
        SELECT customerNo
        FROM OrderMaster e, OrderDetail f, Product g
        WHERE e.orderNo=f.orderNo AND f.productNo=g.productNo
           AND a.customerNo=e.customerNo AND productName='魅族 H1 智能手环')
     AND productNo IN ( SELECT productNo
                        FROM Product
                        WHERE productName='魅族 H1 智能手环')
```

本例可以直接使用连接进行查询。

【例 2.50】 查询没有订购“魅族 H1 智能手环”商品的客户名称。

SQL 语句如下：

```
SELECT customerName
FROM Customer a
WHERE NOT EXISTS(
      SELECT customerNo
```

```
        FROM OrderMaster e, OrderDetail f, Product g
        WHERE e.orderNo=f.orderNo AND f.productNo=g.productNo
            AND a.customerNo=e.customerNo AND productName='魅族 H1 智能手环')
```

【例 2.51】 查询至少销售了5种商品的销售员编号、姓名、商品名称、数量及相应的单价，并按销售员编号排序输出。

分析：

① 构造一个子查询，针对外查询中的每个销售员，判断其是否销售了5种以上的商品，使用相关子查询。

② SQL 语句如下：

```
SELECT salerNo, employeeName, productName, quantity, price
FROM Employee a, OrderMaster b, OrderDetail c, Product d
WHERE a.employeeNo=salerNo AND b.orderNo=c.orderNo
    AND c.productNo=d.productNo
    AND EXISTS(
        SELECT salerNo
        FROM OrderMaster e, OrderDetail f
        WHERE e.orderNo=f.orderNo AND a.employeeNo=salerNo
        GROUP BY salerNo
        HAVING count(distinct productNo )>=5 )
ORDER BY salerNo
```

【例 2.52】 查询没有订购商品的客户编号和客户名称。

```
SELECT customerNo, customerName
FROM Customer a
WHERE NOT EXISTS(
        SELECT customerNo
            FROM OrderMaster e, OrderDetail f
            WHERE e.orderNo=f.orderNo AND a.customerNo=e.customerNo )
```

【例 2.53】 查询至少包含了“世界技术开发公司”所订购的商品的客户编号、客户名称、商品编号、商品名称、数量和金额。

分析：

① 本例需要使用双重否定，第一重否定，用于查询“世界技术开发公司”订购了哪些商品。

② 第二重否定，对最外层的某个客户，不存在着这样的商品，“世界技术开发公司”订购了而该客户没有订购。

③ SQL 语句如下：

```
SELECT a.customerNo, customerName, d.productNo, productName, quantity,
        quantity * price
FROM Customer a, Product b, OrderMaster c, OrderDetail d
WHERE a.customerNo=c.customerNo AND d.productNo=b.productNo
    AND c.orderNo=d.orderNo
    AND NOT EXISTS (
      SELECT f.*          --查询“世界技术开发公司”订购的商品
```

```
        FROM customer x, OrderMaster e, OrderDetail f
        WHERE x.customerNo=e.customerNo AND e.orderNo=f.orderNo
          AND customerName='世界技术开发公司' AND NOT EXISTS (
            SELECT g.* --查询某一个客户订购的商品
            FROM OrderDetail g, OrderMaster h
            WHERE g.productNo=f.productNo
                AND g.orderNo=h.orderNo AND h.customerNo=a.customerNo
        )
)
```

### 2.4.3　实验内容

(1) 在订单明细表中查询订单金额最高的订单。

(2) 找出至少被订购3次的商品编号、订单编号、订货数量和订货金额，并按订货数量的降序排序输出。

(3) 查询订购的商品总数量没有超过10个的客户编号和客户名称。

(4) 查找至少订购了3种商品的客户编号、客户名称、商品编号、商品名称、数量和金额。

(5) 查询总销售金额最高的业务员编号、订单编号、订单日期和订单金额。

(6) 求每位客户订购的每种商品的总数量及平均单价，并按客户编号、商品编号从小到大排列。

(7) 查询业绩最好的业务员编号、业务员名称及其总销售金额。

(8) 用存在量词查找没有订货记录的客户名称。

(9) 查询至少包含了"手环"这类商品的订单的订单编号、客户名称、商品名称、数量和单价。

(10) 查询既订购了"酷睿四核"商品又订购了"华为手环"商品的客户编号、订单编号和订单金额。

(11) 实验问题：

① 存在量词与集合运算IN、连接运算和全称量词之间的关系如何？它们可以互相替换吗？给出你的理由。

② 存在量词一般用在相关子查询中，请分别给出存在量词用在相关子查询和非相关子查询的查询例子。

# 第3章 数据库定义与更新

SQL 语言由 4 部分组成：数据定义语言 DDL、数据操纵语言 DML、数据控制语言 DCL 和其他，其功能如下：

(1) 数据定义语言(Data Definition Language，DDL)：主要用于定义数据库的逻辑结构，包括定义数据库、基本表、视图和索引等，扩展的 DDL 还包括存储过程、函数、对象、触发器等的定义。

(2) 数据操纵语言(Data Manipulation Language，DML)：主要用于对数据库中的数据进行检索和更新两大类操作，其中更新操作包括插入、删除和修改数据。

(3) 数据控制语言(Data Control Language，DCL)：主要用于对数据库中的对象进行授权、用户维护(包括创建、修改和删除)、完整性规则定义和事务定义等。

(4) 其他：主要是嵌入式 SQL 语言和动态 SQL 语言的定义，规定了 SQL 语言在宿主语言中使用的规则。扩展的 SQL 还包括数据库数据的重新组织、备份与恢复等。

## 3.1 相关知识

在 SQL Server 2019 中，数据库对象包括表、视图、触发器、存储过程、规则、默认值、用户自定义的数据类型等。

SQL Server 的 DDL 是指用来定义和管理数据库以及数据库中的各种对象的语句，这些语句包括 CREATE、ALTER 和 DROP 等语句。

SQL Server 的 DML 是指用来查询、添加、修改和删除数据库中数据的语句，这些语句包括 SELECT、INSERT、UPDATE、DELETE 等。在默认情况下，只有 sysadmin、dbcreator、db_Owner 或 db_Datawriter 等角色的成员才有权利执行数据操纵语言。

### 3.1.1 数据库定义语句

本节主要讨论数据库的定义功能。

**1. 创建数据库**

创建数据库的语法如下：

```
CREATE DATABASE database_name
    [ON [PRIMARY]]
        ( [NAME =logical_file_name, ]
```

```
            FILENAME ='os_file_name'
            [, SIZE =size]
            [, MAXSIZE ={max_size | UNLIMITED} ]
            [, FILEGROWTH =growth_increment]) [, …n])
    [LOG ON]
          ( [NAME =logical_file_name, ]
             FILENAME ='os_file_name'
             [, SIZE =size]
             [, MAXSIZE ={max_size | UNLIMITED} ]
             [, FILEGROWTH =growth_increment]) [, …n])
```

其中，

- database_name：被创建的数据库的名字。
- ON：用于指定存储数据库中数据的磁盘文件，除 PRIMARY 文件组外，用户可定义用户的文件组及相关的用户文件。
- PRIMARY：描述在主文件组中定义的相关文件，所有的数据库系统表存放在 PRIMARY 文件组中，同时也存放没有分配具体文件组的对象。在主文件组中第一个文件称为主文件，通常包括数据库的系统表。对于一个数据库来说，只能有一个 PRIMARY 文件组。如果主文件组没有指明，则创建数据库时所描述的第一个文件将作为主文件组成员。
- LOG ON：用来指明存储数据库日志的磁盘文件。如果没有指定 LOG ON，系统将自动创建单个的日志文件，使用系统默认的命名方法。

创建数据库的注意事项：

① 默认情况下，只有系统管理员可以创建新数据库，但是系统管理员可以通过授权将创建数据库的权限授予其他用户。

② 数据库名字必须遵循 SQL Server 命名规范：

- 字符的长度可以为 1～30。
- 名称的第一个字符必须是一个字母或者是下列字符中的某一个：下画线“_”或符号@。
- 在首字母后的字符可以是字母、数字或者前面规则中提到的符号。
- 名称中不能有空格。

③ 所有的新数据库都是 model 数据库的副本，新数据库不可能比 model 数据库当前的容量更小。

④ 单个数据库可以存储在单个文件上，也可以跨越多个文件存储。

⑤ 数据库的大小可以被扩展或者收缩。

⑥ 当新的数据库创建时，SQL Server 自动地更新 master 数据库的 sysdatabases 系统表。

**2. 修改数据库**

创建数据库后如果想对其定义进行修改，例如增删数据文件、增删文件组等，可以使用 ALTER DATABASE 语句处理。

修改数据库的语法如下：

```
ALTER DATABASE database_name
{
      ADD FILE <filespec>[, …n] [TO FILEGROUP filegroup_name]
     | ADD LOG FILE <filespec>[, …n]
     | REMOVE FILE logical_file_name
     | ADD FILEGROUP filegroup_name
     | REMOVE FILEGROUP filegroup_name
     | MODIFY FILE <filespec>
     | MODIFY FILEGROUP filegroup_name filegroup_property
}
```

其中，

- database_Name：被修改的数据库的名字。
- ADD FILE：指定添加到数据库中的数据文件。
- TO FILEGROUP filegroup_name：指定文件添加到文件组名为 filegroup_name 的文件组。
- ADD LOG FILE：指定添加到数据库中的日志文件。
- REMOVE FILE：从数据库系统表中删除该文件，并且物理删除该文件。
- ADD FILEGROUP：指定添加到数据库的文件组。
- filegroup_name：文件组名。
- REMOVE FILEGROUP：从数据库中删除该文件组，并删除在这个文件组中的文件。
- MODIFY FILE：指定要修改的文件。包含该文件的名称、大小、增长量和最大容量。

注意：一次只可以修改其中的一个选项。

**3. 删除数据库**

删除数据库的语法如下：

```
DROP DATABASE database_name
```

删除数据库将删除数据库所使用的数据库文件和磁盘文件。

### 3.1.2 表定义语句

本节主要讨论关系表的定义功能。

**1. 创建表**

创建表的语法如下：

```
CREATE TABLE <tableName>
    ( <columnName1><dataType>[DEFAULT <defaultValue>] [NULL | NOT NULL] [,
    <columnName2><dataType>[DEFAULT <defaultValue>] [NULL | NOT NULL] … ]
    [, [CONSTRAINT <constraintName1>] {UNIQUE | PRIMARY KEY}
           (<columName1>[, <columName2>… ]) [, … n ] ]
    [, [CONSTRAINT <constraintName2>]
           FOREIGN KEY (<columName1>[, <columName2>… ])
```

```
        REFERENCE [<dbName>.owner.]<refTable>
            (<refColumn1>[, <refColumn2>… ]) [, … n ]]
    ) [ON <filegroupName>]
```

其中，

- table Name：新表的名称，表名必须符合标识符规则。
- column Name：表中的列名，列名必须符合标识符规则，并且在表内唯一。
- dateType：列的数据类型。
- default<defaultValue>：为列设置默认值，属于可选项。
- NULL | NOT NULL：为列设置是否允许为空值，属于可选项。
- <constraintName>：定义约束的名字，属于可选项。
- UNIQUE：建立唯一索引。
- PRIMARY KEY：建立主码。
- FOREIGN KEY：建立外码。
- ON filegroupName：指定该表属于哪个文件组。

**2. 修改表结构**

修改表结构的语法如下：

```
ALTER TABLE [database_owner].table_name
        (ADD column_name datatype,
            ......
            ADD CONSTRAINT …,
            DROP CONSTRAINT ...,
            REPLACE column_name DEFAULT expression
)
```

**3. 删除表**

删除表的语法如下：

```
DROP TABLE table_name
```

### 3.1.3　索引与视图定义语句

本节主要讨论索引、视图的定义功能。

**1. 创建视图**

在创建视图前需考虑如下原则。

(1) 只能在当前数据库中创建视图。

(2) 视图名称必须遵循标识符的规则，且对每个用户必须唯一，该名称不得与该用户拥有的任何表的名称相同。

(3) 可以在其他视图上建立视图。

(4) 不能将规则或 DEFAULT 定义与视图相关联。

(5) 定义视图的查询不可以包含 ORDER BY、COMPUTE 或 COMPUTE BY 子句或 INTO 关键字。

(6) 不能在视图上定义全文索引。

(7) 不能创建临时视图,也不能在临时表上创建视图。

(8) 下列情况下必须在视图中指定每列的名称:

① 视图中有任何从算术表达式、内置函数或常量派生出的列。

② 视图中两列或多列具有相同名称。

③ 希望使视图中的列名与它的源列名不同,可在视图中重新命名列。无论重命名与否,视图列都会继承其源列的数据类型。

创建视图的语法如下:

```
CREATE VIEW [<database_name>.][<owner>.] view_name [(column [, …n])]
    [ WITH <view_attribute>[, …n] ]
AS
    select_statement
    [ WITH CHECK OPTION ]
    <view_attribute>::={ encryption | schemabinding | view_metadata }
```

其中,

- view_name:视图的名称,视图名称必须符合标识符规则。
- column:视图中的列名。当列是从算术表达式、函数或常量派生的,或两个或更多的列可能会具有相同的名称(如连接),或视图中的某列被赋予了不同于派生来源列的名称时必须指定列名。如果未指定 column,则视图列将获得与 SELECT 语句中的列相同的名称。
- n:表示可以指定多列的占位符。
- select_statement:定义视图的 SELECT 语句。
- WITH CHECK OPTION:表示当对视图进行更新操作时必须满足视图定义的谓词条件。

**2. 修改视图**

尽量不要对视图进行更新操作,同时注意以下方面:

① 若建立视图时用了连接和分组,或 DISTICT,或内部函数则不能对视图进行 INSERT、UPDATE 和 DELETE 操作。

② 若视图中的列直接由基本表得到,而不是由 price * 10 这样的表达式组成的列可执行 UPDATE 操作。

修改视图的语法如下:

```
ALTER VIEW [<database_name>.][<owner>.] view_name [(column [, …n]) ]
    [ WITH <view_attribute>[, …n] ]
AS
    select_statement
    [ WITH CHECK OPTION ]
```

**3. 删除视图**

如果不需要某视图,可以删除该视图。删除视图后,视图所基于的数据并不受到影响。

删除视图的语法如下：

```
DROP VIEW view_name [, …n]
```

4. 创建索引

当为表建立主键和唯一约束时，SQL Server 自动创建唯一索引。如果表中不存在聚集索引，则为主键创建一个唯一的聚集索引。默认情况下对 UNIQUE 约束创建唯一的非聚集索引。

创建索引时须考虑的事项是：

① 只有表的所有者可以在同一个表中创建索引。

② 每个表只能创建一个聚集索引。

③ 每个表可以创建的非聚集索引最多为 249 个(包括 PRIMARY KEY 或 UNIQUE 约束创建的索引)。

④ 包含索引的所有长度固定列的最大大小为 900 字节。

⑤ 包含同一索引的列的最大数目为 16。

创建索引的语法如下：

```
CREATE [UNIQUE] [CLUSTERED | NONCLUSTERED]
INDEX index_name
ON {TABLE | VIEW} (column [ASC | DESC] [, …n])
   [ON filegroup]
```

其中，

- UNIQUE：为表或视图创建唯一索引，聚集索引必须是 UNIQUE 索引。
- CLUSTERED：创建聚集索引，如果没有指定 CLUSTERED，则创建非聚集索引。
- NONCLUSTERED：创建非聚集索引。
- index_name：索引名，索引名必须遵循标识符规则。
- TABLE：要创建索引的表。
- VIEW：要建立索引的视图的名称。
- column：应用索引的列。
- ON filegroup：在给定的 filegroup 上创建指定的索引。该文件组必须已经通过执行 CREATE DATABASE 或 ALTER DATABASE 创建。

5. 删除索引

删除索引的语法如下：

```
DROP INDEX index[, …n] ON <tableName| viewName >
```

或者，

```
DROP INDEX tableName.index | viewName.index [, …n]
```

其中，

- tableName.index | viewName.index：要删除的表或视图的索引名称。
- n：表示可以指定多个索引的占位符。

- ON< tableName| viewName >：指定表名或视图名。

### 3.1.4 表记录更新语句

DML 语句包括查询、插入、修改和删除数据库中的数据等操纵语句，即 SELECT、INSERT、UPDATE、DELETE 等。本节主要讨论数据库对象的 INSERT、UPDATE、DELETE 功能。

**1. 插入数据**

插入数据的语法如下：

```
INSERT [INTO] table_name/view_name [(column_list)]
    VALUES {DEFAULT | NULL | expression}
```

其中，

- table_name/view_name：表名/视图名。
- column_list：由逗号分隔的列名列表，用来指定为其提供数据的列。如果没有指定 column_list，表中的所有列都将接收数据。

没有包含在 column_list 的列，将在该列插入一个 NULL 值（或者该列定义的默认值）。

由于 SQL Serve 为以下类型的列自动生成值，INSERT 语句将不为这些类型的列指定值：

① 具有 identity 属性的列，该属性为列生成值。

② 有默认值的列，该列用 newid 函数生成一个唯一的 guid 值。

③ 计算列。

所提供的数据值必须与列的列表匹配。数据值的数目必须与列数相同。

**2. 修改数据**

修改数据的语法如下：

```
UPDATE table_name/view_name
SET column_name =expression | DEFAULT | NULL
[ FROM <table_source>[, …n] ]
[ WHERE <search_condition>]
```

其中，

- table_name/view_name：需要更新的表/视图的名称。
- column_name：要更改数据的列名。
- expression：返回的值将替换 column_name 的现有值。
- DEFAULT：指定使用对列定义的默认值替换列中的现有值。
- FROM <table_source>：指定用表来为更新操作提供准则。
- WHERE <search_condition>：指定条件来限定所更新的行。

**3. 删除数据**

删除数据的语法如下：

```
DELETE FROM <table_name/view_name>
[WHERE <search_condition>]
```

其中，

- table_name/view_name：要删除记录的表名/视图名。
- WHERE <search_condition>：指出被删除的记录所满足的条件，若省略，表示删除表中的所有记录。

关于视图的操作(INSERT、DELETE、UPDATE)，应注意以下几个问题：

① 若建立视图时用了连接和分组，DISTINCT 或内部函数则不能对视图进行 INSERT 和 DELETE 操作。

② 若视图中的列直接由基本表得到，而不是计算列就可执行 UPDATE 操作。

③ 对视图插入元组时应注意对 NOT NULL 字段的处理。

④ 若视图由多表连接而成，对视图插入元组时应分别对同一张表中的字段插入元组。

⑤ 尽量不要对视图进行更新操作。

## 3.2　实验七：数据库与数据表定义

### 3.2.1　实验目的与要求

(1) 掌握数据库的建立、删除和修改操作。

(2) 理解基本表之间的关系，掌握表结构的建立、修改和删除操作，创建模式导航图。

### 3.2.2　实验案例

**1. 数据库创建与删除**

【例 3.1】 创建一个 myorder 数据库，该数据库的主要文件为 myorder.mdf，事务日志为 myorderLog.ldf，它们都位于 e:\mySQL 目录下。

SQL 语句如下：

```
CREATE DATABASE myorder
ON
    ( NAME='myorder',
      FILENAME='e:\mySQL\myorder.mdf',
      SIZE=3,
      MAXSIZE=50,
      FILEGROWTH=1 )
LOG ON
    ( NAME='myorderLog',
      FILENAME='e:\mySQL\myorderLog.ldf',
      SIZE=3,
      MAXSIZE=20,
      FILEGROWTH=1 )
```

本例中，myorder 数据库只有一个主逻辑设备，对应一个物理文件 myorder.mdf，该文件初始大小 3MB，最大可扩展为 50MB，如果初始文件装不下数据，自动按 1MB 进行扩展，直到50MB为止。日志文件为myorderLog.ldf，该文件初始大小3MB，最大可扩展为20MB，如果初始文件装不下数据，自动按1MB进行扩展。

【例3.2】 建立一个复杂的数据库tmyorder。

SQL语句如下：

```
CREATE DATABASE tmyorder
ON PRIMARY
    (  NAME='tmyorder',
       FILENAME='e:\mySQL\tmyorder.mdf',
       SIZE=100,
       MAXSIZE=300,
       FILEGROWTH=1%),
    (  NAME='tmyorder2',
       FILENAME='e:\temp\tmyorder2.ndf',
       SIZE=50,
       FILEGROWTH=2 ),
    (  NAME='tmyorder3',
       FILENAME='e:\temp\ tmyorder3.ndf',
       SIZE=50,
       FILEGROWTH=2 ),
  FILEGROUP temorder
    (  NAME='temorder',
       FILENAME='e:\temp\temorder.mdf',
       SIZE=6,
       MAXSIZE=10,
       FILEGROWTH=2 )
   LOG ON
    (  NAME='tmyorderLog',
       FILENAME='e:\mySQL\tmyorderLog.ldf',
       SIZE=100,
       MAXSIZE=500,
       FILEGROWTH=2%)
```

在本例中，该数据库由4个数据文件和1个日志文件组成。主设备有1个主要文件tmyorder.mdf和2个次要文件tmyorder2、tmyorder3组成，用户设备有1个文件temorder.mdf，日志有1个文件tmyorderLog.ldf。

【例3.3】 删除数据库tmyorder。

SQL语句如下：

```
DROP DATABASE tmyorder
```

**2. 创建表**

【例3.4】 创建一张客户表(客户编号、客户姓名、客户电话、客户地址、邮政编码)。

SQL语句如下：

```
CREATE TABLE Customer (
    customerNo       char(9)        NOT NULL   PRIMARY KEY,          /*客户编号*/
    customerName     varchar(40)    NOT NULL,                        /*客户名称*/
    telephone        varchar(20)    NOT NULL,                        /*客户电话*/
    address          char(40)       NOT NULL,                        /*客户住址*/
    zip              char(6)        NULL                             /*邮政编码*/
```

```
)
```

【例 3.5】 建立一张员工表(员工编号、员工姓名、员工性别、员工生日、员工住址、员工电话、雇用日期、所属部门、职称、薪水)。

SQL 语句如下：

```
CREATE TABLE Employee (
    employeeNo      char(8)          NOT NULL  PRIMARY KEY,   /* 员工编号 */
    employeeName    varchar(10)      NOT NULL,                /* 员工姓名 */
    sex             char(1)          NOT NULL,                /* 员工性别 */
    birthday        datetime         NULL,                    /* 员工生日 */
    address         varchar(50)      NULL,                    /* 员工住址 */
    telephone       varchar(20)      NULL,                    /* 员工电话 */
    hireDate        datetime         NOT NULL,                /* 雇用日期 */
    department      varchar(30)      NOT NULL,                /* 所属部门 */
    title           varchar(6)       NOT NULL,                /* 职称 */
    salary          numeric(8,2)     NOT NULL                 /* 薪水 */
)
```

【例 3.6】 建立一张订单表(订单编号、客户编号、业务员编号、订货日期、订单金额、发票号码),要求给该表建立主键约束和关于员工表和客户表的外键约束。

SQL 语句如下：

```
CREATE TABLE OrderMaster (
    orderNo       char(12)       NOT NULL  PRIMARY KEY,   /* 订单编号 */
    customerNo    char(9)        NOT NULL,                /* 客户编号 */
    salerNo       char(8)        NOT NULL,                /* 业务员编号 */
    orderDate     datetime       NOT NULL,                /* 订货日期 */
    orderSum      numeric(9,2)   NOT NULL,                /* 订单金额 */
    invoiceNo     char(10)       NOT NULL,                /* 发票号码 */
    CONSTRAINT OrdermasterFK1 FOREIGN KEY(customerNo)
    REFERENCES Customer(customerNo),
    CONSTRAINT OrdermasterFK2 FOREIGN KEY(salerNo)
    REFERENCES Employee(employeeNo)
)
```

### 3.2.3 实验内容

(1) 创建一个 BookDB 数据库,要求至少有一个数据文件和一个日志文件。

(2) 创建图书借阅管理相关 5 张关系表,表结构如表 3-1～表 3-5 所示。

表 3-1 图书分类表 BookClass

| 属性名 | 类型 | 空值约束 | 属性含义 |
|---|---|---|---|
| classNo | char(4) | NOT NULL | 图书分类号 |
| className | varchar(20) | NOT NULL | 图书分类名称 |

表 3-2 图书表 Book

| 属性名 | 类型 | 空值约束 | 属性含义 |
| --- | --- | --- | --- |
| bookNo | char(10) | NOT NULL | 图书编号 |
| classNo | char(4) | NOT NULL | 分类号 |
| bookName | varchar(40) | NOT NULL | 图书名称 |
| authorName | varchar(8) | NOT NULL | 作者姓名 |
| publisherNo | char(4) | NOT NULL | 出版社号 |
| price | numeric(7，2) | NULL | 单价 |
| publishingDate | datetime | NULL | 出版日期 |
| shopDate | datetime | NULL | 入库时间 |
| shopNum | numeric(3) | NULL | 入库数量 |

表 3-3 读者表 Reader

| 属性名 | 类型 | 空值约束 | 属性含义 |
| --- | --- | --- | --- |
| readerNo | char(8) | NOT NULL | 读者编号 |
| readerName | varchar(8) | NOT NULL | 姓名 |
| sex | char(2) | NULL | 性别 |
| identifycard | char(18) | NULL | 身份证号 |
| workUnit | varchar(50) | NULL | 工作单位 |
| borrowCount | tinyint | NULL | 读者最大可借书数量 |

表 3-4 出版社表 Publisher

| 属性名 | 类型 | 空值约束 | 属性含义 |
| --- | --- | --- | --- |
| publisherNo | char(4) | NOT NULL | 出版社编号 |
| publisherName | varchar(20) | NOT NULL | 出版社名称 |

表 3-5 借阅表 Borrow

| 属性名 | 类型 | 空值约束 | 属性含义 |
| --- | --- | --- | --- |
| readerNo | char(8) | NOT NULL | 读者编号 |
| bookNo | char(10) | NOT NULL | 图书编号 |
| borrowDate | datetime | NOT NULL | 借阅日期 |
| shouldDate | datetime | NOT NULL | 应归还日期 |
| returnDate | datetime | NULL | 归还日期 |

# 3.3　实验八：索引与视图定义

## 3.3.1　实验目的与要求

（1）掌握索引的建立和删除操作。

（2）掌握视图的创建和查询操作。

## 3.3.2　实验案例

**1. 创建索引**

【例 3.7】　在员工表中按生日建立一个非聚簇索引 birthdayIdx。

SQL 语句如下：

```
CREATE NONCLUSTERED INDEX birthdayIdx ON Employee(birthday)
```

【例 3.8】　在订单主表中，首先按订单金额的降序，然后按客户编号的升序建立一个非聚簇索引 sumcustIdx。

SQL 语句如下：

```
CREATE INDEX sumcustIdx ON OrderMaster(orderSum DESC, customerNo)
```

【例 3.9】　在订单主表中按发票号码创建一个唯一性索引 uniqincoiceIdx。

SQL 语句如下：

```
CREATE UNIQUE INDEX uniqincoiceIdx ON OrderMaster(invoiceno)
```

【例 3.10】　删除 birthdayIdx 索引。

SQL 语句如下：

```
DROP INDEX birthdayIdx ON Employee
```

**2. 定义视图**

【例 3.11】　建立一个女员工的视图，要求显示员工编号、姓名、性别和薪水。

SQL 语句如下：

```
CREATE VIEW emp_view
AS
  SELECT employeeNo, employeeName, sex, salary
  FROM Employee
  WHERE sex='f'
```

【例 3.12】　创建一个视图，要求查询每个员工的订单号、员工编号、员工姓名、订单金额、发票号码等信息。

SQL 语句如下：

```
CREATE VIEW emp_ordermast
AS
  SELECT orderNo, employeeNo, employeeName, orderSum, invoiceno
```

```
  FROM Employee, OrderMaster
  WHERE employeeNo=salerNo
```

【例 3.13】 修改 emp_view 视图,要求视图只显示薪水 3000 元以上的女员工信息。

SQL 语句如下:

```
ALTER VIEW emp_view
AS
  SELECT employeeNo, employeeName, sex, salary
  FROM Employee
  WHERE sex='f' AND salary>3000
```

【例 3.14】 删除视图 emp_view。

SQL 语句如下:

```
DROP VIEW emp_view
```

### 3.3.3 实验内容

(1) 根据基本表创建以下索引:

- 在图书表中按出版社号建立一个非聚集索引 PublishingnoIdx。
- 在读者表中按身份证号建立一个非聚集索引 IdentifycardIdx。
- 在读者表中,首先按工作单位的升序,然后按最大借书数量降序建立一个非聚集索引 WorkunitCountIdx。

(2) 创建一个图书名称中含有“数据”的图书视图 BookView。

(3) 创建一个包含读者编号、读者姓名、图书编号、图书名称、借阅日期、归还日期的视图 BorrowView。

(4) 创建一个视图,要求显示至少借阅了 3 本书的读者信息 ReaderView。

(5) 在视图 BorrowView 中查询 2016 年 3 月 1 日以前借阅的图书。

(6) 在视图 ReaderView 中查询姓张的读者信息。

(7) 在视图 BorrowView 基础上再建一个只包含“合生元有限公司”的读者所借图书信息的视图 BorrowView1。

(8) 删除视图 BorrowView。

## 3.4 实验九:数据更新操作

### 3.4.1 实验目的与要求

(1) 掌握基本表的 INSERT、UPDATE、DELETE 操作。

(2) 正确理解更新操作中涉及的相关约束问题。

### 3.4.2 实验案例

【例 3.15】 在客户表中插入一条信息(C20220004,双良股份有限公司,0510-

3566021，江阴市，214400)。

SQL 语句如下：

```
INSERT Customer VALUES('C20220004', '双良股份有限公司', '0510-3566021', '江阴市
', '214400')
```

【例 3.16】　删除 1987 年以前出生的员工记录。

SQL 语句如下：

```
DELETE FROM Employee
WHERE year(Birthday)<1987
```

【例 3.17】　删除 E2020002 业务员的订单明细信息。

SQL 语句如下：

```
DELETE FROM OrderDetail
WHERE orderNo IN (
      SELECT orderNo
      FROM OrderMaster
      WHERE salerNo='E2020002' )
```

【例 3.18】　在客户表中把 C20220003 客户的客户名称改为西湖商厦，电话改为 021-6800000。

SQL 语句如下：

```
UPDATE Customer
SET customerName='西湖商厦',Telephone='021-6800000'
WHERE customerNo='C20220003'
```

【例 3.19】　在 OrderMaster 表中找出 E2020003 业务员的订单，将这些订单对应的每一项销售商品的单价打 8 折。

SQL 语句如下：

```
UPDATE OrderDetail
SET price=price * 0.8
WHERE orderNo IN (
       SELECT orderNo
       FROM OrderMaster
       WHERE salerNo='E2020003' )
```

### 3.4.3　实验内容

根据 BookDB 中 5 张关系表，完成以下更新操作：

(1) 分别给这 5 张表添加信息，要求在图书分类表、图书表、出版社表、读者表中各插入 5 个元组，在借阅表中插入 20 个元组。

(2) 将“合生元有限公司”的读者工作单位修改为“联合立华股份有限公司”。

(3) 将入库数量最多的图书单价下调 5%。

(4) 将“经济类”的图书单价提高 10%。

(5) 将借阅次数高于2次的图书数量增加50%。

(6) 将“兴隆股份有限公司”读者的借书期限延长为3个月。

(7) 将至少借了20次书且每次正常还书的读者的最大可借图书数量增加5。

(8) 删除价格超过30元的图书借阅信息。

(9) 删除借阅了大学英语的借阅记录。

(10) 删除从未借过书的读者。

# 第 4 章

# 数据库安全性与完整性

数据库的安全性是指保护数据库以防止不合法的使用所造成的数据泄密、更改或破坏。

数据库的完整性约束是指数据的正确性与相容性，是为了防止数据库存在不符合语义的数据。

## 4.1 相关知识

### 4.1.1 数据库安全性

SQL Server 的安全管理机制是架构在认证和权限两大机制下。认证是指用户必须要有一个登录账号和密码来登录 SQL Server，只有登录后才有访问和使用 SQL Server 的基本资格，且只能处理 SQL Server 特定的管理工作。而数据库内的所有对象的访问权限必须通过权限设置来决定登录者是否拥有某一对象的访问权限。在数据库内可以创建多个用户，然后针对具体对象将对象的创建、读取、修改、删除等权限授予特定的数据库用户。

**1. 登录账号的管理**

登录（亦称 Login 用户）是通过账号和口令访问 SQL Server 的数据库。登录 SQL Server 服务器时，SQL Server 有 3 个默认的用户登录账号：sa、builtin\administrators 和域名\administrator。

(1) sa：SQL Server 系统管理员登录账号，该账号拥有最高管理权限，可以执行服务器范围内的所有权限。

(2) builtin\administrators：一个 Windows 组账号，凡属于该组的用户账号都可以作为 SQL Server 登录账号使用。

(3) 域名\administrator：一个 Windows 用户账号，允许作为 SQL Server 登录账号使用。

**2. 数据库用户的管理**

在数据库中，一个用户或工作组取得合法的登录账号，只表明该账号通过了 Windows NT 认证或者 SQL Server 认证，但不能表明其可以对数据库数据和数据库对象进行某种或者某些操作，只有当其同时拥有了用户账号后，才能够访问数据库。

数据库用户包括如下。

(1) dbo用户：数据库拥有者或数据库创建者，dbo在其所拥有的数据库中拥有所有操作权限。dbo的身份可被重新分配给另一个用户，系统管理员sa可作为其所管理的任何数据库的dbo用户。

(2) guest用户：如果guest用户在数据库存在，则允许任意一个登录用户作为guest用户访问数据库，其中包括那些不是数据库用户的SQL服务器用户。除系统数据库master和临时数据库tempdb的guest用户不能被删除外，其他数据库都可以将自己guest用户删除，以防止非数据库用户的登录用户对数据库进行访问。

(3) 新建的数据库用户：用户根据实际需要创建不同权限的数据库用户。

**3. 数据库角色的管理**

利用角色，SQL Server管理者可以将某些用户设置为某一角色，这样只对角色进行权限设置便可以实现对所有用户权限的设置，大大减少了管理员的工作量。SQL Server提供了一些预定义的服务器角色和数据库角色。

(1) 服务器角色是指根据SQL Server的管理任务，以及这些任务相对的重要性等级来把具有SQL Server管理职能的用户划分为不同的用户组，每一组所具有的管理SQL Server的权限都是SQL Server内置的，即不能对其进行添加、修改和删除，只能向其中加入用户或者其他角色。

(2) 数据库角色是为某一用户或某一组用户授予不同级别的管理或访问数据库以及数据库对象的权限，这些权限是数据库专有的，并且还可以使一个用户具有属于同一数据库的多个角色。SQL Server提供了两种类型的数据库角色：固定的数据库角色和用户自定义的数据库角色。

(3) 用户自定义角色：创建用户定义的数据库角色就是创建一组用户，这些用户具有相同的一组权限。如果一组用户需要执行在SQL Server中指定的一组操作并且不存在对应的Windows NT组，或者没有管理Windows NT用户账号的许可，就可以在数据库中建立一个用户自定义的数据库角色。

用户自定义的数据库角色有两种类型：即标准角色和应用程序角色。

① 标准角色通过对用户权限等级的认定而将用户划分为不同的用户组，用户属于一个或多个角色，从而实现管理的安全性。

② 应用程序角色是一种比较特殊的角色。当我们打算让某些用户只能通过特定的应用程序间接地存取数据库中的数据而不是直接地存取数据库数据时，就应该考虑使用应用程序角色。当某一用户使用了应用程序角色时，他便放弃了已被赋予的所有数据库专有权限，他所拥有的只是应用程序角色被设置的角色。

**4. SQL Server的权限管理**

SQL Server权限分为3类：对象权限、语句权限和隐含权限。

(1) 对象权限。对象权限是指用户是否允许对数据库中的表、视图、存储过程等对象的操作权限，其具体内容如图4-1所示。

对象权限的设置方法如下：

① 选中一个数据库对象，右击，使之出现弹出菜单。

| Transact-SQL | 数据库对象 |
| --- | --- |
| SELECT(查询) | 表、视图、表和视图中的列 |
| UPDATE(修改) | 表、视图、表的列 |
| INSERT(插入) | 表、视图 |
| DELETE(删除) | 表、视图 |
| EXECUTE(调用过程) | 存储过程 |
| DRI(声明参照完整性) | 表、表中的列 |

图 4-1 对象权限的具体内容

② 选择"全部任务"中的"管理权限"项,随后就会出现对象权限对话框。

③ 选择"列出全部用户/用户定义的数据库角色"项,或选择"仅列出对此对象具有权限的用户/用户定义的数据库角色"项。

④ 在权限表中对各用户或角色的各种对象操作权授予或撤销。

(2) 语句权限。语句权限相当于数据库定义语言的语句权限,具体内容如图 4-2 所示。设置方法如下:

| Transact-SQL 语句 | 权限说明 |
| --- | --- |
| CREATE DATABASE | 创建数据库,只能由 SA 授予 SQL 服务器用户或角色 |
| CREATE DEFAULT | 创建默认值 |
| CREATE PROCEDURE | 创建存储过程 |
| CREATE RULE | 创建规则 |
| CREATE TABLE | 创建表 |
| CREATE VIEW | 创建视图 |
| BACKUP DATABASE | 备份数据库 |
| BACKUP LOG | 备份日志文件 |

图 4-2 语句权限的具体内容

① 右击指定的数据库文件夹,出现数据库属性对话框。

② 选择"权限"选项卡,单击表中的各复选小方块可分别对各用户或角色授予、撤销和废除数据库的语句操作权限。

(3) 隐含权限。隐含权限是指由 SQL Server 预定义的服务器角色、数据库所有者 dbo、数据库对象所有者所拥有的权限,它相当于内置权限,不需要明确地授予这些权限。

上面介绍的 3 种权限中,隐含权限不需要设置,所以实际上权限的设置是指对对象权限和语句权限的设置。权限管理的内容有 3 方面:

① 授予权限。即允许某个用户或角色对一个对象执行某种操作或语句。

② 拒绝权限。即拒绝某个用户或角色访问某个对象,即使某个用户或角色被授予这种权限,仍然不允许执行相应的操作。

③ 取消权限。即不允许某个用户或角色对一个对象执行某种操作或某种语句。不

允许和拒绝是不同的,不允许还可以通过加入角色来获得允许,而拒绝是无法通过角色来获得允许的。3种权限冲突时,拒绝权限起作用。

### 4.1.2 数据库完整性

数据库的完整性主要包括实体完整性、参照完整性和用户自定义完整性。实体完整性要求基本表的主键值唯一且不允许为空值;参照完整性为若干个表中的相应元组建立联系;用户自定义完整性就是针对某一具体应用的数据必须满足的语义要求,由RDBMS提供而不必由应用程序承担。

**1. SQL Server 数据完整性分类**

SQL Server 的数据完整性可分为3类,如表4-1所示。

表 4-1 数据库完整性分类

| 完整性类型 | 约束类型 | 完整性功能描述 |
| --- | --- | --- |
| 用户自定义完整性 | DEFAULT | 插入数据时,如果没有明确提供列值,则用默认值作为该列值 |
| | CHECK | 指定某列或列组可以接受的范围,或指定数据应满足的条件 |
| | UNIQUE | 指出数据应具有唯一值,防止出现冗余 |
| 实体完整性 | PRIMARY KEY | 指定主码,确保主码值不重复,且不允许主码为空值 |
| 参照完整性 | FOREIGN KEY | 定义外码、被参照表和其主码 |

(1) 实体完整性。实体完整性为表级完整性,它要求表中所有的元组都应该有一个唯一的标识符,这个标识符就是平常所说的主码。

(2) 参照完整性。参照完整性是表级完整性,它维护参照表中的外码与被参照表中主码的相容关系。如果在被参照表中某一元组被外码参照,那么这一行既不能被删除,也不能更改其主码。

(3) 用户自定义完整性。用户自定义完整性为列级和元组级完整性。它为列或列组指定一个有效的数据集,并确定该列是否允许为空。

**2. SQL Server 数据完整性实现方式**

(1) 声明数据完整性。声明数据完整性通过在对象定义中定义、系统本身自动强制来实现。声明数据完整性包括各种约束、默认值和规则。

(2) 过程数据完整性。过程数据完整性通过使用脚本语言来实现。

## 4.2 实验十:安全性定义与检查

### 4.2.1 实验目的与要求

(1) 掌握登录账号的创建、修改、删除和禁止操作。

(2) 掌握数据库用户的添加和删除操作。

(3) 掌握数据库角色的创建、删除;数据库角色成员的添加和删除。

(4) 掌握权限管理中语句权限和对象权限的管理。

(5) 掌握数据库是如何进行身份检查和权限检查的。

(6) 熟练运用数据库的安全机制操作数据库。

### 4.2.2　实验案例

在 SQL Server 中,登录账号、数据库用户、数据库角色以及权限的管理都可以通过 SSMS 的集成环境来完成,前面已经讲述。下面使用 T-SQL 语句来实现登录账号、数据库用户、数据库角色以及权限的管理功能。

**1. 登录账户管理**

(1) 创建登录。使用户得以连接使用 SQL Server 身份验证的 SQL Server 实例。语法如下:

```
[EXECUTE] sp_addlogin [@loginame=] 'login' [, [@passwd=] 'password' ]
                      [, [@defdb=] 'database' ]
```

其中,

- [@loginame=]'login': 登录名称。
- [@passwd =]'password': 登录密码,若不指定则默认为 NULL。
- [@defdb=]'database': 登录后用户访问的数据库,若不指定则默认为 master 数据库。

在 sp_addlogin 中,除了登录名称之外,其余选项均为可选项。执行 sp_addlogin 时,必须具有相应的权限。只有 sysadmin 和 securityadmin 固定服务器角色的成员才能执行该命令。

【例 4.1】 创建用户为 victoria,密码为 p888888 的登录账号。创建用户为 u1,密码为 p888888 的登录账号。创建用户为 u2,密码为 p888888 的登录账号。

SQL 语句如下:

```
sp_addlogin 'victoria','p888888'
sp_addlogin 'u1','p888888'
sp_addlogin 'u2','p888888'
```

【例 4.2】 创建登录账号 liu,密码为 liusjj999,默认的数据库为 orderdb。

SQL 语句如下:

```
sp_addlogin 'liu', 'liusjj999', 'OrderDB'
```

(2) 修改登录账号属性。修改登录账号的命令有:修改登录密码、修改默认的数据库和删除账号。语法如下:

```
sp_password [ [ @old =] 'old_password' , ] { [ @new =] 'new_password' }
            [ , [ @loginame =] 'login' ]
```

【例 4.3】 将 liu 的密码修改为'p888888'。

SQL 语句如下:

```
sp_password 'liusjj999','p888888','liu'
```

本例中，liu 是登录账号名称，liusjj999 是 liu 原来的密码，p888888 是新密码。

修改默认的数据库语法如下：

```
sp_defaultdb [ @loginame =] 'login', [ @defdb =] 'database'
```

【例 4.4】 将 liu 访问的数据库修改为 ScoreDB。

SQL 语句如下：

```
sp_defaultdb 'liu','ScoreDB'
```

删除登录账号语法如下：

```
sp_droplogin @loginame='login'
```

【例 4.5】 删除登录账号 victoria。

SQL 语句如下：

```
sp_droplogin 'victoria'
```

执行上述语句后，victoria 从登录用户中被删除。

2. 用户管理

(1) 添加用户语法如下：

```
sp_adduser [ @loginame =] 'login'[ , [ @name_in_db =] 'user' ] '
```

其中，login 是指登录账号名称，user 是指数据库用户名称。

【例 4.6】 为登录账号 u1 添加到 OrderDB 数据库中，且用户名为 u1。

SQL 语句如下：

```
sp_adduser u1,u1
```

【例 4.7】 为登录账号 u2 添加到 OrderDB 数据库中，且用户名为 uu2。

SQL 语句如下：

```
sp_adduser u2,uu2
```

(2) 删除用户。语法如下：

```
sp_dropuser [ @name_in_db =] 'user'
```

【例 4.8】 从当前数据库中删除账号 u1。

SQL 语句如下：

```
sp_dropuser  u1
```

3. 角色管理

(1) 创建数据库角色。语法如下：

```
sp_addrole [ @rolename =] 'role'
```

其中，role 指数据库角色名称，以下同义。

只有固定服务器角色 sysadmin、db_securityadmin 及 db_owner 的成员才能执行该系统存储过程。

【例 4.9】 建立角色 r1 和 r2。

SQL 语句如下：

```
sp_addrole 'r1'
sp_addrole 'r2'
```

(2) 删除数据库角色。语法如下：

```
sp_droprole [ @rolename=] 'role'
```

【例 4.10】 删除数据库角色 r2。

SQL 语句如下：

```
sp_droprole 'r2'
```

(3) 增加数据库角色成员。语法如下：

```
sp_addrolemember [ @rolename =] 'role',[ @membername =] 'security_account'
```

其中，

- [ @rolename = ] 'role'：当前数据库中的数据库角色的名称。
- [ @membername = ] 'security_account'：security_account 可以是数据库用户、数据库角色、Windows 登录或 Windows 组。

只有固定服务器角色 sysadmin 及 db_owner 的成员才能执行该系统存储过程。

【例 4.11】 将用户 uu2 添加到数据库角色 r1 中。

SQL 语句如下：

```
sp_addrolemember 'r1', 'uu2'
```

(4) 删除数据库角色成员。语法如下：

```
sp_droprolemember [ @rolename =] 'role' , [ @membername =] 'security_account'
```

只有固定服务器角色 sysadmin 及 db_owner 的成员才能执行该系统存储过程。

【例 4.12】 在数据库角色 r1 中删除用户 uu2。

SQL 语句如下：

```
sp_droprolemember r1, uu2
```

4. 权限管理

(1) 管理语句权限的语法如下：

```
GRANT  { command_list} TO {PUBLIC | name_list}
REVOKE { command_list} FROM {PUBLIC | name_list}
```

其中，

- command_list：可以是 CREATE DATABASE、CREATE DEFAULT、CREATE FUNCTION、CREATE PROCEDURE、CREATE RULE、CREATE TABLE、

CREATE VIEW、BACKUP DATABASE、BACKUP LOG 等。
- PUBLIC：表示所有的用户。
- name_list：用户名称，可以将某组权限同时授予多个用户，用户名之间用逗号分隔。

语义：将对指定操作对象的指定操作权限授予指定的用户。

(2) 管理对象权限的语法如下：

```
GRANT { command_list}
    ON <table_name>[<col_name>, …]
    TO {PUBLIC | name_list}
    [WITH GRANT OPTION]
REVOKE { command_list}
    ON <table_name>[<col_name>, …]
    FROM {PUBLIC | name_list}
```

其中，
- command_list：可以是 UPDATE、SELECT、INSERT、DELETE、EXCUTE 等。
- table_name：数据库对象名。
- PUBLIC：表示所有的用户。
- WITH GRANT OPTION：将指定的对象权限授予其他安全账号的能力。

注意：当对列授予权限时，命令项可以包括 SELECT 和 UPDATE 或两者的组合，而在 SELECT 中若使用了 SELECT * 则必须对表的所有列赋予 SELECT 权限。

【例 4.13】 分别创建登录账号 u3、u4、u5、u6，其密码皆为 p888888，并设置为订单数据库的用户。

SQL 语句如下：

```
sp_addlogin u3,p888888
sp_addlogin u4,p888888
sp_addlogin u5,p888888
sp_addlogin u6,p888888
USE OrderDB                          //打开订单数据库
sp_adduser u3,u3
sp_adduser u4,u4
sp_adduser u5,u5
sp_adduser u6,u6
```

【例 4.14】 把查询 Customer 表记录的权限授给用户 uu2。

SQL 语句如下：

```
GRANT SELECT ON Customer TO uu2
```

【例 4.15】 给 u3 授予建表和建视图的权限。

SQL 语句如下：

```
GRANT CREATE TABLE, CREATE VIEW TO u3
```

【例 4.16】 把对 Customer 表和 Employee 表记录的修改权限授予用户 u3 和 u4，并具有转授权限。

SQL 语句如下：

```
GRANT INSERT,DELETE,UPDATE ON Customer TO u3,u4 WITH GRANT OPTION
GRANT INSERT,DELETE,UPDATE ON Employe TO u3,u4 WITH GRANT OPTION
```

【例 4.17】 把用户 u4 修改客户编号的权限收回。

SQL 语句如下：

```
REVOKE UPDATE(customerNo) ON Customer FROM u4 CASCADE
```

【例 4.18】 通过角色来实现将一组权限授予一个用户。

步骤如下：

① 创建角色 jw。SQL 语句如下：

```
sp_addrole jw
```

② 给角色 jw 授予 Employee 表的 SELECT、UPDATE、INSERT 权限。SQL 语句如下：

```
GRANT SELECT, UPDATE, INSERT ON Employee TO jw
```

③ 将这个角色授予用户 u5、u6。SQL 语句如下：

```
sp_addrolemember jw,u5
sp_addrolemember jw,u6
```

④ 收回 u5 的所有权限。SQL 语句如下：

```
sp_droprolemember jw,u5
```

⑤ 修改角色 jw 权限，增加其删除 DELETE 权限。SQL 语句如下：

```
GRANT DELETE ON Employee TO jw
```

### 5. 安全性检查

【例 4.19】 用户 user04 需要在订单数据库中创建一个视图 ProductView(查询每种产品的订购数量、订购平均价)，并将该视图的查询权限授予用户 user05 和 user06，请完成该操作。

(1) 在 master 数据库中创建这 3 个用户，并设置为订单数据库的用户。SQL 语句如下：

```
sp_addlogin user04,p888888
sp_addlogin user05,p888888
sp_addlogin user06,p888888
```

(2) 在 OrderDB 数据库中加入这 3 个用户。SQL 语句如下：

```
sp_adduser user04,user04
sp_adduser user05,user05
sp_adduser user06,user06
```

(3) 授予 user04 创建视图的权限。SQL 语句如下：

```
GRANT CREATE VIEW TO user04
```

(4) 以 user04 用户身份登录，创建视图。SQL 语句如下：

```
CREATE VIEW ProductView AS
    select productNo, sum(quantity) qty,
       avg(quantity * price) / sum(quantity) avgPrice
    FROM OrderDetail
    GROUP BY productNo
```

(5) 将 ProductView 视图的权限授予用户 user05 和 user06。SQL 语句如下：

```
GRANT SELECT ON ProductView TO user05, user06
```

**【例 4.20】** 用户 user05 查询视图 ProductView。

首先以 user05 身份登录，然后查询 ProductView 视图。SQL 语句如下：

```
SELECT * FROM ProductView
```

### 4.2.3 实验内容

使用订单数据库 OrderDB 完成下面的实验内容。

(1) 分别创建登录账号 user01 和 user02，其密码皆为 p888888，并设置为订单数据库 OrderDB 的用户。

(2) 创建登录账号 login03，并加入到 OrderDB 数据库中，其用户名为 user03。

(3) 将员工表的所有权限授予全部用户。

(4) 授予 user03 用户对 Product 表的查询权限，对 Employee 表的编号、名称的查询和更新权限。

(5) 创建角色 r3 和 r4，将订单明细表所有列的 SELECT 权限、PRICE 列的 UPDATE 权限授予 r3。

(6) 收回全部用户对员工表的所有权限。

(7) 将 user01 和 user02 两个用户赋予 r3 角色。

(8) 收回 user02 对订单明细表所有列的 SELECT 权限。

(9) 在当前数据库中删除角色 r4。

(10) 授予 user01 建表和建视图的权限，user01 用户分别建立一张表和一个视图（表和视图自定），然后将该表和视图的查询权限授予 user02 和 user03。

使用订单数据库 OrderDB 完成下面的实验，记录详细的操作过程。

(1) 用户 user07 在订单数据库中创建一张表 Table1（内容自定）。

(2) 用户 user02 对表 Table1 和表 OrderDetail 执行了插入和查询操作（内容自定）。

(3) 用户 user03 建立两张表 Table2 和 Table3 和一个视图 View1（内容自定），然后将该表和视图的查询权限授予 user05 和 user06，并具有转授权限。

(4) 在订单数据库中创建两个角色 r5 和 r6，角色 r5 具有创建表和视图的权限，角色 r6 具有对 Customer 表的查询、插入权限，Employee 表的查询、更新和插入权限，OrderMaster 表的所有权限。

(5) 用户 user05 将 user03 用户创建的表和视图的查询权限授予了用户 user07，user07 用户对表 Table2 进行了插入操作。

(6) user07 用户具有角色 r5，同时创建了表 Table4(内容自定)。

## 4.3　实验十一：完整性定义与检查

### 4.3.1　实验目的与要求

(1) 充分理解关系数据库中关于数据库完整性的概念。

(2) 掌握实体完整性的定义方法。

(3) 掌握参照完整性定义的方法。

(4) 掌握用户自定义完整性的方法。

(5) 充分理解关系数据库中关于数据库完整性的概念。

(6) 掌握实体完整性检查方法。

(7) 掌握参照完整性检查方法。

(8) 掌握用户自定义完整性检查方法。

### 4.3.2　实验案例

创建表时，用户可以对一列或多列的组合设置限制条件，即完整性约束条件，使得 SQL Server 能够检查用户输入的值是否符合限制条件。下面介绍 SQL Server 中完整性约束的具体用法。

在约束条件声明中，必须利用 CONSTRAINT 关键字来对此约束条件命名，此名称会记录在系统表内，在整个数据库内 CONSTRAINT 名称不可重复，如果用户没有命名，则系统会自动命名。

创建表及完整性约束的语法如下：

```
CREATE TABLE table_name
    ( column_name1 datetype [DEFAULT default_value] [NULL/NOT NULL]
    [CHECK search_condition],
    column_name2 datetype ...
    ⋮
    [ CONSTRAINT constrain_name1 {UNIQUE/PRIMARY KEY}
    ( colum_name [, colum_name…] [ON groupfile_name] ) ],
    [ CONSTRAINT constrain_name2
    FOREIGN KEY ( column_name1), [column_name2, …]
    REFERENCES ref_table(ref_column1 [, ref_column2, …]) ], …)
ON groupfile_name )
```

#### 1. 实体完整性约束

实体完整性通过设置主键 PRIMARY KEY 来实现，主键最多可以由 16 列组成。

① 当表的主键只有一列时，可以在创建表时直接在列后指定 PRIMARY KEY，也可以由 CONSTRAINST 关键字来指定。

② 当表的主键多于一列时，必须使用元组级的定义来指定 PRIMARY KEY。

【例 4.21】 创建一张客户表,并为该表建立主键约束。

SQL 语句如下:

```
CREATE TABLE Customer (
    customerNo      char(9) ,                             /* 客户编号 */
    CONSTRAINT CustomerPK PRIMARY KEY (customerNo),
    customerName    varchar(40) ,                         /* 客户名称 */
    telephone       varchar(20),                          /* 客户电话 */
    address         char(40) ,                            /* 客户住址 */
    zip             char(6)                               /* 邮政编码 */
)
```

本例中,主键由 CONSTRAINT 定义并命名为 CustomerPK。由于该表只有一列作为主键,所以还可以用下面的方法来定义,但约束名由系统自动定义。

SQL 语句如下:

```
CREATE TABLE Customer (
    customerNo       char(9)   PRIMARY KEY,          /* 客户编号 */
    customerName     varchar(40) ,                   /* 客户名称 */
    telephone        varchar(20),                    /* 客户电话 */
    address          char(40) ,                      /* 客户住址 */
    zip              char(6)                         /* 邮政编码 */
)
```

【例 4.22】 创建一张订单明细表,为该表建立主键约束。

SQL 语句如下:

```
CREATE TABLE OrderDetail (
    orderNo         char(12) ,                        /* 订单编号 */
    productNo       char(9) ,                         /* 产品编号 */
    quantity        int ,                             /* 销售数量 */
    price           numeric(7,2),                     /* 订货单价 */
    CONSTRAINT OrderDetailPK PRIMARY KEY (orderNo, productNo)
)
```

本例中,主键有两列构成,所以必须定义为元组级的约束,本例由 CONSTRAINT 来定义主键,并为该约束命名为 OrderDetailPK。

【例 4.23】 建立一张订单主表,要求给该表建立主键约束。

SQL 语句如下:

```
CREATE TABLE OrderMaster (
    orderNo         char(12)  PRIMARY KEY,          /* 订单编号 */
    customerNo      char(9) ,                       /* 客户编号 */
    salerNo         char(8) ,                       /* 业务员编号 */
    orderDate       datetime,                       /* 订货日期 */
    orderSum        numeric(9,2) ,                  /* 订单金额 */
    invoiceNo       char(10)                        /* 发票号码 */
)
```

**2. 参照完整性约束**

参照完整性指有些表的列(或列的组合)和其他表的主键相关联,用户可以给这个列

(或列的组合)定义为 FOREIGN KEY,并以 REFERENCES 关键字设置它所关联的表及其列组。

【例 4.24】 建立一张订单主表,要求给该表建立主键约束和关于员工表和客户表的外键约束。

SQL 语句如下:

```
CREATE TABLE OrderMaster (
    orderNo      char(12)  PRIMARY KEY,        /*订单编号*/
    customerNo   char(9) ,                     /*客户号*/
    salerNo      char(8) ,                     /*业务员编号*/
    orderDate    datetime,                     /*订货日期*/
    orderSum     numeric(9,2) ,                /*订单金额*/
    invoiceNo    char(10) ,                    /*发票号码*/
    CONSTRAINT OrdermasterFK1 FOREIGN KEY(customerNo)
        REFERENCES Customer(customerNo)
)
```

本例中,外键由 CONSTRAINT 来定义,并为该约束命名为 OrdermasterFK1。

【例 4.25】 重新创建订单明细表,给该表增加外键约束。

SQL 语句如下:

```
CREATE TABLE OrderDetail (
    orderNo      char(12),             /*订单编号*/
    productNo    char(9),              /*产品编号*/
    quantity     int,                  /*销售数量*/
    price        numeric(7,2),         /*订货单价*/
    CONSTRAINT OrderDetailPK PRIMARY KEY clustered(orderNo, productNo),
    CONSTRAINT OrderdetailFK1 FOREIGN KEY(orderNo)
        REFERENCES OrderMaster(orderNo)
)
```

本例中,外键由 CONSTRAINT 来定义,并为该约束命名为 OrderdetailFK1。

3. 用户自定义完整性约束

在建表时,用户可以根据应用的要求,定义属性上的约束条件,即属性限制,包括列值非空(NOT NULL)、列值唯一(UNIQUE)、检查是否满足一个布尔表达式(CHECK 短语)、默认值设置(DEFAULT)等。

【例 4.26】 创建一张客户表,为该表建立客户编号约束:编号共 9 位,第 1 位为 C。

SQL 语句如下:

```
CREATE TABLE Customer (
    customerNo   char(9)        NOT NULL  PRIMARY KEY,     /*客户编号*/
    CHECK(CustomerNo LIKE '[C][0-9][0-9][0-9][0-9][0-9][0-9][0-9][0-9]'),
    customerName varchar(40)    NOT NULL,                  /*客户名称*/
    telephone    varchar(20)    NOT NULL,                  /*客户电话*/
    address      char(40)       NOT NULL,                  /*客户住址*/
    zip          char(6)        NULL                       /*邮政编码*/
)
```

【例 4.27】 创建一张员工表,要求给该表建立各项约束,包括主键约束;性别是 m 或

f;薪水是 3000～8000 元。

SQL 语句如下：

```
CREATE TABLE Employee (
    employeeNo      char(8)         NOT NULL                /*员工编号*/
    CHECK(EmployeeNo LIKE '[E][0-9][0-9][0-9][0-9][0-9][0-9][0-9]'),
    employeeName    varchar(10)     NOT NULL,               /*员工姓名*/
    sex             char(1)         NOT NULL,               /*员工性别*/
    CONSTRAINT emp_sexchk CHECK ( sex IN ('m', 'f') ),
    birthday        datetime        NULL,                   /*员工生日*/
    address         varchar(50)     NULL,                   /*员工住址*/
    telephone       varchar(20)     NULL,                   /*员工电话*/
    hireDate        datetime        NOT NULL,               /*雇用日期*/
    department      varchar(30)     NOT NULL,               /*所属部门*/
    title           varchar(6)      NOT NULL,               /*职称*/
    salary          numeric(8,2)    NOT NULL,               /*薪水*/
    CONSTRAINT EmployeePK PRIMARY KEY (employeeNo),
    CONSTRAINT emp_salarychk CHECK (salary BETWEEN 3000 AND 8000)
)
```

【例 4.28】 建立一张订单主表,要求发票号码唯一。

SQL 语句如下：

```
CREATE TABLE OrderMaster (
    orderNo      char(12)       NOT NULL PRIMARY KEY,        /*订单编号*/
    customerNo   char(9)        NOT NULL,                    /*客户编号*/
    salerNo      char(8)        NOT NULL,                    /*业务员编号*/
    orderDate    datetime       NOT NULL,                    /*订货日期*/
    orderSum     numeric(9,2),                               /*订单金额*/
    invoiceNo    char(10)       NOT NULL UNIQUE,             /*发票号码*/
    CONSTRAINT Ordermasterfk1 FOREIGN KEY(customerNo)
        REFERENCES Customer(customerNo),
    CONSTRAINT Ordermasterfk2 FOREIGN KEY(salerNo)
        REFERENCES Employee(employeeNo)
)
```

#### 4. 修改约束

使用 ALTER TABLE 语句修改表中的完整性约束。要修改约束,首先必须删除约束,然后将新的约束加入。

删除约束的 SQL 语句如下：

```
ALTER TABLE tableName
  DROP CONSTRAINT constraintName
```

添加约束的 SQL 语句如下：

```
ALTER TABLE tableName
  ADD CONSTRAINT constraintName
    <CHECK | UNIQUE | PRIMARY KEY | FOREIGN KEY >(<constraintExpr>)
```

其中,tableName 为欲修改约束所在的表名;constraintName 为欲修改的约束名称。

**5. 完整性约束检查**

当插入或对主码列进行更新操作时，关系数据库管理系统按照实体完整性规则自动进行检查，如果违反了，则进行相应的违约处理。

当对参照表和被参照表进行更新操作时，关系数据库管理系统按照参照完整性规则自动进行检查，如果违反了，则进行相应的违约处理。

当对关系表中创建了用户自定义完整性涉及的列进行更新操作时，关系数据库管理系统按照用户自定义完整性规则自动进行检查，如果违反了，则进行相应的违约处理。

(1) 实体完整性检查。

【例 4.29】 对客户表插入一个元组('C20200001','南华股份有限公司', '0791-83566021', '南昌市', '380001')。

SQL 语句如下：

```
INSERT Customer VALUES('C20200001','南华股份有限公司', '0791-83566021', '南昌市
', '380001')
```

本例中，插入命令提交后，DBMS 自动进行实体完整性检查。由于插入的元组中客户编号 C20200001 违反了 PRIMARY KEY 约束，不能在对象 Customer 中插入重复键，语句终止。

(2) 用户自定义完整性检查。

【例 4.30】 对客户表插入一个元组('B20200005','南华股份有限公司','0791-83566021','南昌市', '380001')。

SQL 语句如下：

```
INSERT Customer VALUES('B20200005','南华股份有限公司','0791-83566021','南昌市
', '380001')
```

本例中，插入命令提交后，DBMS 也要自动进行用户自定义完整性检查。由于插入的元组中客户编号 B20200005 违反了 CHECK 约束，即 INSERT 语句与 CHECK 约束冲突，该冲突发生于数据库"OrderDB"，表"dbo.Customer"， column 'customerNo'，语句终止。

### 4.3.3　实验内容

BookDB 数据库的数据库模式导航图如图 4-3 所示。

**1. 重新创建基本表**

重新创建 BookDB 数据库的 5 张基本表，要求用一个脚本文件实现以下完整性约束。

(1) 分别为 BookClass 表、Book 表、Reader 表、Publisher 表和 Borrow 表建立主键和相应的外键约束。

(2) 给 Reader 表创建约束，要求读者编号共 8 位，以 R 开头，后续 4 位为不大于当前系统时间的年份，最后 3 位为流水号，如 R2018001。

(3) 给 Reader 表创建约束，要求性别为女或男，身份证号要求唯一。

(4) 为 Reader 表创建约束，要求读者最大借书数量默认值为 10，且为 5～20。

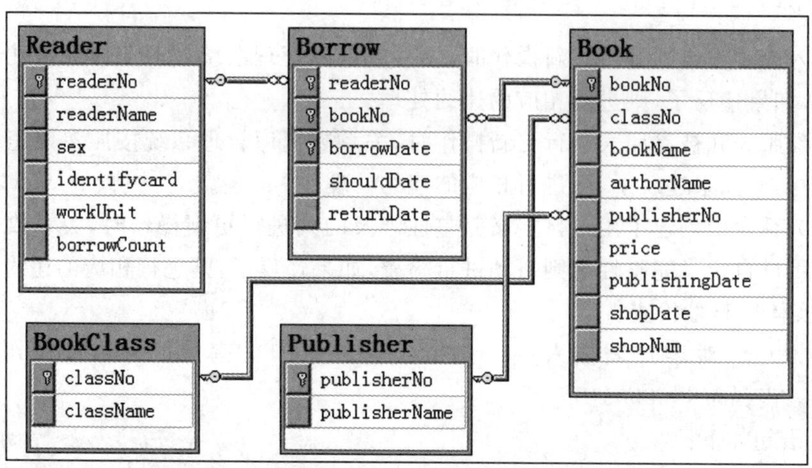


图 4-3 **BookDB** 数据库模式导航图

（5）为 Book 表创建约束，要求图书单价为 10～80 元。

（6）为 Book 表创建约束，要求图书编号共 10 位，以 B 开头，后续 4 位为不大于当前系统时间的年份，最后 5 位为流水号，如 B201801001。

（7）为 Borrow 表创建约束，要求图书实际归还日期和应归还日期大于借阅日期。

（8）为 Borrow 表创建约束，要求借阅日期的默认值为系统当前日期，实际归还日期的默认值为 NULL，应归还日期不允许为空值。

**2. 插入记录**

分别为刚刚创建的表插入记录，至少保证 BookClass 表有 5 条记录、Book 表有 20 条记录、Reader 表有 10 条记录、Publisher 表有 5 条记录和 Borrow 表有 50 条记录。

**3. 分析更新操作对关系完整性约束的影响**

分析下列更新操作对关系完整性约束的影响，如果更新操作违背了完整性约束条件，请给出合理的处理方法。

（1）往 BookClass 表插入元组('001', '机械类')。

（2）往 Reader 表插入元组('R2020001', '欧阳', '男', '412723199209014321', '欧氏公司', 0)。

（3）往 Borrow 表插入元组('R2021003', 'B201801002', '20180918', '20181018', null)。

（4）删除读者 R2020001 的信息。

（5）删除读者 R2022003 的信息。

（6）将 R2020002 读者所借图书 B202001004 的借阅日期更新为 2021 年 4 月 22 日。

（7）更新读者 R2020002 的最大可借书数量为 25 本。

（8）将《数据库系统原理》这本书的价格上调 30 元。

# 第 5 章 数据库编程技术

本章主要介绍游标概念以及游标的使用方法，运用触发器完成复杂的完整性约束和审计功能，通过存储过程完成复杂的业务处理和查询统计工作。

## 5.1 相关知识

本章要求学习使用多种工具，提高解决实际问题的能力，进一步理解并掌握游标和触发器、游标和存储过程的灵活运用。

### 5.1.1 游标

游标是一种允许用户访问单独的数据行的数据访问机制。游标主要用在存储过程、触发器和 T-SQL 脚本中，使用游标，可以对由 SELECT 语句返回的结果集记录进行逐行处理。使用游标必须经历 5 个步骤。

① 定义游标：DECLARE。

② 打开游标：OPEN。

③ 提取游标：FETCH。

④ 关闭游标：CLOSE。

⑤ 释放游标：DEALLOCATE。

#### 1. 定义游标

定义游标的语法如下：

```
DECLARE cursor_name SCROLL CURSOR FOR sql_staments
[FOR [READ ONLY | UPDATE {OF column_name_list [, …n]] ]
```

其中，

- cursor_name：用户定义的游标名。
- sql_staments：定义游标结果集的标准 SELECT 语句。
- FOR：后面的短语定义游标属性只读或更新，默认为 UPDATE。
- UPDATE {OF column_name_list}：定义游标内可更新的列。如果指定 OF column_name_list [, …n] 参数，则只允许修改所列出的列。如果在 UPDATE 中未指定列的列表，则可以更新所有列。

- READ ONLY：在 UPDATE 或 DELETE 语句的 WHERE CURRENT OF 子句中不能引用游标。该选项替代要更新的游标的默认功能。
- SCROLL：指定所有的提取选项（FIRST、LAST、PRIOR、NEXT、RELATIVE、ABSOLUTE）均可用。如果在 DECLARE CURSOR 中未指定 SCROLL，则 NEXT 是唯一支持的提取选项。

注意：

① 当游标移至尾部，不可以再读取游标，必须关闭游标后重新打开游标。

② 可以通过检查全局变量@@fetch_status 来判断是否已读完游标集中所有行。

**2. 打开游标**

使用 OPEN 语句执行 SELECT 语句并生成游标。打开游标的语法如下：

```
OPEN curser_name
```

**3. 提取游标**

① 提取游标集中当前游标所定位的行数据语法如下：

```
FETCH curser_name [INTO @variable_name [, …n]]
```

② 提取游标的完整语法如下：

```
FETCH [ [ NEXT | PRIOR | FIRST | LAST
    | ABSOLUTE { n | @nvar } | RELATIVE { n | @nvar } ]
   [ FROM { cursor_name | @cursor_variable_name }
    [ INTO @variable_name [, …n] ]
```

其中，

- NEXT：返回紧跟当前行之后的结果行，并且当前行递增为结果行。如果 FETCH NEXT 为对游标的第一次提取操作，则返回结果集中的第一行。NEXT 为默认的游标提取选项。
- PRIOR：返回紧临当前行前面的结果行，并且当前行递减为结果行。如果 FETCH PRIOR 为对游标的第一次提取操作，则没有行返回并且游标置于第一行之前。
- FIRST：返回游标中的第一行并将其作为当前行。
- LAST：返回游标中的最后一行并将其作为当前行。
- ABSOLUTE {n | @nvar}：如果 n 或@nvar 为正数，返回从游标头开始的第 n 行并将返回的行变成新的当前行；如果 n 或@nvar 为负数，返回游标尾之前的第 n 行并将返回的行变成新的当前行；如果 n 或@nvar 为 0，则没有行返回。这里，n 必须为整型常量，且@nvar 必须为 smallint、tinyint 或 int 类型。
- RELATIVE {n | @nvar}：如果 n 或@nvar 为正数，返回当前行之后的第 n 行并将返回的行变成新的当前行；如果 n 或@nvar 为负数，返回当前行之前的第 n 行并将返回的行变成新的当前行；如果 n 或@nvar 为 0，返回当前行。如果对游标的第一次提取操作时将 FETCH RELATIVE 的 n 或@nvar 指定为负数或 0，则没有行返回。这里，n 必须为整型常量，且@nvar 必须为 smallint、tinyint 或 int 类型。

- INTO @variable_name [, …n]：把每列中的数据转移到指定的变量中。

**4. 关闭游标**

关闭游标可以释放某些资源，例如释放游标结果集所占用的内存或外存空间，以及释放对游标集中部分施加的锁资源，如果重新发出一个 OPEN 语句，则该游标结构不需要重新定义，仍可继续使用。关闭游标的语法如下：

```
CLOSE curser_name
```

**5. 释放游标**

DEALLOCATE 语句将完全释放分配给游标的资源，包括游标名称。在游标被释放后，必须使用 DECLARE 语句重新生成游标。释放游标的语法如下：

```
DEALLOCATE curser_name
```

**6. 删除游标集中当前行**

删除游标集中当前行的语法如下：

```
DELETE FROM table_name
WHERE CURRENT OF curser_name
```

注意：从游标中删除一行后，游标定位于被删除的游标之后的一行，必须再用 FETCH 得到该行。

**7. 更新游标集中当前行**

更新游标集中当前行的语法如下：

```
UPDATE table_name
SET column_name=expression [, column_name=expression]
WHERE CURRENT OF curser_name
```

### 5.1.2 存储过程

SQL Server 提供了一种方法，它可以将一些固定的操作集中起来由 SQL Server 数据库服务器来完成，以实现某个任务，这种方法就是存储过程。存储过程是经过编译和优化后存储在数据库服务器中用 SQL 语句编写的过程，使用时只要调用即可。存储过程的优点是：

(1) 提供了在服务器端快速执行 SQL 语句的有效途径。

(2) 降低了客户机和服务器之间的通信量。

(3) 方便实施企业规则。

(4) 业务封装后，对数据库系统提供了一定的安全保证。

在使用 CREATE PROCEDURE 命令创建存储过程前，应考虑下列几个事项：

① 不能将 CREATE PROCEDURE 语句与其他 SQL 语句组合到单个批处理中。

② 创建存储过程的权限默认属于数据库所有者，该所有者可将此权限授予其他用户。

③ 存储过程是数据库对象，其名称必须遵守标识符规则。

④ 只能在当前数据库中创建存储过程。

⑤ 一个存储过程的最大为 128MB。

创建存储过程时，需要确定存储过程的3个组成部分：

① 所有的输入参数及传给调用者的输出参数。

② 被执行的针对数据库的操作语句，包括调用其他存储过程的语句。

③ 返回给调用者的状态值，以指明调用是成功还是失败。

**1. 创建存储过程**

创建存储过程的语法如下：

```
CREATE PROCEDURE procedure_name [; number] [{@parameter datatype}
    [OUTPUT],…n]
AS
    sql_statement [, …n]
```

其中，

- procedure_name：存储过程的名称。要创建临时过程，可在procedure_name前面加一个编号符，即#procedure_name；要创建全局临时过程，可在procedure_name前面加两个编号符，即##procedure_name。完整的名称（包括#或##）不能超过128个字符。过程所有者的名称是可选的。
- number：是可选的整数，用来对同名的过程分组，以便用一条DROP PROCEDURE语句即可将同组的过程一起除去。

例如，名为orders的应用程序使用的过程可以命名为"orderproc；1""orderproc；2"等。DROP PROCEDURE orderproc语句将除去整个组。

- @parameter：过程中的参数，最多可以有2100个。
- datatype：参数的数据类型。所有数据类型（包括text、ntext和image）均可以用作存储过程的参数。
- OUTPUT：表明参数是输出参数，text、ntext和image参数可用作OUTPUT参数。使用OUTPUT关键字的输出参数还可以是游标占位符。
- n：表示最多可以指定2100个参数的占位符。
- AS：指定过程要执行的操作。
- sql_statement：过程中的Transact-SQL语句。

**2. 执行存储过程**

执行存储过程的语法如下：

```
EXECUTE <procedureName>
    [ { [<@parameter>=] <expr> } |
        { [<@parameter>=] <@variableName>[OUTPUT] }
        [, { { [<@parameter>=] <expr> } |
            { [<@parameter>=] <@variableName>[OUTPUT] } } … ] ]
```

EXECUTE的参数必须与对应的PROCEDURE的参数相匹配。

其中，

- procedureName：拟调用的存储过程名。
- @ parameter：过程参数，在CREATE PROCEDURE语句中定义。如果参数是一个变量，则参数变量前必须加上符号@。在以@parameter=value格式使用时，参数名称和常量不一定按照 CREATE PROCEDURE 语句中定义的顺序出现。但是，如果有一个参数使用@parameter＝value 格式，则其他所有参数都必须使用这种格式。

- OUTPUT：指定存储过程必须返回一个参数。使用 OUTPUT 参数，目的是在调用批处理或过程的其他语句中使用其返回值，参数值必须作为变量传递。在执行过程之前，必须声明变量的数据类型并赋值。返回参数可以是 text 或 image 数据类型之外的任意数据类型。

**3. 重命名存储过程**

重命名存储过程的语法如下：

```
Sp_rename 'procedure_name1','procedure_name2'
```

**4. 修改存储过程**

修改存储过程的语法如下：

```
ALTER PROCEDURE procedure_name [; number] [{@parameter datatype}
    [OUTPUT] ] [,…n]
AS
    sql_statement [, …n]
```

**5. 删除存储过程**

删除存储过程的语法如下：

```
DROP PROCEDURE procedure_name
```

### 5.1.3　触发器

触发器是一种特殊的存储过程，当 INSERT、DELETE 或 UPDATE 语句修改指定表的一行或多行时，自动执行触发器。

(1) 在触发器的使用中，系统会自动产生两张临时表 Deleted 和 Inserted。用户不能直接修改这两个表的内容。

① Deleted 表：存储在执行 DELETE 和 UPDATE 语句时所影响的行的副本，在 DELETE 和 UPDATE 语句执行前被作用的行转移到 Deleted 表中。

② Inserted 表：存储在执行 INSTERT 和 UPDATE 语句时所影响的行的副本，在 INSERT 和 UPDATE 语句执行期间，新行被同时加到 Inserted 表和触发器表中。实际上 UPDATE 命令是删除后紧跟着插入，旧行首先复制到 Deleted 表中，新行同时复制到 Inserted 表和触发器表中。

(2) 触发器仅在当前数据库中生成，触发器有 3 种类型，即插入、删除和更新。

① INSERT 类型的触发器：当对指定的 TableName 表执行了插入操作时系统自动执行触发器代码。

② UPDATE 类型的触发器：当对指定的 TableName 表执行了更新操作时系统自动执行触发器代码。

③ DELETE 类型的触发器：当对指定的 TableName 表执行了删除操作时系统自动执行触发器代码。

(3) 在触发器内不能使用如下的 SQL 命令：

① 所有数据库对象的生成命令，如 CREATE TABLE、CREATE INDEX 等。

② 所有数据库对象的结构修改命令，如 ALTER TABLE、ALTER DATABASE 等。

③ 创建临时保存表的命令。

④ 所有 DROP 命令。

⑤ GRANT 和 REVOKE 命令。

⑥ TRUNCATE TABLE 命令。

⑦ LOAD DATABASE 和 LOAD TRANSACTION 命令。

⑧ RECONFIGURE 命令。

**1. 创建触发器**

创建触发器的语法如下：

```
CREATE TRIGGER trigger_name
ON table_name
FOR <INSERT | UPDATE | DELETE>
AS
    sql_statement
```

**2. 删除触发器**

删除触发器的语法如下：

```
DROP TRIGGER trigger_name
```

**3. 修改触发器**

修改触发器的语法如下：

```
ALTER TRIGGER triggername ON table_name
FOR <INSERT | UPDATE | DELETE>
AS
    sql_statement
```

## 5.2 实验十二：游标与存储过程

### 5.2.1 实验目的与要求

(1) 掌握游标的定义和使用方法。

(2) 掌握存储过程的定义、执行和调用方法。

(3) 掌握游标和存储过程的综合应用方法。

### 5.2.2 实验案例

下面以简单实例介绍游标的具体用法。

【例 5.1】 利用游标查询业务科员工的编号、姓名、性别、部门和薪水，并逐行显示游标中的信息。

SQL 语句如下：

```
DECLARE cur_emp SCROLL CURSOR FOR
    SELECT employeeNo, employeeName, sex, department, salary
    FROM Employee
    WHERE department='业务科'
    ORDER BY employeeNo                              /*定义游标*/
OPEN cur_emp                                         /*打开游标*/
SELECT 'CURSOR内数据条数'=@@cursor_rows              /*显示游标内记录的个数*/
FETCH NEXT FROM cur_emp                              /*逐行提取游标中的记录*/
WHILE (@@FETCH_status<>-1)                           /*判断FETCH语句是否执行成功*/
BEGIN
    SELECT 'cursor读取状态'=@@FETCH_status           /*显示游标的读取状态*/
    FETCH NEXT FROM cur_emp                          /*提取游标下一行信息*/
END
CLOSE cur_emp                                        /*关闭游标*/
DEALLOCATE cur_emp                                   /*释放游标*/
```

本例中,@@cursor_rows是返回最后打开的游标中当前存在的合格行的数量。具体参数信息如表5-1所示。

表5-1　@@cursor_rows参数返回值的含义

| 返回值 | 含　义 |
|---|---|
| -m | 游标被异步填充。返回值(-m)是键集中当前的行数 |
| -1 | 游标为动态。因为动态游标可反映所有更改,所以符合游标的行数不断变化。因而永远不能确定地说所有符合条件的行均已检索到 |
| 0 | 没有被打开的游标,没有符合最后打开的游标的行,或最后打开的游标已被关闭或被释放 |
| n | 游标已完全填充。返回值(n)是在游标中的总行数 |

@@FETCH_status是返回被FETCH语句执行的游标的状态。具体参数如表5-2所示。

表5-2　@@FETCH_status参数返回值的含义

| 返回值 | 含　义 |
|---|---|
| 0 | FETCH语句成功 |
| −1 | FETCH语句失败或此行不在结果集中 |
| −2 | 被提取的行不存在 |

【例5.2】　利用游标查询业务科员工的编号、姓名、性别、部门和薪水,并以格式化的方式输出游标中的信息。

SQL语句如下:

```
DECLARE @emp_no char(8), @emp_name char(10), @sex char(1), @dept char(4)
DECLARE @salary numeric(8,2),@text char(100)    /*用户自定义的几个变量*/
DECLARE emp_cur SCROLL CURSOR FOR
    SELECT employeeNo, employeeName, sex, department, salary
```

```
    FROM Employee
    WHERE department='业务科'
    ORDER BY employeeNo                          /*定义游标*/
SELECT @text='========业务科员工情况列表==========='
PRINT @text
SELECT @text=' 编号 姓名 性别 部门 薪水'
PRINT @text
SELECT @text='-----------------------------------'
PRINT @text                                 /*按照用户要求格式化输出相关信息*/
OPEN emp_cur                                     /*打开游标*/
FETCH emp_cur INTO @emp_no, @emp_name, @sex, @dept, @salary
/*提取游标中的信息传递并分别给内存变量 */
WHILE (@@FETCH_status=0)                         /*判断是否提取成功*/
BEGIN
    SELECT @text=@emp_no+' '+@emp_name+' '+@sex+' '+
        @dept+' '+convert(char(10), @salary)     /*给@text赋字符串值*/
    PRINT @text                                  /*打印字符串值*/
    /*提取游标中的信息传递并分别给内存变量 */
    FETCH emp_cur into @emp_no, @emp_name, @sex, @dept, @salary
END
CLOSE emp_cur                                    /*关闭游标*/
DEALLOCATE emp_cur                               /*释放游标*/
```

运行结果如图5-1所示。

```
========业务科员工情况列表===========
 编号      姓名      性别  部门  薪水
-----------------------------------
E2020002 张小梅     F    业务 2400.00
E2020003 张小娟     F    业务 2600.00
E2020004 张露       F    业务 5100.00
E2020005 张小东     M    业务 1800.00
E2021002 韩梅       F    业务 2600.00
E2021003 刘风       F    业务 2500.00
E2022002 张良       M    业务 2700.00
E2022003 黄梅莹     F    业务 3100.00
E2022004 李虹冰     F    业务 3400.00
```

图5-1 例5.2的运行结果

本例中,主要结合SELECT和PRINT命令将创建游标后逐行提取游标的信息以格式化的方式输出,这就提高了脚本的可读性。

【例5.3】 不带参数的存储过程:利用存储过程计算出业务员E2020002的销售总金额。

① 创建存储过程,SQL语句如下:

```
CREATE PROCEDURE sales_tot1
AS
    SELECT sum(orderSum)
    FROM OrderMaster
    WHERE salerNo='E2020002'
```

② 执行存储过程,SQL语句如下:

```
EXEC sales_tot1
```

上述操作能够统计业务员 E2020002 的销售业绩,但执行此存储过程不能统计任一业务员的销售业绩。

【例 5.4】 带输入参数的存储过程：统计某业务员的销售总金额。

① 创建存储过程,SQL 语句如下：

```
CREATE PROCEDURE sales_tot2 @e_no char(8)
AS
    SELECT sum(orderSum)
    FROM OrderMaster
    WHERE salerNo=@e_no
```

② 执行存储过程,SQL 语句如下：

```
EXEC sales_tot2 'E2020003'
```

注：程序中使用@符号表示用一个变量来指定参数名称,且每个过程的参数仅用于该过程本身。

上述操作只要在执行存储过程时添加输入参数(即被统计的业务员的编号)就能统计任一业务员的销售业绩。但任一业务员的销售总金额如何被其他用户/程序方便调用呢?

【例 5.5】 带输入/输出参数的存储过程：统计某业务员的销售总金额并返回其结果。

① 创建存储过程,SQL 语句如下：

```
CREATE PROCEDURE sales_tot3 @E_no char(8), @p_tot int OUTPUT
AS
    SELECT @p_tot=sum(orderSum)
    FROM OrderMaster
    WHERE salerNo=@E_no
```

② 执行存储过程,SQL 语句如下：

```
DECLARE @tot_amt int
EXEC sales_tot3 'E2020003', @tot_amt OUTPUT
SELECT 销售总额=@tot_amt
```

上述操作可以统计任一员工的销售业绩并能实现对其结果的调用。

【例 5.6】 带通配符参数的存储过程(模糊查找)：统计所有姓陈的员工的销售业绩并输出他们的姓名和所在部门。

① 创建存储过程,SQL 语句如下：

```
CREATE PROCEDURE emp_name @E_name varchar(10)
AS
    SELECT a.EmployeeName, a.department, ssum
    FROM Employee a, ( SELECT SalerNo, ssum=sum(OrderSum)
        FROM OrderMaster
        GROUP BY SalerNo) b
    WHERE a.EmployeeNo=b.SalerNo AND a.EmployeeName LIKE @E_name
```

② 执行存储过程，SQL 语句如下：

```
EXEC emp_name @E_name='陈%'
```

【例 5.7】 重命名存储过程：将存储过程 sales_tot2 改名为 sale_tot。

SQL 语句如下：

```
Sp_rename 'sales_tot2', 'sale_tot'
```

【例 5.8】 删除存储过程：将存储过程 sale_tot 删除。

SQL 语句如下：

```
DROP PROCEDURE sale_tot
```

【例 5.9】 游标和存储过程的综合应用：请使用游标和循环语句编写一个存储过程 emp_tot，根据业务员姓名，查询该业务员在销售工作中的客户信息及每一个客户的销售记录，并输出该业务员的销售总金额。

① 创建存储过程，SQL 语句如下：

```
CREATE PROCEDURE emp_tot @v_emp_name char(10)
AS
BEGIN
    DECLARE @sv_emp_name varchar(10), @v_custname varchar(10), @p_tot int
    DECLARE @sum int, @count int, @order_no varchar(10)
    SELECT @sum=0, @count=0
    DECLARE get_tot CURSOR FOR
        SELECT EmployeeName, CustomerNo, b.OrderNo, OrderSum
        FROM Employee a, OrderMaster b
        WHERE a.EmployeeName=@v_emp_name AND a.EmployeeNo=b.SalerNo
    OPEN get_tot
    FETCH get_tot INTO @sv_emp_name, @v_custname, @order_no, @p_tot
    WHILE (@@FETCH_status=0)
    BEGIN
        SELECT 业务员=@sv_emp_name,客户=@v_custname,
               订单编号=@order_no,订单金额=@p_tot
        SELECT @sum=@sum+@p_tot
        SELECT @count=@count+1
        FETCH get_tot INTO @sv_emp_name, @v_custname, @order_no, @p_tot
    END
    CLOSE get_tot
    DEALLOCATE get_tot
    IF @count=0
        SELECT 0
    ELSE
        SELECT 业务员销售总金额=@sum
END
GO
```

② 执行存储过程，SQL 语句如下：

```
EXEC emp_tot  '张小娟'
```

本例中，先创建一个游标，用于临时存储业务员的基本销售信息，包括业务员姓名、客户编号、订单编号、订单销售金额；再利用游标逐行提取的功能，提取游标中的每一条记录，同时输出这些信息；最后统计其相应订单金额的总额，并输出订单总额。

### 5.2.3 实验内容

在订单数据库 OrderDB 中请完成以下实验内容：

(1) 根据订单明细表中的数据，利用游标修改 OrderMaster 表中 orderSum 的值。

(2) 创建存储过程，要求：按第 2 章员工表定义中的 CHECK 约束自动产生员工编号。该过程的输入参数为员工入职的年份，输出参数是自动生成的员工编号，该编号满足第 2 章员工表定义中的 CHECK 约束，且后 3 位流水号等于表中与入职年份相同的员工编号最大值加 1，例如输入参数为 2020，且员工表中该年度最大的编码是 E2020005，则自动产生的编号为 E20200006；如果该入职年份没有其他员工，则流水号为 001。

(3) 创建存储过程，要求将大客户(销售数量位于前 5 名的客户)中热销的前 3 种商品的销售信息按如下格式输出：

```
=============大客户中热销的前 3 种商品的销售信息===========
    商品编号          商品名称                  总销售金额
    P20200003         三星-Galaxy-A9            49381.00
    P20200001         vivo-X9                   39173.80
    P20200002         中兴 AXON 天机 7(A2017)    27891.00
```

(4) 请使用游标和循环语句创建存储过程 proSearchCustomer，输入参数为客户编号，根据客户编号查找该客户的名称、住址、总订单金额以及所有与该客户有关的商品销售信息，并按商品分组输出，制作日期为系统的当前日期，输出格式如下：

```
==================客户订单表====================
     ------------------------------------------------
     客户名称:              兴隆股份有限公司
     客户地址:              天津市
     总金额:                29986.00
     ------------------------------------------------
     商品编号              总数量            平均价格
     P20200001               4               2798.00
     P20200003               2               2599.00
     P20200005               4               3399.00
     ------------------------------------------------
     报表制作人           张小娟         制作日期 2022-07-08
```

(5) 请利用游标嵌套和循环语句创建存储过程 proInvoice，输入参数有两个，一个是订单的开始时间，一个是订单的结束时间，要求根据输入的时间范围，输出每个订单的发票信息，包括：客户名称、订单日期、发票号码、业务员名称、订单总金额及订单明细信息等，发票打印日期取系统的当前日期，输出格式如下：

```
业务员销售时间范围为: 2020-03-01----2020-10-19

================================通用机打发票====================
```

```
-----------------------------------------------------------------
客户名称：兴隆股份有限公司      定购日期：2020-03-01     发票号码：I000000006
-----------------------------------------------------------------
商品名称                 数量                单价            金额
vivo-X9                  4                   2798.00         11192.00
TCL-D55A630U             1                   3399.00         3399.00
-----------------------------------------------------------------
商品类数:2               商品数量:5              合计:14591.00
-----------------------------------------------------------------
订单销售员：张露                              发票打印日期：2022-07-11
-----------------------------------------------------------------

==============================通用机打发票=====================
-----------------------------------------------------------------
客户名称：五一商厦                 定购日期：2020-03-02     发票号码：I000000007
-----------------------------------------------------------------
商品名称                 数量                单价            金额
vivo-X9                  2                   2798.00         5596.00
中兴 AXON 天机 7(A       1                   3099.00         3099.00
三星-Galaxy-A9           3                   2599.00         7797.00
-----------------------------------------------------------------
商品类数:3                 商品数量:6            合计:16492.00
-----------------------------------------------------------------
订单销售员：张小娟                            发票打印日期：2022-07-11
-----------------------------------------------------------------
```

## 5.3 实验十三：触发器

### 5.3.1 实验目的与要求

(1) 掌握触发器的创建和使用方法。

(2) 掌握游标和触发器的综合应用方法。

### 5.3.2 实验案例

下面介绍触发器各种常用方法。

【例 5.10】 删除触发器：编写一个允许用户一次只删除一条记录的触发器。

SQL 语句如下：

```
CREATE TRIGGER Tr_Emp ON Employee FOR DELETE AS
   /*对表 Employee 定义一个删除触发器*/
    DECLARE @row_cnt int  /*定义变量@row_cnt,用于跟踪 Deleted 表中记录的个数*/
    SELECT @Row_Cnt=Count(*) FROM Deleted
    If @row_cnt>1          /*判断 Deleted 表中记录的个数是否大于 1*/
    BEGIN
        PRINT '此删除操作可能会删除多条人事表数据!!!'
        ROLLBACK TRANSACTION      /*如果 Deleted 表中记录的个数大于 1,事务回滚*/
    END
```

分析：本例中，触发器约束了用户只能对Employee表一次删除一条记录。可以在查询分析器中验证触发器的作用效果。

验证过程如下：

```
(1) DELETE FROM Employee WHERE sex='F'
```

在(1)执行后，结果可能出现如下两种情况：

① 系统提示："外键约束冲突"错误。

② 系统提示："此删除操作可能会删除多条人事表数据!!!"。

出现第①种情况，是由于Employee表与其他表建立了外键约束关系，在删除表中元组时必须满足参照完整性约束的要求。只有删除外键约束，在执行删除操作时才能激活触发器。

出现第②种情况，是由于解除外键约束后，删除操作激活触发器，但由于删除的元组多于一个，所以出现正确系统提示信息。

为了与(1)进行比较，请仔细做下面的验证：

```
(2) DELETE FROM Employee WHERE emp_no='E2020001'
```

在(2)执行后，结果可能出现如下两种情况：

① 系统提示："外键约束冲突"错误。

② 能删除员工E2020001的信息。

【例5.11】 更新触发器：请使用游标和循环语句为OrderDetail表创建一个更新触发器updateorderdetail，要求当用户修改订单明细表中某个商品的数量或单价时，自动修改订单主表中的订单金额。

程序如下：

```
CREATE TRIGGER updateorderdetail ON OrderDetail FOR UPDATE AS
    /*对Employee表定义一个更新触发器*/
    If UPDATE(quantity) OR UPDATE(price)
                                          /*判断对指定列quantity或price的更新*/
    BEGIN
        /*定义两个内存变量用于跟踪游标中订单编号和商品编号的值*/
        DECLARE @orderno int, @productno char(5)
        /* 把Deleted表的数据信息存入到一个游标结果集中*/
        DECLARE cur_orderdetail CURSOR FOR
            SELECT orderno, productno FROM Deleted
        OPEN cur_orderdetail                /*打开游标*/
        BEGIN TRANSACTION                   /*事务开始*/
            /*提取游标中的信息并传递给变量@orderno, @productno */
            FETCH cur_orderdetail INTO @orderno, @productno
            WHILE(@@fetch_status=0)     /*判断是否提取成功*/
            BEGIN
                /*修改ordermaster中订单金额的值*/
                UPDATE ordermaster
                SET ordersum = ordersum - D.quantity * D.price + I.quantity *
                I.price
                FROM Inserted I, Deleted D
```

```
            WHERE OrderMaster.orderNo=I.orderNo AND I.orderNo=D.orderNo
                AND OrderMaster.orderNo=@orderno
                AND I.productNo=D.productNo
                AND I.productNo=@productno
            /*提取游标中的信息并传递给变量@orderno, @productno */
            FETCH cur_orderdetail INTO @orderno,@productno
        END
    COMMIT TRAN                                 /*事务提交*/
    CLOSE cur_orderdetail                       /*关闭游标*/
    DEALLOCATE cur_orderdetail                  /*释放游标*/
END
```

本例中,Deleted 和 Inserted 表的结构与 OrderDetail 表的结构相同。如果用户修改了销售明细表中某个货品的数量或单价时,Deleted 表记载了更新前信息,Inserted 表记载了更新后信息,本例利用这两张表结合游标将正确的订单金额修改到订单主表中。用户同样可以用 UPDATE 命令修改 OrderDetail 表从而验证触发器的作用。

【例 5.12】 插入触发器:当用户向 Employee 表插入数据时,触发器自动将该操作者的名称和操作时间记录在一张表内,以便追踪。

分析:解决这个问题可以分如下 3 步进行。

① 创建跟踪表,SQL 语句如下:

```
CREATE TABLE TraceEmployee (
    userid char(10) NOT NULL,                                           --用户标识
    OperateDate datetime NOT NULL,                                      --操作日期
    OperateType char(10) NOT NULL,                                      --操作类型
        CONSTRAINT traceemployeepk PRIMARY KEY(userid, OperateDate)
                                                                        --定义主键
)
/*user 常量是 SQL-Server 中当前登录的用户标识*/
```

② 创建触发器,SQL 语句如下:

```
/*Employee 对表定义一个更新触发器*/
CREATE TRIGGER emploteeInsert
ON Employee FOR INSERT
AS
    If EXIST ( SELECT * FROM Inserted )
        INSERT INTO TraceEmployee VALUES ( user, getdate(), 'INSERT' )
```

③ 验证。

用户执行如下语句后:

```
INSERT Employee VALUES('E2022030','喻人杰','M','19950415','南京市青海路',
null,'20220701', '办公室', '职员', 8000)
```

查看跟踪表就能找到操作者的相关信息。

还可以创建、删除、更新触发器以便跟踪其他用户对 Employee 表的各种操作。

由此可见,触发器常用于保证完整性,并在一定程度上实现了安全性。但如果触发器设计太多,必然增加系统管理的开销,因此凡是可以使用一般约束限制的,就不要使用触

发器。

### 5.3.3　实验内容

请完成下面实验内容。

(1) 创建触发器,该触发器仅允许 dbo 用户能删除 Customer 表内数据。

(2) 编写一个更新触发器,实现安全性控制:只有数据库拥有者(dbo)在工作时间内(周一到周五的上午 8:30—11:30,下午 2:30—5:00)才可以修改员工表中的薪水值,且一次只能修改一条记录,并将薪水修改前后的值添加到审计表中。

(3) 创建触发器,要求当修改 Employee 表中员工的出生日期或雇用日期时,必须保证出生日期在雇用日期之前,且雇用日期与出生日期之间必须间隔为 16 周年及以上。

(4) 编写一个插入触发器,实现完整性约束:当销售明细表中插入某产品的销售数据时,如果销售数量低于实际库存量,则取消产品的当次销售;否则,及时更新产品库存数量,若销售的产品数量在本次销售后库存量低于该产品最低库存量,则给出增加库存信息。

# 第6章 数据库事务处理

## 6.1 相关知识

事务是具有完整逻辑意义的数据库操作序列的集合。在SQL Server中,事务是由一系列SQL语句组成。事务必须具备原子性(atomicity)、一致性(consistency)、隔离性(isolation)和永久性(durability),合称为ACID特性。这些特性保证了一个事务的所有操作要么全部完成(执行成功),要么全部撤销(执行失败)。

例如,某个业务员完成一笔订单后需要:

① 向订单主表OrderMaster插入一条订单记录。

② 向订单明细表OrderDetail插入订单明细信息。

上述两个步骤共同完成将订单信息录入到订单主表和订单明细表中。而在实际操作中,步骤①完成后可能发生故障,使得步骤②无法完成,此时数据库出现了不一致性。因此,应将上述两个步骤定义在一个事务内,由DBMS自动保证这两个操作要么全部完成,要么都不执行。

可串行性是保证多个事务并发执行结果正确性的充分条件。然而,在进行实际数据库访问时,并不总是要求事务完全隔离。因此,DBMS需提供不同隔离级别供事务或应用程序选择。

### 6.1.1 SQL Server事务模式

SQL Server提供了3种事务模式:显式事务、隐式事务及自动定义事务。

(1) 显式事务,指由用户定义事务开始与结束的事务。它是以BEGIN TRANSACTION开始,以COMMIT TRANSACTION或ROLLBACK TRANSACTION语句结束。

(2) 隐式事务,指当前事务提交或回滚后自动启动新的事务,即不需使用BEGIN TRANSACTION启动事务,而只需提交或回滚每个事务。

(3) 自动定义事务,指当一条SQL语句成功执行后,它被自动提交,而当执行出错时,则被自动回滚。

### 6.1.2 事务定义

SQL Server提供了以下事务定义语句。

**1. 开始事务**

开始事务的语法如下：

```
BEGIN TRANSACTION [transaction_name]
```

功能：定义一个显式事务的开始。执行事务时，SQL Server 会根据系统设置的隔离级别，锁定其访问的资源直到事务结束。

**2. 提交事务**

提交事务的语法如下：

```
COMMIT TRANSACTION [transaction_name]
```

或

```
COMMIT WORK
```

功能：使事务自开始以来对数据库的所有修改永久化，标记一个事务结束。

**3. 回滚事务**

回滚事务的语法如下：

```
ROLLBACK TRANSACTION [transaction_name | checkpoint_name]
```

或

```
ROLLBACK WORK
```

功能：使事务回滚到起点或指定的保存点处，也标记一个事务结束。不带事务名称(transaction_name)和保存点名称(checkpoint_name，也称为检查点名称)的 ROLLBACK 操作是将数据库回滚到最远的 BEGIN TRANSACTION 处。

由于 ROLLBACK 是撤销事务对数据库的所有影响，这样，一旦发生故障，事务重启后会花费大量时间重做已经完成的任务。为此，可在事务内部设置检查点，将数据库回滚到指定的某一检查点。

**4. 设置检查点**

设置检查点的语法如下：

```
SAVE TRANSACTION [checkpoint_name]
```

功能：在事务内部设置检查点，以定义事务可以返回的位置。

### 6.1.3 SQL-92 隔离级别

隔离级别是一个事务必须与其他事务进行隔离的程度。隔离级别越低，并发度越高，但数据正确性程度就越低。相反，隔离级别越高、数据正确性程度越高，但并发度越低。由 ANSI/ISO 定义的 SQL-92 标准包含以下 4 种隔离级别。

(1) 未提交读(Read Uncommitted)：读脏数据，相当于(NOLOCK)。一事务可能读取被其他事务修改但未提交的数据，这是事务隔离的最低级别。

(2) 读已提交(Read Committed )：已提交读，为默认级别。一事务每次读取的数据都是已提交事务修改的数据，但并不限制其他事务修改该数据。

（3）可重复读（Repeatable Read）：相当于（HOLDLOCK）。一事务所有 SELECT 语句读取的记录都不能被修改。

（4）可串行化（Serializable）：也称可序列化。所有事务相互之间都完全隔离，这是事务隔离的最高级别。

主教材 10.1.4 节介绍了多个事务并发执行时可能导致的问题：

① 脏读（允许事务读取未提交事务修改但被撤销的数据）；

② 不可重复读（事务 T 读取相同数据多次，但读到的值不相同，即数据值被其他事务更新了）；

③ 幻像读（事务 T 第二次以相同 SELECT 语句读取数据时，发现一些新数据被加进来或一些旧数据被删除了）；

④ 丢失更新（两个事务读取了同一对象的相同数据值进行修改，后提交事务的执行结果覆盖了先提交事务的执行结果）。

SQL-92 标准定义的 4 种隔离级别可不同程度地避免上述问题，如表 6-1 所示，其中"是"表示存在相应问题，"否"表示不存在相应问题。

表 6-1 隔离级别与隔离程度保证

| 并发问题 / 隔离级别 | 脏　读 | 不可重复读取 | 幻　像　读 | 丢失更新 |
|---|---|---|---|---|
| 未提交读 | 是 | 是 | 是 | 是 |
| 提交读 | 否 | 是 | 是 | 否 |
| 可重复读 | 否 | 否 | 是 | 否 |
| 可串行读 | 否 | 否 | 否 | 否 |

### 6.1.4 SQL Server 解决方案

SQL Server 通过封锁机制支持上述 4 种隔离级别，可使用 SET TRANSACTION ISOLATION LEVEL 语句进行定义和修改，其语法如下：

```
SET TRANSACTION ISOLATION LEVEL
{ READ COMMITTED
    | READ UNCOMMITTED
    | REPEATABLE READ
    | SERIALIZABLE
}
```

其中，

- READ UNCOMMITTED：执行脏读或 0 级隔离锁定，该级别表示不发出共享锁，也不接受排他锁。当设置该选项时，可以对数据执行未提交读或脏读；在事务结束前可以更改数据内的数值，行也可以出现在数据集中或从数据集消失。该选项的作用与在事务内所有语句中的所有表上设置 NOLOCK 相同。这是 4 个隔离级别中限制最小的。

- READ COMMITTED：指定在读取数据时控制共享锁以避免脏读，但数据可在事务结束前更改，从而产生不可重复读取或幻像数据。该选项是 SQL Server 的默认值。
- REPEATABLE READ：锁定查询中使用的所有数据以防止其他用户更新数据，但是其他用户可以将新的幻像行插入数据集，且幻像行包括在当前事务的后续读取中。因为并发低于默认隔离级别，所以应只在必要时才使用该选项。
- SERIALIZABLE：在数据集上放置一个范围锁(Range Lock)，以防止其他用户在事务完成之前更新数据集或将行插入数据集内。这是 4 个隔离级别中限制最大的。因为并发级别较低，所以只在必要时才使用该选项。该选项的作用与在事务内所有 SELECT 语句中的所有表上设置 HOLDLOCK 相同。

注意：

(1) 一次只能设置这些选项中的一个，而且设置的选项将一直对那个连接保持有效，直到显式地更改该选项为止。这是默认行为，除非在语句的 FROM 子句中在表级上指定优化选项。

(2) SET TRANSACTION ISOLATION LEVEL 的设置是在执行或运行时进行，而不是在分析时进行。

(3) 查看当前会话的隔离级别：使用命令 DBCC USEROPTIONS。

隔离级别的设置有两个，一是会话级别(会话内的所有操作都必须满足的隔离级别)，二是表级别(只针对某张表必须满足的隔离级别)。

设置会话级别的隔离语法如下：

```
SET TRANSACTION ISOLATION LEVEL <ISOLATION NAME>
```

设置表级别的隔离语法如下：

```
SELECT …FROM <TABLE>WITH (<ISOLATION NAME>)
```

### 6.1.5 隔离级别操作案例

【例 6.1】 读脏数据 READ UNCOMMITTED。

该级别读操作不申请任何锁，可读取未提交的修改数据，即允许读脏数据且读操作不影响写操作请求排他锁。为了便于理解，我们需要使用两个会话，即新建两个查询，这里新建的两个会话，一个是会话 52(事务 T1 运行环境)，另一个是会话 53(事务 T2 运行环境)。

在会话 53 中执行如下命令：

```
INSERT INTO ProductClass VALUES('006','冰箱'),('007','空调')
```

该命令对商品类别表一次添加了两条记录。

然后执行下面的命令：

```
BEGIN TRANSACTION
```

```
UPDATE ProductClass
SET className='冰箱 1'
WHERE classNo='006'

SELECT * FROM ProductClass
WHERE classNo='006'
```

运行结果如图 6-1 所示。

SQLQuery2.sql -...OrderDB (sa (53))* SQLQuery1.sql -...(sa (52)) 正在执行...*

```
BEGIN TRANSACTION
UPDATE ProductClass
SET className='冰箱1'
WHERE classNo='006'

SELECT * FROM ProductClass
WHERE classNo='006'
```

100 %

结果 消息

| | classNo | className |
|---|---|---|
| 1 | 006 | 冰箱1 |

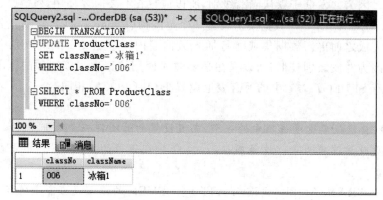

图 6-1　例 6.1 的运行结果 1

在会话 52 中，输入如下命令：

```
SELECT * FROM ProductClass
WHERE classNo='006'
```

运行结果如图 6-2 所示。

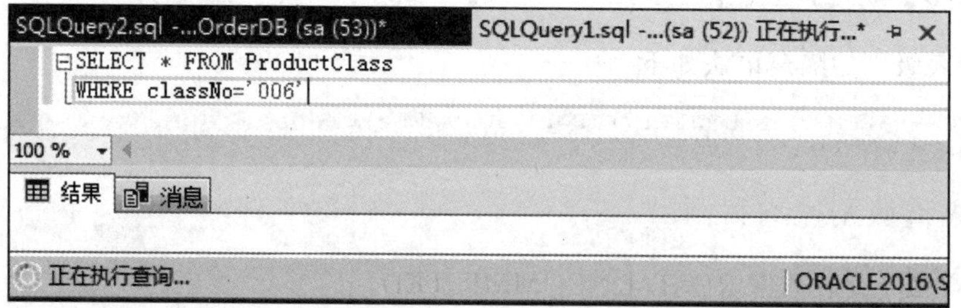


图 6-2　例 6.1 的运行结果 2

由于系统默认的隔离级别是 READ COMMITTED，因为更新操作使用了排他锁，所以查询一直在等待锁释放。

在会话 52 中，将查询的隔离级别设置为 READ UNCOMMITTED 表示允许未提交读，读操作之前不请求共享锁。

输入如下命令：

```
SET TRANSACTION ISOLATION LEVEL READ UNCOMMITTED
SELECT * FROM ProductClass
WHERE classNo='006'
```

```
--或者使用表隔离,效果一样
SELECT * FROM ProductClass WITH (NOLOCK)
WHERE classNo='006'
```

运行结果如图 6-3 所示。

在会话 53 中输入命令并运行:

```
ROLLBACK TRANSACTION
```

然后输入并运行:

```
SELECT * FROM ProductClass
WHERE classNo='006'
```

此时会话 53 读到的是回滚前的数据“冰箱”,这样会话 52 读到的“冰箱 1”是一个脏数据。

【例 6.2】 读提交(默认状态)READ COMMITTED。

该隔离级别在读操作之前首先申请并获得共享锁,允许其他读操作读取该锁定的数据,但写操作必须等待锁释放,一般读操作读取完就会立刻释放共享锁。

在会话 53 中输入:

```
BEGIN TRANSACTION
UPDATE ProductClass
SET className='冰箱 2'
WHERE classNo='006'
SELECT * FROM ProductClass
WHERE classNo='006'
```

结果如图 6-4 所示。

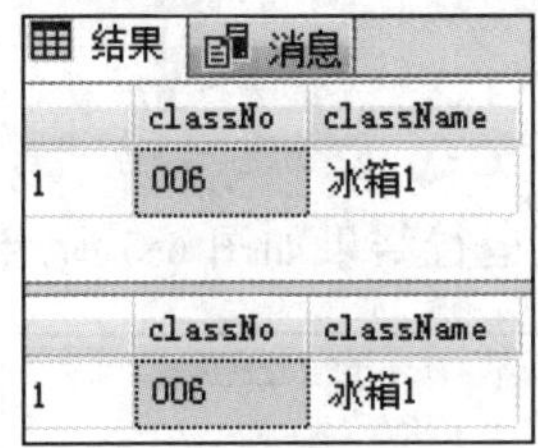

结果 消息

| | classNo | className |
|---|---|---|
| 1 | 006 | 冰箱1 |

| | classNo | className |
|---|---|---|
| 1 | 006 | 冰箱1 |

图 6-3 例 6.1 的运行结果 3

| | classNo | className |
|---|---|---|
| 1 | 006 | 冰箱2 |

图 6-4 例 6.2 的运行结果

此时会话 53 的排他锁锁住了产品分类表中编号为 006 的记录。

在会话 52 中执行下面的查询,将隔离级别设置为 READ COMMITTED。

注意:由于 READ COMMITTED 需要申请共享锁,而锁与会话 53 的排他锁产生冲突,会话被堵塞,系统一直在等待会话 53 释放排他锁才会有结果,运行结果如图 6-2 所示。

```
SET TRANSACTION ISOLATION LEVEL READ COMMITTED
SELECT * FROM ProductClass
WHERE classNo='006'
```

在会话53中执行如下命令：

```
COMMIT TRANSACTION
```

由于会话53事务提交，释放了006的排他锁，此时会话52申请共享锁成功，查到006的名称为修改后的“冰箱2”，由于是已提交读隔离级别，所以不会读脏数据。

在会话53中，将数据修改为原先的数据：

```
BEGIN TRANSACTION
UPDATE ProductClass
SET className='冰箱'
WHERE classNo='006'
```

在会话52中再一次执行查询操作：

```
SELECT * FROM ProductClass
WHERE classNo='006'
```

得到的结果为“冰箱”。在同一个事务内，会话52两次读的结果不一样。

注意：由于READ COMMITTED读操作一完成就立即释放共享锁，读操作不会在一个事务过程中保持共享锁，也就是说在一个事务的两个查询过程之间有另一个会话对数据资源进行了更改，会导致一个事务的两次查询得到的结果不一致，该级别不能解决可重复读的问题。

【例6.3】 可重复读REPEATABLE READ。

保证在一个事务中的两个读操作之间，其他的事务不能修改当前事务读取的数据，该级别事务获取数据前必须先获得共享锁同时获得的共享锁一直保持至事务完成。

在会话53中将会话级别设置为REPEATABLE READ，并执行查询命令：

```
SET TRANSACTION ISOLATION LEVEL REPEATABLE READ
BEGIN TRANSACTION
SELECT * FROM ProductClass
WHERE classNo='006'
```

在会话52中修改分类号006的名称为“冰箱3”，运行结果如图6-5所示。

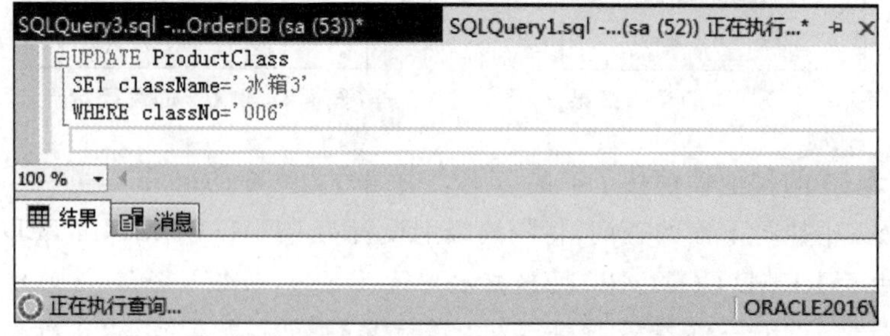


图6-5 例6.3的运行结果

由于会话53的隔离级别REPEATABLE READ申请的共享锁一直要保持到事务结束，所以会话52无法获取排他锁，处于等待状态。

在会话53中执行下面语句，然后提交事务：

```
SELECT * FROM ProductClass
WHERE classNo='006'
COMMIT TRANSACTION
```

在会话 53 中，两次读的数据一样，解决了不可重复读的问题，之后会话 52 也获得排他锁并执行更新操作。

【例 6.4】 可序列化 SERIALIZABLE。

REPEATABLE READ 能保证事务可重复读，但不能解决幻像读的问题，即如果其他事务执行了插入和删除操作，会导致按相同的条件第 2 次读出来的数据增多或减少的现象。为了避免幻像读，需要将隔离级别设置为 SERIALIZABLE。下面通过对比分析来理解可序列化。

在会话 53 中执行查询操作（如图 6-6 所示），先测试隔离级别为 REPEATABLE READ。

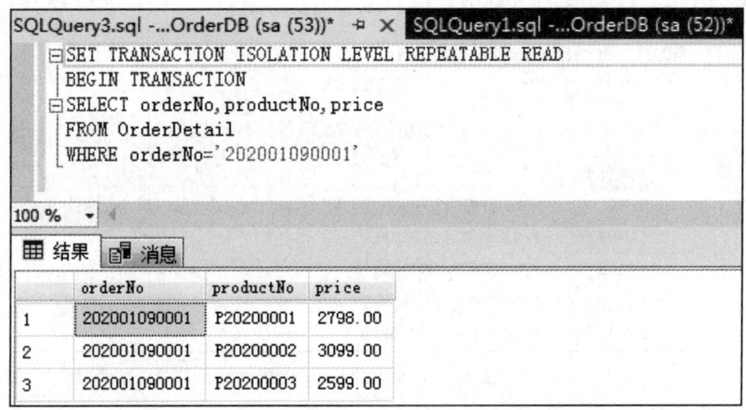


图 6-6　例 6.4 的运行结果 1

在会话 52 中执行插入操作：

```
insert OrderDetail values('202001090001','P20210003',5 , 1599.00)
```

返回会话 53 重新执行查询操作并提交事务，结果如图 6-7 所示。

结果会话 53 中第二次查询到的数据包含了会话 52 新插入的数据，两次查询结果不一致（验证了之前的隔离级别不能解决幻像读的问题）。

在会话 53 中执行查询操作，并将事务隔离级别设置为 SERIALIZABLE，运行结果如图 6-8 所示。

在会话 52 中执行插入操作：

```
INSERT OrderDetail values('202001090001','P20210003',5 , 1599.00)
```

由于会话 53 将表的共享锁一直持有，因此会话 52 得不到排他锁，会话 52 只能一直等待直到会话 53 释放了共享锁才可以执行这条插入语句，这就保证了会话 53 不会出现幻像读的问题。

返回会话 53，重新执行查询操作并提交事务，运行结果如图 6-9 所示。

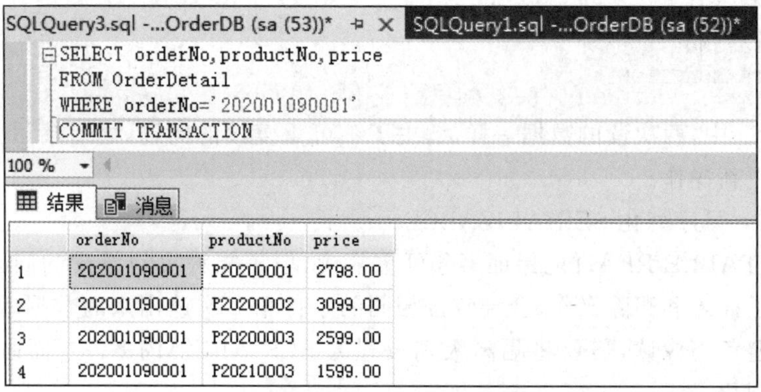

SQLQuery3.sql -...OrderDB (sa (53))* SQLQuery1.sql -...OrderDB (sa (52))*

```sql
SELECT orderNo,productNo,price
FROM OrderDetail
WHERE orderNo='202001090001'
COMMIT TRANSACTION
```

100 %

结果 消息

| | orderNo | productNo | price |
|---|---|---|---|
| 1 | 202001090001 | P20200001 | 2798.00 |
| 2 | 202001090001 | P20200002 | 3099.00 |
| 3 | 202001090001 | P20200003 | 2599.00 |
| 4 | 202001090001 | P20210003 | 1599.00 |

图 6-7　例 6.4 的运行结果 2

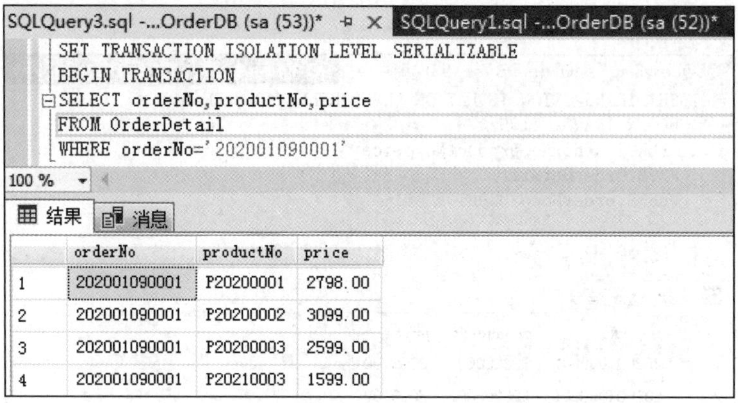

SQLQuery3.sql -...OrderDB (sa (53))* SQLQuery1.sql -...OrderDB (sa (52))*

```sql
SET TRANSACTION ISOLATION LEVEL SERIALIZABLE
BEGIN TRANSACTION
SELECT orderNo,productNo,price
FROM OrderDetail
WHERE orderNo='202001090001'
```

100 %

结果 消息

| | orderNo | productNo | price |
|---|---|---|---|
| 1 | 202001090001 | P20200001 | 2798.00 |
| 2 | 202001090001 | P20200002 | 3099.00 |
| 3 | 202001090001 | P20200003 | 2599.00 |
| 4 | 202001090001 | P20210003 | 1599.00 |

图 6-8　例 6.4 的运行结果 3

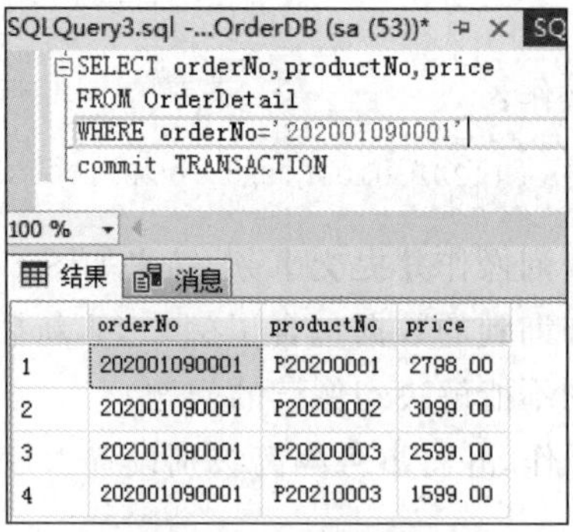

SQLQuery3.sql -...OrderDB (sa (53))* SQ

```sql
SELECT orderNo,productNo,price
FROM OrderDetail
WHERE orderNo='202001090001'
commit TRANSACTION
```

100 %

结果 消息

| | orderNo | productNo | price |
|---|---|---|---|
| 1 | 202001090001 | P20200001 | 2798.00 |
| 2 | 202001090001 | P20200002 | 3099.00 |
| 3 | 202001090001 | P20200003 | 2599.00 |
| 4 | 202001090001 | P20210003 | 1599.00 |

图 6-9　例 6.4 的运行结果 4

通过上面 4 个实验，我们可以更清晰地理解二阶段封锁协议的含义，二阶段封锁协议解决了并发调度的可串行化和丢失更新的问题，但没有解决脏读和不可重复读的问题，要解决这两个问题，必须升级二阶段封锁协议。READ COMMITTED 达到了严格二阶段封锁协议，解决了脏读的问题，但没有解决可重复读的问题；REPEATABLE READ 和 SERIALIZABLE 达到了强两阶段封锁协议，只是前者没有解决幻像读而后者解决了幻像读的问题。从并发效率上来讲，越是高级别的隔离级别，其并发度就越低，因此 SQL

Sever 默认的隔离级别是 READ COMMITTED,保证不读脏数据,同时尽可能提高并发度。REPEATABLE READ 和 SERIALIZABLE 这两个级别可视具体的应用需求来设置,一般在做大型或关键的统计报表的时候可临时设置为这两种的隔离级别。

从上面的案例分析可知,有 4 个隔离级别,且 READ UNCOMMITTED＜READ COMMITTED＜REPEATABLE READ＜SERIALIZABLE。隔离级别越高,读操作请求的锁定就越严格,锁的持有时间就越长久,所以隔离级别越高,一致性就越高,并发性也就越低,同时系统性能也相对影响越大。

特别注意：当业务处理完毕,必须将隔离级别设置回 READ COMMITTED 级别,以提高并发度。

SQL Server 还提供了快照级别的隔离级别,在快照隔离级别下读操作不需要申请获得共享锁,即便是数据已经存在排他锁也不影响读操作,且可得到与 SERIALIZABLE 和 READ COMMITTED 隔离级别类似的一致性;如果目前版本与预期的版本不一致,读操作可以从 TEMPDB 数据库中获取预期的版本。

快照的隔离级别有如下两种。

(1) SNAPSHOT：隔离级别在逻辑上与 SERIALIZABLE 类似。

(2) READ COMMITTED SNAPSHOT：隔离级别在逻辑上与 READ COMMITTED 类似,可把事务已经提交的行的上一版本保存在 TEMPDB 数据库中。

快照隔离级别的案例请参考网址：

```
https://www.cnblogs.com/chenmh/p/3998614.html
```

如果启用了任何一种基于快照的隔离级别,DELETE 和 UPDATE 语句在做出修改前都会把旧行的数据复制到 TEMPDB 数据库中,而 INSERT 语句不需要在 TEMPDB 数据库中进行版本控制,因为它没有旧行数据。无论启用哪种基于快照的隔离级别都会对更新和删除操作带来性能的负面影响,但有利于提高读操作的性能(因为读操作不需要获取共享锁)。

## 6.2　实验十四：事务处理

### 6.2.1　实验目的与要求

(1) 加深对事务概念及属性理解,尤其对事务提交、回滚概念及隔离级别的认识。

(2) 掌握 SQL Server 事务定义方法。

(3) 学会使用保存点机制设置回滚点。

(4) 学会设置事务的隔离级别。

### 6.2.2　实验案例

假设某客户要求在一订单上追加购买一种商品,这时需分别在订单主表和订单明细表上更新相关信息,故可定义为一个事务来完成。

**【例 6.5】**　假设某客户要求在订单 202001090002 上追加购买商品 P20210004 两件,

请定义一个事务 insertorder1 完成数据库更新。

SQL 语句如下：

```
BEGIN TRANSACTION insertorder1 /*事务开始*/
INSERT INTO OrderDetail VALUES ('202001090002', 'P20210004', 2, 500.00)
/* 向 OrderDetail 表插入一条新记录 */
IF @@error!=0
/*@@error 是全局变量,用于测试 SQL 命令执行的情况,若不为 0 则表示执行失败。*/
BEGIN
    PRINT '插入操作错误!'
    RETURN
END
UPDATE OrderMaster
SET orderSum =orderSum +quantity*price
FROM OrderMaster a, (SELECT orderNo, quantity, price
    FROM orderDetail
    WHERE orderNo ='202001090002' AND productNo='P20210004') b
WHERE a.orderNo='202001090002' AND b.orderNo=a.orderNo
/*更新 OrderMaster 表中 orderSum 的值 */
IF @@error!=0
BEGIN
    ROLLBACK TRANSACTION insertorder1                    /*事务回滚*/
    PRINT '更新操作错误!'
    RETURN
END
COMMIT TRANSACTION insertorder1                          /*事务提交*/
```

本例要求客户购买的商品信息既要在订单明细表中添加记录，又要修改该订单在订单主表上订单总金额，这两件事要么都做，要么都不做。

【例 6.6】 假设某客户要求在订单 202002190002 上追加购买 P20210003 商品 1 件，请定义一个事务 insertorder2 完成数据库更新。要求订单明细表更新成功后设置一保存点 before_insert_chk。

SQL 语句如下：

```
BEGIN TRANSACTION insertorder2
INSERT INTO orderDetail VALUES('202002190002', 'P20210003', 1, 900.00)
IF @@error!=0
BEGIN
    PRINT '插入操作错误!'
    RETURN
END
SAVE TRANSACTION before_insert_chk
/*设置一个保存点,保存点命名为 before_insert_chk */
UPDATE OrderMaster
SET orderSum =orderSum +quantity*price
FROM OrderMaster a, (SELECT orderNo, quantity, price
    FROM orderDetail
    WHERE orderNo ='202002190002' AND productNo='P20210003') b
WHERE a.orderNo='202002190002' AND b.orderNo=a.orderNo
/*更新 OrderMaster 表中 orderSum 的值 */
```

```
IF @@error!=0
BEGIN
    ROLLBACK TRANSACTION before_insert_chk
    /*事务回滚到保存点 before_insert_chk */
    COMMIT TRANSACTION insertorder2                    /*事务提交*/
    PRINT '更新操作错误!'
    RETURN
END
COMMIT TRANSACTION insertorder2                        /*事务提交*/
```

本例中,由于在订单明细表操作后设置了一个检查点 before_insert_chk,这样即使操作订单主表时发生了错误,事务对订单明细表的操作还是有效的。

**【例 6.7】** 将一会话中所有数据库访问的隔离级别设置为可重复读 REPEATABLE READ,即对会话中每条 Transact-SQL 语句,SQL Server 将所有共享锁一直控制到事务结束为止。

SQL 语句如下:

```
SET TRANSACTION ISOLATION LEVEL REPEATABLE READ
GO
BEGIN TRANSACTION
SELECT * FROM Employee
SELECT * FROM Ordermaster
⋮
COMMIT TRANSACTION
```

### 6.2.3 实验内容

请在 OrderDB 数据库中完成下面实验内容。

(1) 一个新客户在 2022 年 8 月 16 日下了一张订单,新客户享受订单金额 2%的优惠,订单包含 P20210003 商品三件和 P20210002 商品两件。请定义两个事务,一个事务处理新客户的注册,一个事务处理订单,没有给出的数据请自定义。

(2) 业务员 E2020003 因故离职,要求删除该业务员在数据库中的全部信息。请定义一事务完成数据库更新任务。

(3) 设有事务 $T_1$ 和 $T_2$,其中 $T_1$ 负责查询 Employee 表中员工的平均薪水($T_1$ 包含多条相同查询语句),$T_2$ 负责往 Employee 表中插入新的员工信息($T_2$ 包含多条新员工信息插入语句)。编写事务 $T_1$ 和 $T_2$ 且让它们并发执行。试对不同隔离级别得到的执行效果进行分析。

# 第7章 数据库设计

## 7.1 相关知识

数据库设计是根据各种应用处理的要求、硬件环境及操作系统的特性，将现实世界中的数据进行合理组织，并利用已有的数据库管理系统(DBMS)来建立数据库系统的过程。数据库设计过程通常可分为如下6个步骤。

(1) 需求分析：分析要处理的数据及数据处理原则和约束，形成需求分析说明书。

(2) 概念设计：根据需求分析得到结果，建立反映现实的概念数据模型。对于E-R模型，就是设计出各种实体及其联系，形成完整的E-R图。

(3) 逻辑设计：将概念模型转化为数据库管理系统(如SQL Server 2019)能处理的数据模型。

(4) 模式求精：运用关系数据理论，对得到的关系模式进行分析，找出潜在的问题并加以改进和优化。

(5) 物理设计：对给定的数据模型选择一个最合适应用环境的物理结构，包括确定数据的存放位置、存储参数的配置、索引建立等。

(6) 应用与安全设计：定义数据库角色和用户，并为其授予不同权限以保证数据库的安全性。

得到上述设计结果后，就可进入数据库实施阶段。在SQL Server 2019中，此阶段的任务是对得到的设计结果写成数据库脚本，并利用SQL Server的SSMS集成环境将数据录入到数据库中去。脚本主要包括以下部分：

(1) 创建数据库。

(2) 创建表。

(3) 创建索引。

(4) 创建视图。

(5) 创建角色及用户。

(6) 数据库授权。

(7) 创建存储过程及游标。

(8) 创建触发器。

上述各步骤所使用的SQL语句已在前面各章介绍，本章不再赘述。

# 7.2　实验十五：数据库模式脚本设计

## 7.2.1　实验目的与要求

(1) 掌握将数据库设计结果转化为数据库脚本的方法。

(2) 熟练使用 DDL 语句建立数据库、表以及定义完整性约束。

(3) 熟练使用 DML 语句进行数据库查询、插入、删除和更新。

(4) 熟练使用 DCL 语句创建角色、用户及数据库授权。

(5) 熟练利用存储过程和游标存取数据库中的数据。

(6) 熟练利用触发器实现数据库自动操作。

## 7.2.2　实验案例

这里以主教材 6.3 节得到的关系表为例，设计数据库脚本。具体要求如下：

(1) 在 d:\sqlwork 路径下创建 BookStoreDB 数据库。

(2) 创建登录用户 u1。

(3) 创建 6.3 节中的全部关系表并往每个表中插入少量数据。

(4) 将全部表的所有权限授予 u1。

(5) 创建存储过程如下。

① 查找购书金额前 20 名的会员编号、姓名及总金额。

② 查询每类图书当月热销图书排行前 10 名。

③ 录入出版社信息。

④ 查询 2007 年出版的计算机方面的书籍。

(6) 创建触发器过程如下。

① 实现会员自动升级。

② 只允许注册会员在网上提交订单。

③ 当对图书表进行操作时，触发器将自动记录该操作者的名称和操作时间。

利用 SQL Server 2019，满足上述要求的数据库脚本设计如下。

**1. 创建登录用户和数据库 BookStoreDB**

SQL 语句如下：

```
SET nocount ON
SET dateformat ymd
USE master
GO

IF NOT EXISTS (SELECT * FROM syslogins WHERE name='u1')
    EXEC sp_addlogin u1,u1
GO

IF EXISTS(SELECT * FROM sysdatabases WHERE name='BookStoreDB')
```

```
    DROP DATABASE BookStoreDB
GO
CREATE DATABASE BookStoreDB
ON PRIMARY
  (  name='bookstore',
     filename='d:\sqlwork\bookstore.mdf',
     size=5,
     maxsize=20,
     filegrowth=1)
  LOG ON
  (  name='bookstorelog',
     filename='d:\sqlwork\bookstore_log',
     size=2,
     maxsize=10,
     filegrowth=1)
GO
```

**2. 增加数据库用户 u1**

SQL 语句如下：

```
USE BookStoreDB
GO
EXEC sp_adduser u1, u1
GO
```

**3. 创建表及插入数据**

SQL 语句如下：

```
--创建表及插入数据
/*创建部门表   01*/
CREATE TABLE Department (
    departmentNo    char(4) NOT NULL PRIMARY KEY,         /*部门编号*/
    depName         varchar(30) ,                         /*部门名称*/
    depAddress      varchar(40) ,                         /*部门地址*/
    depTelephone    varchar(13) ,                         /*部门电话*/

)
GO

GRANT select,insert,update,delete ON Department TO u1
GO

INSERT Department VALUES('0004','采购部',NULL,NULL)
INSERT Department VALUES('0003','仓库',NULL,NULL)
INSERT Department VALUES('0002','技术部',NULL,NULL)
INSERT Department VALUES('0001','人事部',NULL,NULL)
INSERT Department VALUES('0005','财务部',NULL,NULL)
GO

/*创建职员表   02*/
```

```
CREATE TABLE Employee (
    employeeNo char(10) NOT NULL PRIMARY KEY,              /*职员编号*/
        check (employeeNo like
            '[E-F][0-9][0-9][0-9][0-9][0-9][0-9][0-9][0-9][0-9]'),
    empPassword     varchar(10)  NULL,                     /*登录密码*/
    empName         varchar(20)  NOT NULL,                 /*员工姓名*/
    sex             char(2) ,                    /*员工性别,在'男'和'女'中取值*/
    birthday        datetime,                              /*出生日期*/
    post            varchar(20) ,                          /*岗位*/
    title           varchar(20) ,                          /*职务*/
    salary          numeric,                               /*薪水*/
    address         varchar(40) ,                          /*员工住址*/
    telephone       varchar(15) ,                          /*员工电话*/
    email           varchar(20) ,                          /*员工邮箱*/
    departmentNo    char(4) ,                              /*所属部门*/
    FOREIGN KEY(departmentNo) REFERENCES Department(departmentNo)
)
GO

GRANT select,insert,update,delete ON Employee TO u1
GO

INSERT Employee VALUES('E000000001','45871256', '张强', 'M','19760415','采购',
    '职员',4800, '南昌市八一大道', '15948715269','zq@126.com','0004')
INSERT Employee VALUES('E000000002','dfg15412', '李林', 'M','19781204','技术',
    '部长',10000,'南昌市孺子路', '15848655239','lilin@163.com','0002')
INSERT Employee VALUES('E000000003','4564gh16', '陈嘉燕', 'F','19850625','会计
    ','职员',4400, '南昌市八一大道', '13848715369','cjy@126.com','0005')
INSERT Employee VALUES('E000000004','15sdw256', '杨阳', 'M','19810216','技术',
    '职员',5000, '南昌市阳明路', '13458487152','yang@126.com','0002')
INSERT Employee VALUES('E000000005','s712dfgh56', '郑倩', 'F','19790415','会计
    ','部长',9900, '南昌市青海路', '13045415258','zqian@163.com','0005')
INSERT Employee VALUES('E000000006','1241256', '姜涵', 'F','19740106','业务','
    职员',3900, '南昌市中山路', '13365215269','han@126.com','0004')
GO

/*创建会员等级表  03*/
CREATE TABLE MemberClass(
    memLevel        char(1)     NOT NULL  PRIMARY KEY,    /*VIP等级*/
    levelSum        numeric     NOT NULL,                 /*等级购书额定*/
    memDiscount     float       NOT NULL                  /* 享受折扣*/
)
GO

GRANT select,insert,update,delete ON dbo.MemberClass TO u1
GO

/*MemberClass表插入数据 */
INSERT MemberClass VALUES('0',100,10)
INSERT MemberClass VALUES('3', 95, 9.5)
INSERT MemberClass VALUES('2', 90, 9)
INSERT MemberClass VALUES('1', 85, 8.5)
```

```
GO

/*创建会员表  04*/
CREATE TABLE Member(
    memberNo    char(10) NOT NULL PRIMARY KEY,             /*会员编号*/
      check(memberNo like
        '[M-Z][0-9][0-9][0-9][0-9][0-9][0-9][0-9][0-9][0-9]'),
    memPassword     varchar(10)  NULL,                    /*登录密码*/
    memName         varchar(20)  NOT NULL,                /*会员姓名*/
    sex             char(2),                              /*会员性别*/
    birthday        datetime,                             /*出生日期*/
    telephone       varchar(15),                          /*会员电话*/
    email           varchar(20),                          /*会员邮箱*/
    address         varchar(40),                          /*会员住址*/
    zipCode         char(6)      NULL,                    /*邮政编码*/
    totalAmount     numeric,                              /*购书总额*/
    memLevel        char(1)      NULL,
          /*VIP等级,'1'-一级,'2'-二级,'3'-二级 */
    FOREIGN KEY(memLevel) REFERENCES MemberClass(memLevel)
)
GO

GRANT select,insert,update,delete ON dbo.Member TO u1
GO

/*Member表插入数据*/
INSERT Member VALUES ('M000000001', '8574125', '刘枫', '男', '19880714', '
      13145287895', 'liufeng@126.com', '南昌市财大枫林园', '330013', 900, '0')
INSERT Member VALUES ('M000000002', 'dfg2343', '陈辉', '男', '19870213', '
      15984752654', 'chui@163.com', '南昌市青山湖中大道', '330029', 10000, '3')
INSERT Member VALUES('M000000003','54hjhjfgh', '陈杰', '女', '19901201', '
      13112547852', 'jie@126.com', '上海市华灵西路', '200442', 12000, '3')
INSERT Member VALUES ('M000000004', '54sfdse', '张小东', '男', '19800115', '
      15854698520', 'dong123@126.com', '重庆市万州区', '404100',500, '0')
INSERT Member VALUES('M000000005','sdwe787', '毛小鹏', '男', '19741012', '
      13120504182', 'mxp568@163.com', '上海市浦东路', '201411', 21000, '2')
INSERT Member VALUES ('M000000006','sr587555', '周军', '男', '19810514', '
      15954852100', 'junzhou@163.com', '丽江市', '674100',410, '0')
INSERT Member VALUES ('M000000007',' w558412', '赵丹', '女', '19690510', '
      13021582325', 'dan@163.com', '重庆市北碚区', '400700',22000,'2')
INSERT Member VALUES ('M000000008','3352658', '胡倩', '女', '19910316', '
      13021996588', 'huqian@126.com', '怀化市', '418000', 33000, '1')
GO

/*创建出版社表  05*/
CREATE TABLE Press(
    pressNo         char(12) NOT  NULL PRIMARY KEY,       /*出版社编号*/
    pressName       varchar(40)  NOT NULL,                /*出版社名称*/
    address         varchar(40)  NULL,                    /*出版社地址*/
    zipCode         char(6),                              /*邮政编码*/
    contactPerson   varchar(12),                          /*联系人*/
```

```
    telephone          varchar(15),                                     /*联系电话*/
    fax                varchar(15),                                     /*传真*/
    email              varchar(20),                                     /*电子邮箱*/
)
GO

GRANT select,insert,update,delete ON dbo.Press TO u1
GO

/* Press 表插入数据:*/
INSERT Press VALUES('7-111', '机械工业出版社', '北京百万庄大街22号', '100037',
       '代小姐', '010-88379639', '010-68990188', 'service@book.com')
INSERT Press VALUES('7-107', '人民教育出版社', '北京市沙滩后街55号', '100009',
       '魏国栋', '010-64035745', null, 'pep@pep.com.cn')
INSERT Press VALUES('7-5327', '上海译文出版社', '上海市福建中路193号世纪出版大
       厦', '200001', '市场部', '021-63914556', null, 'market@yiwen.com.cn')
INSERT Press VALUES('7-1210', '电子工业出版社', '北京市万寿路南口金家村288号华
       信大厦', '100000', '宋飚', '010-88258888', '010-8825411', 'duca@phei.
       com.cn')
INSERT Press VALUES('7-102', '人民文学出版社', '北京市东城区朝内大街166号', '
       100705', '李凯', '010-65221920', '010-65596873', 'faxing@rw-cn.com')
GO

/*创建图书表  06*/
CREATE TABLE Book (
    ISBN               char(17)        NOT NULL  PRIMARY KEY,   /*书号*/
    bookTitle          varchar(30)     NOT NULL,                /*书名*/
    author             varchar(40)     NOT NULL,                /*作者*/
    version            int,                                     /*版次*/
    category           varchar(20),                             /*类别*/
    publishDate        datetime,                                /*出版日期*/
    price              numeric         NOT NULL,                /*定价*/
    bookDiscount       float,                                   /*图书折扣*/
    introduction       varchar(500),                            /*内容简介*/
    catalog            varchar(500),                            /*目录*/
    stockQuantity      int,                                     /*库存数量*/
    criticalQuantity   int,                                     /*临界数量*/
    pressNo            char(12),                                /*出版社编号*/
    FOREIGN KEY(pressNo) REFERENCES Press(pressNo)
)
GO

GRANT select,insert,update,delete ON dbo.Book TO u1
GO

/* Book 表插入数据*/
INSERT Book VALUES('97871112160631111', 'Linux 网络技术', '王波','1','计算机/网
       络', '20070701', 20, 0.9 , '从 Linux 操作系统基础入手,以丰富的示例为依托,循
       序渐进地讲述了 Linux 系统中典型的网络技术与应用。','第 1 章 概述与安装,第 2
       章 命令与示例,第 3 章 shell 编程基础, 第 4 章 DNS 服务,第 5 章 DHCP 服务,第 6 章
       Apache 服务,第 7 章 VSFTPD 服务,第 8 章 Samba 服务,第 9 章 iptables,第 10 章
       squid,第 11 章 sendmail JZ,第 12 章 SSH',20,35,'7-111')
```

```
INSERT Book VALUES('97871110756601111','TCP/IP 详解(卷 1:协议)','史蒂文斯著,范
        建华等译', '1','计算机/网络','20060501',45,0.9, '本书不仅仅讲述了 RFCS 的
        标准协议,而且结合大量实例讲述了 TCP/IP 协议包的定义原因及在各种不同的操作系
        统中的应用与工作方式', '第 1 章 概述,第 2 章 链路层,第 3 章 IP: 网际协议,第 4 章
        ARP: 地址解析协议,第 5 章 RARP: 逆地址解析协议,第 6 章 ICMP: Internet 控制报
        文协议,第 7 章 Ping 程序,第 8 章 Traceroute 程序等 30 章',18,30, '7-111')
INSERT Book VALUES('97875327460711111','辩证法的历险(法国思想家译丛)','梅洛一庞
        蒂著,杨大春,张尧均译','1','哲学/宗教','20090101',28,0.8, '梅洛—庞蒂不仅
        首次采用了"西方的马克思主义"这一提法,并且以韦伯式的自由主义立场来理解马克思
        主义与辩证法的意义。','第一章 知性的危机,第二章"西方的"马克思主义,第三章
        《真理报》,第四章 行动中的辩证法,第五章 萨特与极端布尔什维克主义',10,20,'7-
       5327')
INSERT Book VALUES('97871210664431111','加密与解密(第三版)','段钢','2','计算
        机/网络','20080701',59,0.9, '以加密与解密为切入点,讲述了软件安全领域许多
        基础知识和技能,如调试技能、逆向分析、加密保护、外壳开发、虚拟机设计等。','第 1
        章 基础知识,第 2 章 动态分析技术,第 3 章 静态分析技术, 第 4 章 逆向分析技术,第 5
        章 常见的演示版保护技术等 19 章',2,8,'7-1210')
INSERT Book VALUES('97875327469341111','时间现象学的基本概念','黑尔德著,靳希平
        等','1','自然科学/天文学', '20081201',15,0.85, '此书由克劳斯·黑尔德教授
        在北大的 6 个讲座组成。这些讲座主要梳理了从毕达哥拉斯学派至胡塞尔及海德格尔
        的现象学对时间问题的探讨。','第一讲 作为数字的时间——毕达哥拉斯学派的时间
        观念,第二讲 时间和永恒的古代形而上学,第三讲 胡塞尔和海德格尔的本已时间,第四
        讲 判断力的长处与弱点,第五讲 希望现象学,第六讲 世代生成的时间经验',1,15,'7
        -5327')
INSERT Book VALUES('97871151756251111','深入浅出 MySQL 数据库开发','唐汉明等编著
        ','2','计算机/网络/数据库', '20080401',59,0.45,'从数据库的基础、开发、优化、
        管理维护 4 个方面对 MySQL 进行了详细的介绍','第 1 章 MySQL 的安装与配置,第 2
        章 SQL 基础,第 3 章 MySQL 支持的数据类型,第 4 章 MySQL 中的运算符,第 5 章 常用
        函数,第 6 章 图形化工具的使用等 31 章',20,20,'7-102')
INSERT Book VALUES('97871210403441111','思科实验室路由、交换实验指南','梁广民,王
        隆杰编著', '1','计算机/网络','20070401',55,0.9,'本书以 Cisco2821 路由器、
        Catalyst3560 和 Catalyst2950 交换机为平台,以 Cisco IOS(12.4 版本)为软件平
        台,以实验为依托,从实际应用的角度介绍了网络工程中使用的技术。','第 1 章 实验
        拓扑、终端服务器配置,第 2 章 路由器基本配置,第 3 章 静态路由,第 4 章 RIP,第 5 章
        EIGR 等 25 章',3,5,'7-1210')
INSERT Book VALUES('97872000633321111','魔法诱惑','刘谦','3','家居/休闲游戏','
        20060101',18,0.8, '数十种神奇魔术全程大揭秘!让你成为高手中的高手.','脉搏
        测谎术,敏锐的手指,超级空手道,数学读心术,杯子上的硬币,魔术师自语之一,魔术的
        魅力,如何可观赏及表演魔术等',2,10,'7-107')
GO

/*创建仓库表  07*/
GO
CREATE TABLE Store(
    storeNo         char(4)       NOT NULL  PRIMARY KEY,   /*仓库编号*/
    storeName       varchar(40)   NOT NULL,                /*仓库名称*/
    address         varchar(40)   NULL,                    /*仓库地址*/
    telephone       varchar(15)   NULL,                    /*仓库电话 */
)
GO

GRANT select,insert,update,delete ON dbo.Store TO u1
GO
```

```
/* Store 表插入数据 */
INSERT Store VALUES('0001','自然科学图书仓库','仓库大楼 2 楼','0791-8326719')
INSERT Store VALUES('0002','政治经济图书仓库','仓库大楼 1 楼','0791-8326742')
INSERT Store VALUES('0003','其他图书仓库','仓库大楼 3 楼','0791-8326743')
GO

/* 创建货架货位规划表  08 */
GO
CREATE TABLE Allocation(
    storeNo            char(4)        NOT NULL,                /* 仓库编号 */
    shelfNo            char(4)        NOT NULL,                /* 货架号 */
    locationNo         char(4)        NOT NULL,                /* 货位号 */
    area               varchar(20)    NULL,                    /* 所在片区 */
    onhand             int            NULL,                    /* 库存数量 */
    ISBN               char(17)       NULL,                    /* 书号 */
    PRIMARY KEY(storeNo,shelfNo,locationNo),
    FOREIGN KEY(storeNo) REFERENCES Store(storeNo)
)
GO

GRANT select,insert,update,delete ON dbo.Allocation TO u1
GO

/* Message 表插入数据 */
INSERT Allocation VALUES('0001','0001','0001',NULL,20,'97871112160631111')
INSERT Allocation VALUES('0002','0002','0002',NULL,10,'97875327460711111')
INSERT Allocation VALUES('0003','0003','0001',NULL,2,'97872000633321111')
GO

/* 创建订单表  09 */
CREATE TABLE OrderSheet(
    orderNo               char(15)     NOT NULL PRIMARY KEY,   /* 订单编号 */
    memberNo              char(10)     NOT NULL,               /* 会员编号 */
    orderDate             datetime     NOT NULL,               /* 订购日期 */
    totalAmtReceivable    numeric      NULL,                   /* 应收总金额 */
    totalAmtReceived      numeric      NULL,                   /* 实收总金额 */
    memDiscount           float        NULL,                   /* 会员折扣 */
    payWay                char(1)      NULL,
                              /* 付款方式,'L'—在线支付,'S'—上门付款 */
    payFlag               char(1)      NULL,
                                   /* 是否付款,'Y'—已付款,'N'—未付款 */
    orderState            char(1)      NULL,
              /* 订单状态,取值范围:{'A', 'B', 'C', 'D'},分别代表"未配送"
                              "已部分配送""已全部配送""已处理结束" */
    FOREIGN KEY (memberNo) REFERENCES Member(memberNo)
  )
GO

GRANT select,insert,update,delete ON dbo.OrderSheet TO u1
GO

/* OrderSheet 表插入数据 */
```

```
INSERT OrderSheet VALUES
    ('200801010000001','M000000003','20060607',66,66,0.85,'1', 'Y','D')
INSERT OrderSheet VALUES
    ('200801010000002','M000000007','20061101',13,12.5,0.9,'1', 'Y','D')
INSERT OrderSheet VALUES
    ('200801010000003','M000000002','20070711', 100,90, 0.85, '2', 'Y','C')
INSERT OrderSheet VALUES
    ('200801010000004','M000000002','20070803',75,70,0.85,'2', 'Y','D')
INSERT OrderSheet VALUES
    ('200801010000005','M000000005','20071219',113,110, 0.8, '1', 'Y','B')
INSERT OrderSheet VALUES
    ('200801010000006','M000000008','20080524',81,80,0.85,'2', 'N','A')
INSERT OrderSheet VALUES
    ('200801010000007','M000000001','20080806',345,300,0.75, '1', 'Y','B')
INSERT OrderSheet VALUES
    ('200801010000008','M000000005','20081009',45,40,0.9,'1', 'Y','C')
INSERT OrderSheet VALUES
    ('200801010000009','M000000006','20090211',81,78,0.85,'2', 'N','B')
INSERT OrderSheet VALUES
    ('200801010000010','M000000004','20090301',37,32,0.9,'1', 'Y','D')
GO

/*创建订单明细表  10*/
GO
CREATE TABLE OrderBook(
    orderNo           char(15)        NOT NULL,        /*订单编号*/
    ISBN              char(17)        NOT NULL,        /*图书编号*/
    orderQuantity     int             NOT NULL,        /*订购数量*/
    price             numeric         NULL,            /*定价*/
    carryingAmount    numeric         NULL,            /*账面金额*/
    bookDiscount      float           NULL,            /*图书折扣*/
    amtReceivable     numeric         NULL,            /*应收金额*/
    shippedQuantity   int             NULL,            /*已配送数量*/
    shipState         char(1)         NULL,
                          /*配送状态,取值范围: {'A', 'B', 'C', 'D', 'E'},分别代表
                         “未配送”“已部分配送”“已全部配送”“已部分送到”“已全部送到”*/
    CONSTRAINT PK_OrderBook PRIMARY KEY (orderNo, ISBN),
    FOREIGN KEY (orderNo) REFERENCES OrderSheet(orderNo),
    FOREIGN KEY (ISBN) REFERENCES Book(ISBN)
)
GO

GRANT select,insert,update,delete ON dbo.OrderBook TO u1
GO

/*OrderBook 表插入数据:*/
INSERT OrderBook VALUES
    ('200801010000001','97871110756601111',5,45,NULL,0.9,NULL,3,'E')
INSERT OrderBook VALUES
    ('200801010000001','97872000633321111',10,25,NULL,0.8,NULL,0,'E')
INSERT OrderBook VALUES
    ('200801010000001','97871112160631111',8,18,NULL,0.8,NULL,1,'E')
```

```
INSERT OrderBook VALUES
    ('200801010000002','97872000633321111',1,18,NULL,0.8,NULL,1,'E')
INSERT OrderBook VALUES
    ('200801010000004','97871110756601111',1,45,NULL,0.9,NULL,1,'E')
INSERT OrderBook VALUES
    ('200801010000004','97871210403441111',1,55,NULL,0.9,NULL,1,'E')
INSERT OrderBook VALUES
    ('200801010000005','97871112160631111',2,28,NULL,0.9,NULL,2,'B')
INSERT OrderBook VALUES
    ('200801010000007','97871210403441111',5,55,NULL,0.9,NULL,5,'C')

GO

/*创建出库单表  11*/
GO
CREATE TABLE CheckoutSheet(
    outNo          char(12)          NOT NULL,          /*出库单编号*/
    outDate        datetime          NOT NULL,          /*出库日期*/
    storeNo        char(4)           NOT NULL,          /*仓库编号*/
    oEmployeeNo    char(10)          NULL,              /*出库职员编号*/
    sEmployeeNo    char(10)          NULL,              /*发货职员编号*/
    CONSTRAINT PK_CheckoutSheet PRIMARY KEY (outNo)
)
GO

GRANT select,insert,update,delete ON dbo.CheckoutSheet TO u1
GO

/*创建出库明细表  12*/
GO
CREATE TABLE CheckoutBook(
    outNo          char(12)          NOT NULL,          /*出库单编号*/
    ISBN           char(17)          NOT NULL,          /*图书编号*/
    outQuantity    int               NOT NULL,          /*出库数量*/
    outAmount      numeric           NULL,              /*出库金额*/
    month          tinyint           NULL,              /*月份*/
    CONSTRAINT PK_CheckoutBook PRIMARY KEY (outNo,ISBN),
    FOREIGN KEY (ISBN) REFERENCES Book(ISBN),
    FOREIGN KEY (outNo) REFERENCES CheckoutSheet(outNo)
)
GO

GRANT select,insert,update,delete ON dbo.CheckoutBook TO u1
GO

/*创建发票表  13*/
GO
CREATE TABLE Invoice(
    InvoiceNo      char(12)          NOT NULL,          /*发票编号*/
    orderNo        char(15)          NOT NULL,          /*订单号*/
    invoiceDate    datetime          NULL,              /*开票日期*/
    purchaserName  varchar(30)       NULL,              /*购买方名称*/
```

```
    taxpayerIdentification       char(18)       NULL,      /*纳税人识别号*/
    invoiceSummary               varchar(20)    NULL,      /*应税项目名称*/
    pretaxTotalAmt               numeric        NULL,      /*税前总金额*/
    taxTotalAmt                  numeric        NULL,      /*税收总额*/
    totalAmt                     numeric        NULL,      /*总金额*/
    CONSTRAINT PK_Invoice PRIMARY KEY (InvoiceNo),
    FOREIGN KEY (orderNo) REFERENCES OrderSheet(orderNo)
)
GO

GRANT select,insert,update,delete ON dbo.Invoice TO u1
GO

/*创建发票明细表  14*/
GO
CREATE TABLE InvoiceBook(
    InvoiceNo                    char(12)       NOT NULL,/*发票编号*/
    ISBN                         char(17)       NOT NULL,/*图书编号*/
    bookQuantity                 int            NOT NULL,/*购书数量*/
    pretaxAmount                 numeric        NULL,      /*税前金额*/
    taxAmount                    numeric        NULL,      /*税额*/
    sumAmount                    numeric        NULL,      /*金额合计*/
    CONSTRAINT PK_InvoiceBook PRIMARY KEY (InvoiceNo,ISBN),
    FOREIGN KEY (ISBN) REFERENCES Book(ISBN),
    FOREIGN KEY (InvoiceNo) REFERENCES Invoice(InvoiceNo)
)
GO

GRANT select,insert,update,delete ON dbo.InvoiceBook TO u1
GO

/*创建配送单表  15*/
CREATE TABLE ShipSheet (
    orderNo                      char(15)       NOT NULL,/*订单编号*/
    shipNo                       char(4)        NOT NULL,/*配送单号*/
    shipDate                     datetime       NULL,      /*配送日期*/
    receiver                     varchar(20)    NULL,      /*收货人*/
    shipAddress                  varchar(40)    NULL,      /*送货地址*/
    zipCode                      char(6)        NULL,      /*邮政编码*/
    shipTel                      varchar(15)    NULL,      /*联系电话*/
    shipTotalCost                numeric        NULL,      /*配送总费用*/
    shipState                    char(1)        NULL,
                                 /*配送状态，取值范围：{'A', 'B', 'C'},分别代表
                                                         "未发货""已送货""已送到"/
    employeeNo                   char(10)       NULL,      /*职员编号*/
    outNo                        char(12)       NULL,      /*出库单号*/
    InvoiceNo                    char(12)       NULL,      /*发票编号*/
    PRIMARY KEY (orderNo,shipNo),
    FOREIGN KEY (orderNo) REFERENCES OrderSheet(orderNo),
    FOREIGN KEY (outNo) REFERENCES CheckoutSheet(outNo),
    FOREIGN KEY (InvoiceNo) REFERENCES Invoice(InvoiceNo)
)
```

```
GO

GRANT select,insert,update,delete ON dbo.ShipSheet TO u1
GO

/*ShipSheet 插入数据*/
INSERT ShipSheet VALUES ('200801010000001','0001','20080108','张明','江西财大
    麦园静庐 A613','330032','15954782541',NULL,'C','E000000001',NULL,NULL)
    INSERT ShipSheet VALUES ('200801010000001','0002','20080204','万磊','
    庐山南大道 107 号','330030', '0791-2151386',NULL,'C','E000000002',NULL,
    NULL)
    INSERT ShipSheet VALUES ('200801010000001','0003','20091204','万磊','
    庐山南大道 107 号','330030', '0791-2151386',NULL,'C','E000000002',NULL,
    NULL)
    INSERT ShipSheet VALUES ('200801010000002','0002','20080215','李琼', '
    青山湖西区 519','201411','15854782500', NULL, 'C', 'E000000006', NULL,
    NULL )
    INSERT ShipSheet VALUES ('200801010000002','0001','20080105','周艳', '
    南京路天赐良缘 1 单元','330003','0591-87325660',NULL,'C','E000000003',
    NULL,NULL)
    INSERT ShipSheet VALUES ('200801010000003','0001','20080103','叶雷','
    万达星城','401147', '0571-86714051',NULL,'C','E000000004',NULL,NULL)
    INSERT ShipSheet VALUES ('200801010000003','0002','20080118','黄宇','
    珞瑜路 117 号','330046','029-81973555',NULL,'C','E000000005',NULL,
    NULL)
GO

/*创建配送明细表  16*/
CREATE TABLE ShipBook(
   orderNo          char(15)       NOT NULL,        /*订单编号*/
   shipNo           char(4)        NOT NULL,        /*配送单号*/
   ISBN             char(17)       NOT NULL,        /*图书编号*/
   shipQuantity     int            NULL,            /*配送数量*/
   shipCost         numeric        NULL,            /*配送费用*/
   PRIMARY KEY (orderNo, shipNo, ISBN),
   FOREIGN KEY (orderNo, shipNo) REFERENCES ShipSheet(orderNo, shipNo),
   FOREIGN KEY (ISBN) REFERENCES Book(ISBN)
)
GO

GRANT select,insert,update,delete ON dbo.ShipBook TO u1
GO

/*ShipBook 表插入数据*/
INSERT ShipBook VALUES
   ('200801010000001','0001', '97871110756601111',2,NULL)
INSERT ShipBook VALUES
   ('200801010000001','0002', '97871112160631111',1,NULL)
INSERT ShipBook VALUES
   ('200801010000001','0003', '97871110756601111',1,NULL)
INSERT ShipBook VALUES
   ('200801010000002','0002', '97871112160631111',1,NULL)
```

```
INSERT ShipBook VALUES
    ('200801010000002','0001' ,'97871110756601111',1,NULL)
INSERT ShipBook VALUES
    ('200801010000003','0001', '97871210403441111',2,NULL)
INSERT ShipBook VALUES
    ('200801010000003','0001', '97871210664431111',5,NULL)
GO

/* 创建采购单表  17 */
CREATE TABLE PurchaseSheet(
    purchaseNo      char(15)      PRIMARY KEY  NOT NULL,     /* 采购单号 */
    purDate         datetime      NOT NULL,                  /* 采购日期 */
    purTotalAmt     numeric       NULL,                      /* 采购总金额 */
    purPayedAmt     numeric       NULL,                      /* 实付总金额 */
    checkinFlag     char(1)       NULL,
                                          /* 是否入库，'Y'-入库，'N'-未入库 */
    employeeNo      char(10)      NULL,                      /* 职员编号 */
    pressNo         char(12)      NULL,                      /* 出版社编号 */
    FOREIGN KEY (employeeNo) REFERENCES Employee(employeeNo),
    FOREIGN KEY (pressNo) REFERENCES Press(pressNo)
)
GO

GRANT select,insert,update,delete ON dbo.PurchaseSheet TO u1
GO

/* PurchaseSheet 表插入数据 */
INSERT PurchaseSheet VALUES
    ('P20080101000001','20080101',1000,NULL,'1','E000000001','7-102')
INSERT PurchaseSheet VALUES
    ('P20080101000002','20080101',1020,NULL,'1','E000000002','7-107')
INSERT PurchaseSheet VALUES
    ('P20080101000003','20080101',1658,NULL,'1','E000000003','7-102')
INSERT PurchaseSheet VALUES
    ('P20080101000004','20080101',566,NULL ,'1','E000000004','7-111')
INSERT PurchaseSheet VALUES
    ('P20080101000005','20080101',489,NULL,'1','E000000005','7-1210')
INSERT PurchaseSheet VALUES
    ('P20080101000006','20080101',2000,NULL,'1','E000000006','7-5327')
GO

/* 创建采购明细表  18 */
CREATE TABLE PurchaseBook(
    purchaseNo      char(15)      NOT NULL,                  /* 采购单号 */
    serialNo        char(4)       NOT NULL,                  /* 序号 */
    ISBN            char(17)      NOT NULL,                  /* 图书编号 */
    purQuantity     int           NULL,                      /* 采购数量 */
    purPrice        numeric       NULL,                      /* 采购单价 */
    purAmount       numeric       NULL,                      /* 采购金额 */
    PRIMARY KEY (purchaseNo, serialNo,ISBN),
    FOREIGN KEY (purchaseNo) REFERENCES PurchaseSheet(purchaseNo),
    FOREIGN KEY (ISBN)   REFERENCES Book(ISBN)
```

```
)
GO

GRANT select,insert,update,delete ON dbo.PurchaseBook TO u1
GO

/* PurchaseBook 表插入数据 */
INSERT PurchaseBook VALUES
    ('P20080101000001','0001','97871110756601111','2','45','2')
INSERT PurchaseBook VALUES
    ('P20080101000002','0002','97871112160631111','3','28','3')
INSERT PurchaseBook VALUES
    ('P20080101000003','0003','97871151756251111','3','59','3')
INSERT PurchaseBook VALUES
    ('P20080101000004','0004','97871210403441111','2','55','2')
INSERT PurchaseBook VALUES
    ('P20080101000005','0005','97871210664431111','1','59','1')
INSERT PurchaseBook VALUES
    ('P20080101000006','0006','97875327469341111','5','15','5')
GO

/* 创建入库单表　19 */
CREATE TABLE CheckinSheet(
    purchasNo          char(15)      NOT NULL,          /* 采购单号 */
    inNo               char(4)       NOT NULL,          /* 入库单号 */
    inDate             datetime      NOT NULL,          /* 入库日期 */
    storeNo            char(4)       NOT NULL,          /* 仓库编号 */
    iEmployeeNo        char(10)      NULL,              /* 入库职员编号 */
    aEmployeeNo        char(10)      NULL,              /* 验收职员编号 */
    PRIMARY KEY (purchasNo, inNo),
    FOREIGN KEY (storeNo) REFERENCES Store(storeNo),
    FOREIGN KEY (iEmployeeNo) REFERENCES Employee(employeeno),
    FOREIGN KEY (aEmployeeNo) REFERENCES Employee(employeeno)
)
GO

GRANT select,insert,update,delete ON dbo.CheckinSheet TO u1
GO

/* CheckinSheet 表插入数据 */
INSERT CheckinSheet VALUES
    ('P20080101000001','S001','20080108','0001','E000000001','E000000002')
INSERT CheckinSheet VALUES
    ('P20080101000002','S002','20080108','0001','E000000002','E000000002')
INSERT CheckinSheet VALUES
    ('P20080101000003','S003','20080108','0002','E000000001','E000000002')
INSERT CheckinSheet VALUES
    ('P20080101000004','S004','20080108','0003','E000000001','E000000004')
INSERT CheckinSheet VALUES
    ('P20080101000005','S005','20080108','0001','E000000002','E000000001')
INSERT CheckinSheet VALUES
    ('P20080101000006','S006','20080108','0002','E000000003','E000000001')
```

```
GO

/*创建入库明细表  20*/
CREATE TABLE CheckinBook(
    purchasNo        char(15)        NOT NULL,        /*采购单号*/
    inNo             char(4)         NOT NULL,        /*入库单号*/
    ISBN             char(17)        NOT NULL,        /*图书编号*/
    quantity         int             NOT NULL,        /*入库数量*/
    inAmount         numeric         NULL,            /*入库金额*/
    period           tinyint         NULL,            /*月份*/
    PRIMARY KEY (purchasNo, inNo, ISBN),
    FOREIGN KEY (purchasNo,inNo) REFERENCES CheckinSheet (purchasNo,inNo),
    FOREIGN KEY (ISBN) REFERENCES Book(ISBN)
)
GO

GRANT select,insert,update,delete ON dbo.CheckinBook TO u1
GO

/*CheckinBook表插入数据*/
INSERT CheckinBook VALUES
     ('P20080101000001','S001','97871110756601111',20,NULL,2)
INSERT CheckinBook VALUES
     ('P20080101000002','S002','97871110756601111',3,NULL,2)
INSERT CheckinBook VALUES
     ('P20080101000003','S003','97871210403441111',32,NULL,5)
INSERT CheckinBook VALUES
     ('P20080101000004','S004','97872000633321111',25,NULL,7)
INSERT CheckinBook VALUES
     ('P20080101000005','S005','97875327469341111',5,NULL,7)
INSERT CheckinBook VALUES
     ('P20080101000006','S006','97871151756251111',6,NULL,8)
GO

/*创建上架明细表  21*/
CREATE TABLE UploadBook(
    purchasNo        char(15)        NOT NULL,        /*采购单号*/
    inNo             char(4)         NOT NULL,        /*入库单号*/
    ISBN             char(17)        NOT NULL,        /*图书编号*/
    storeNo          char(4)         NOT NULL,        /*仓库编号*/
    shelfNo          char(4)         NOT NULL,        /*货架号*/
    locationNo       char(4)         NOT NULL,        /*货位号*/
    uploadQuantity   tinyint         NULL,            /*上架数量*/
    PRIMARY KEY (purchasNo, inNo, ISBN),
    FOREIGN KEY (purchasNo,inNo) REFERENCES CheckinSheet(purchasNo,inNo),
    FOREIGN KEY (ISBN) REFERENCES Book(ISBN)
)
GO

GRANT select,insert,update,delete ON dbo.UploadBook TO u1
GO
```

```
/*创建下架明细表  22*/
CREATE TABLE DownloadBook(
    outNo               char(12)        NOT NULL,                /*出库单号*/
    ISBN                char(17)        NOT NULL,                /*图书编号*/
    storeNo             char(4)         NOT NULL,                /*仓库编号*/
    shelfNo             char(4)         NOT NULL,                /*货架号*/
    locationNo          char(4)         NOT NULL,                /*货位号*/
    downloadQuantity    tinyint         NULL,                    /*下架数量*/
    PRIMARY KEY (outNo, ISBN),
    FOREIGN KEY (outNo) REFERENCES CheckoutSheet(outNo),
    FOREIGN KEY (ISBN) REFERENCES Book(ISBN)
)
GO

GRANT select,insert,update,delete ON dbo.DownloadBook TO u1
GO

/*创建图书库存总账表  23*/
CREATE TABLE BookInventory(
    ISBN                char(17)        NOT NULL,                /*图书编号*/
    period              tinyint         NOT NULL,                /*月份*/
    beginQuantity       int             NULL,                    /*期初库存数量*/
    beginAmount         numeric         NULL,                    /*期初库存金额*/
    inboundQuantity     int             NULL,                    /*本期入库数量*/
    inboundAmount       numeric         NULL,                    /*本期入库金额*/
    outboundQuantity    int             NULL,                    /*本期出库数量*/
    outboundAmount      numeric         NULL,                    /*本期出库金额*/
    endQuantity         int             NULL,                    /*期末库存数量*/
    endAmount           numeric         NULL,                    /*期末库存金额*/
    purchaseNo          char(15),                                /*采购单号*/
    inNo                char(12),                                /*入库单号*/
    inISBN              char(17),                                /*入库图书编号*/
    outNo               char(4),                                 /*出库单*/
    outISBN             char(17),                                /*出库图书编号*/
    PRIMARY KEY (ISBN,period),
    FOREIGN KEY (ISBN) REFERENCES Book(ISBN)
)
GO

GRANT select,insert,update,delete ON dbo.BookInventory TO u1
GO

/*创建留言表  24*/
GO
CREATE TABLE Message(
    messageNo           char(10)        NOT NULL PRIMARY KEY,    /*留言编号*/
    memberNo            char(10)        NOT NULL,                /*发布会员编号*/
    releaseDate         datetime        NOT NULL,                /*留言日期*/
    messageContent      varchar(100)    NOT NULL,                /*留言内容*/
    FOREIGN KEY (memberNo) REFERENCES Member(memberNo)
)
GO
```

```
GRANT select,insert,update,delete ON dbo.Message TO u1
GO

/*Message表插入数据*/
INSERT Message VALUES('LY00000001','M000000003','20060612','<<TCP/IP>>详解对
        初学者来说是很有用的一本书,满意')
INSERT Message VALUES('LY00000002','M000000005','20061224','书的种类较少,能否
        对书的种类进行扩充?')
INSERT Message VALUES('LY00000003','M000000007','20070112','书的质量不是很好,
        希望能够采购质量较好的书籍')
INSERT Message VALUES('LY00000004','M000000001','20070916','这是一本很不错的
        网络工程师教材,内容丰富,详细而不乏内容的互动!')
INSERT Message VALUES('LY00000005','M000000008','20071124','发书速度较慢,希望
        能够改进')
INSERT Message VALUES('LY00000006','M000000001','20080122','找到了想要的书,感
        谢该网站')
GO

/*创建留言回复表   25*/
GO
CREATE TABLE MessageReply(
    messageNo          char(10)      NOT NULL,        /*留言编号*/
    replyNo            char(4)       NOT NULL,        /*回复编号*/
    employeeNo         char(10)      NOT NULL,        /*回复职员编号*/
    memberNo           char(10)      NOT NULL,        /*回复会员编号*/
    replyDate          datetime,                      /*回复时间*/
    replyContent       varchar(100),                  /*回复内容*/
    constraint PK_MessageReply primary key(messageNo, replyNo),
    FOREIGN KEY (messageNo) REFERENCES Message(messageNo),
    FOREIGN KEY (employeeNo) REFERENCES Employee(employeeNo),
    FOREIGN KEY (memberNo) REFERENCES Member(memberNo)
)
GO

GRANT select,insert,update,delete ON dbo.MessageReply TO u1
GO

/*Message表插入数据*/
INSERT MessageReply VALUES
    ('LY00000001','R001','E000000001','M000000003','20060615','感谢读者对本书
    给予的肯定')
INSERT MessageReply VALUES
    ('LY00000002','R002','E000000006','M000000005','20061230','我们将努力丰富
    书的种类')
INSERT MessageReply VALUES
    ('LY00000003','R003','E000000002','M000000007','20070113','我们将对书的质
    量加以改进')
INSERT MessageReply VALUES
    ('LY00000004','R004','E000000005','M000000001',null,null)
INSERT MessageReply VALUES
    ('LY00000005','R005','E000000003','M000000008','20071128','我们将努力改进')
INSERT MessageReply VALUES
```

```
    ('LY00000006','R006','E000000006','M000000001',null,null)
GO
```

**4. 创建存储过程**

SQL 语句如下：

```
/*1. 利用存储过程查找订书金额前 20 名的会员编号、姓名及总金额 */
CREATE PROCEDURE query_member
AS
    SELECT top 20 memberNo, memName, totalAmount
    FROM Member
    ORDER BY totalAmount desc

/* 2. 利用存储过程查询每类图书当月热销图书排行前 10 名 */
CREATE PROCEDURE book_rank
  @category varchar(20),
  @saleDate char(6)
AS
  SELECT TOP 10 Book.ISBN, bookTitle, sum(orderQuantity)AS totquantity
  FROM Book, OrderSheet, orderBook
WHERE category=@category AND
    (datepart(year, orderDate) * 100+datepart(month, orderDate))=@saleDate
    AND OrderSheet.orderNo=orderBook.orderNo AND Book.ISBN=orderBook.ISBN
GROUP BY Book.ISBN, bookTitle
ORDER BY totquantity desc

/*3. 利用存储过程录入出版社信息 */
CREATE PROCEDURE insert_press
  @pressNo char(12),@pressName varchar(20),@address varchar(40),
  @ZipCode int,@contactPerson varchar(12),@telephone varchar(15),
  @fax varchar(20),@email varchar(30)
AS
    INSERT into Press
    VALUES(@pressNo,@pressName,@address,@ZipCode,
            @contactPerson,@telephone,@fax,@email)

/* 4. 利用存储过程查询某年出版的计算机方面的书籍 */
CREATE PROCEDURE book_info
    @category varchar(20),@publishDate int
    SELECT *
    FROM Book
    WHERE category like @category+'%' AND year(publishDate)=@publishDate
```

**5. 创建触发器**

SQL 语句如下：

```
/*1. 创建触发器 T1,实现会员自动升级 */
CREATE TRIGGER T1 ON Member
FOR UPDATE
AS
IF UPDATE(totalAmount)
BEGIN
```

```
    DECLARE @price AS numeric
    SELECT @price=totalAmount FROM inserted
    IF @price>=30000
        UPDATE Member SET memLevel='1'
    ELSE
        IF @price>=20000
        UPDATE Member SET memLevel='2'
    ELSE
     IF @price>=10000
        UPDATE Member SET memLevel='3'
END

/*检验触发器 T1*/
SELECT * FROM Member
UPDATE Member SET totalAmount=25000
WHERE memberNo='M000000009'
SELECT * FROM Member

/*2.创建一个触发器 T2,只允许注册会员在网上提交订单 */
CREATE TRIGGER T2 ON OrderSheet
FOR INSERT
AS
    IF NOT EXISTS
        (SELECT * FROM inserted
        WHERE memberNo in (SELECT Member.memberNo FROM Member))
    BEGIN
        RAISERROR('提交订单前请先注册!',16,1)
        ROLLBACK TRANSACTION
    END

/*3.创建触发器 T3,当对图书表进行操作时,触发器将自动将该操作者的名称和操作时间记
    录在一张表内,以便追踪。*/
CREATE TABLE OperateTrace
( operateUser char(10) NOT NULL,
operateDate datetime NOT NULL,
operateType char(10) NOT NULL,
CONSTRAINT operateTracePK PRIMARY KEY (operateUser,operateDate))

CREATE TRIGGER T3 ON Book
FOR INSERT, DELETE, UPDATE
AS
IF EXISTS(SELECT * FROM inserted)
     INSERT INTO OperateTrace VALUES(user, getdate(),'INSERT')
ELSE
    IF EXISTS(SELECT * FROM deleted)
        INSERT INTO OperateTrace VALUES(user, getdate(),'DELETE')
    ELSE
        IF EXISTS(SELECT * FROM updated)
           INSERT INTO OperateTrace VALUES(user, getdate(),'UPDATE')
```

### 7.2.3 实验内容

根据主教材习题 6.1 得到的图书管理系统设计结果，建立数据库脚本。要求如下：

(1) 在 d:\sqlwork 路径下创建 LibraryDB 数据库。

(2) 创建全部关系表及向每个表中插入少量数据。

(3) 创建“图书管理员”和“读者”两类角色，并为其授予不同的表权限。

(4) 创建用户 u1 和 u2，分别加入到“图书管理员”和“读者”角色中。

(5) 创建不少于 5 个触发器。

(6) 创建不少于 5 个存储过程。

(7) 视情况创建视图及索引。

# 第 8 章 数据库查询执行计划

## 8.1 相关知识

SQL Server 数据库管理系统内核使用基于代价的查询优化器自动优化查询操作。基于代价的查询优化器,根据统计信息产生子句的代价估算。

对于优化器,输入是一条查询语句,输出是一个执行策略。该执行策略是执行这个查询所需要的一系列步骤,数据库的执行代价体现在这个优化算法上。不同的查询策略和查询步骤可使服务器的执行代价不同,因此采用适当的查询策略可使系统性能大大提高。

SQL Server 的查询优化经过了 3 个阶段:查询分析、索引选择和合并选择。

### 1. 查询分析

在查询分析阶段,SQL Server 优化器查看每一条由正规查询树代表的子句,并判断它是否能被优化。SQL Server 一般会尽量优化那些限制扫描的子句,但不是所有合法的 SQL 语法都可以分成可优化的子句,如含有不等关系符“＜＞”的子句。因为“＜＞”是一个排斥性的操作符,在扫描整个表之前无法确定子句的选择范围会有多大。当一个关系查询中含有不可优化的子句时,执行计划用表扫描来访问查询的这个部分,对于查询树中可优化的 SQL Server 子句,则由优化器进行索引选择。

### 2. 索引选择

在设计过程中,要根据查询设计准则仔细检查所有的查询,以查询的优化特点为基础设计索引。

(1) 比较窄的索引具有比较高的效率。对于比较窄的索引来说,每页上能存放较多的索引行,缓存中能放置更多的索引页,这样也减少了 I/O 操作。

(2) SQL Server 优化器能分析大量的索引。与较少的宽索引相比,较多的窄索引能向优化器提供更多的选择。对于复合索引、组合索引或多列索引,SQL Server 优化器只保留最重要的列的分布统计信息,这样,索引的第一列具有很大的选择性。

(3) 表上的索引过多会影响 UPDATE、INSERT 和 DELETE 的性能,因为所有的索引都必须做相应的调整。

(4) 对于一个经常被更新的列建立索引,会严重影响查询性能。

(5) 由于存储开销和 I/O 操作方面的原因,较窄的索引比较宽的索引在性能上会更好一些。但它的缺点是维护代价要高一些,因为在通常情况下,缓存存放了较多的窄索引列。

(6) 尽量分析出每一个重要查询的使用频度,这样可以找出使用最多的索引,然后对这些索引进行适当的优化。

(7) 查询的 WHERE 子句中的任何列都很可能是个索引列，因为优化器重点处理这个子句。

**3. 合并选择**

当索引选择结束，并且所有的子句都有一个基于它们的访问计划的处理代价时，优化器开始执行合并选择。合并选择被用来找出一个访问计划的有效顺序。为了做到这一点，优化器比较子句的不同排序，然后选出从物理磁盘 I/O 的角度处理代价最低的合并计划。由于子句组合的数量会随着查询的复杂度极快地增长，SQL Server 查询优化器使用树剪枝技术来尽量减少这些比较所带来的开销。当合并选择阶段结束时，SQL Server 查询优化器就生成了一个基于代价的查询执行计划，这个计划充分利用了可用的索引，并以最小的系统开销和良好的执行性能访问原来的数据。

## 8.1.1 SQL 优化器的优化过程

SQL Server 查询优化器进行语法分析并决定一个查询的执行计划的过程是：首先对查询的每条子句进行语法分析，并判定是否能够使用该子句限制查询必须扫描的数据量，这样的子句可以被用作索引中的一个查找参数。在对查询进行语法分析，找出全部查找参数后，查询优化器判定在查找参数上是否存在索引，并决定索引的有效性。接着，优化器得出一个查询执行计划。最后，查询优化器估算执行该计划的开销。表 8-1 列出了不同的数据存取方法和它们的代价估计。

表 8-1 不同的数据存取方法和代价估计

| SQL Server 访问方法 | 逻辑 I/O 代价估计 |
| --- | --- |
| 表扫描 | 表中数据页总数 |
| 聚簇索引 | 索引中的级数加上要扫描的数据页数(扫描数据页数＝合格的行数/每数据页的行数) |
| 堆栈中的非聚簇索引 | 索引中的级数加上树结构叶子节点页数，再加上合格的行数 |
| 具有聚簇索引的表上的非聚簇索引 | 索引中的级数加上树结构叶子节点页数，再加上合格的行数与查找聚簇索引键开销的乘积 |
| 覆盖非聚簇索引 | 索引中的级数加上树结构叶子节点页数。因为是一个覆盖索引，不需要访问实际的数据页 |

## 8.1.2 执行计划

基于 SQL Server 的查询分析器在连接到数据库服务器后，可以使用查询窗口输入 SQL 语句，也可以打开一个现有的查询文件，输入新的 SQL 语句，或提取内嵌在应用中的 SQL 语句。

在 SQL Server 查询分析器中，可以显式地执行计划。当在查询窗口打开查询文本后，从查询菜单选择“显示执行计划”，则执行计划就会在结果面板窗口以图形形式显示出来。

执行计划中的逻辑运算符和物理运算符描述了一个查询或更新是如何被执行的。物理运算符说明了用于处理一条语句，例如，扫描一个聚集索引，所使用的是物理实现算法。执行一条查询或更新语句的每一步都包括一个物理运算。逻辑运算符说明了用于处理一条语句，例如，执行一条总计语句，所使用的是关系代数操作。并非每条查询或更新所需要的所有步骤都包含逻辑运算符。

SQL Server 查询分析器的特点如下。

(1) 物理运算符用于运算，例如哈希连接或嵌套循环。

(2) 逻辑运算符匹配物理运算符。如果逻辑运算符与物理运算符不同，它将被列在物理运算符后面。

(3) 估算行计数运算，输出行的数目。

(4) 估算行大小，即估算每行输出的大小。

(5) 估算 I/O 开销，即估算全部 I/O 活动的开销。

(6) 估算 CPU 开销，即估算全部 CPU 活动的开销。

(7) 估算在查询期间执行行的数目，运算执行的次数。

(8) 估算查询优化器执行某一查询操作的开销，包括该操作的开销在整个查询开销中所占的百分比。

(9) 估算查询优化器执行某一查询操作以及同一子树中先前操作的全部开销。

(10) 参数查询使用的判定和参数。

### 8.1.3 执行计划展示方式①

查看执行计划，在 SQL Server 2005 版本以上，系统提供了 3 种展示方式：图像方式、文本方式和 XML 方式。

**1. 图像方式**

图像方式是最常见的一种方式，清晰、简洁、易懂。非常适合入门级，当然也有它自身的缺点，比如复杂的 T-SQL 语句会产生较大的图像，查看必须收缩操作，比较麻烦。

SSMS 提供了查看该查询计划的便捷按钮（显示估计的执行计划）或者（包括实际的执行计划），需要查看某一条语句时，只需要单击上述按钮就可以。

**【例 8.1】** 查询单价高于 3000 元的商品编号、商品名称、订货数量和订货单价。

SQL 语句如下：

```
SELECT a.productNo,productName,quantity,price
FROM Product a, OrderDetail b
WHERE a.productNo=b.productNo AND price>3000
ORDER BY productName
```

运行后结果如图 8-1 所示。

以上查询所产生的预估执行计划，将其分成了各个不同的运算符进行组合，从右侧的聚集索引扫描(index scan)到最左侧的结果输出(select)。

注意：图中箭头的方向指向的是数据的流向，箭头线的粗细表示了数据量的大小。

① 本节参考网站：https://www.cnblogs.com/zhijianliutang/p/4133226.html。

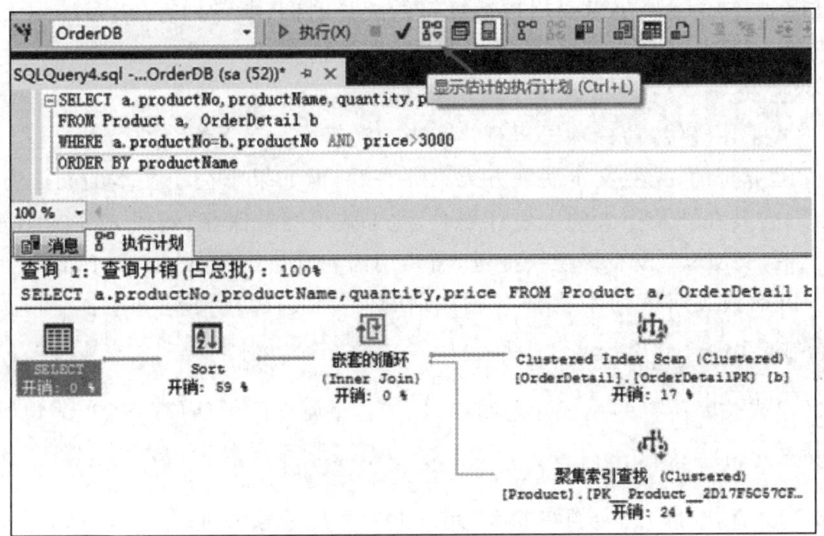


图 8-1　例 8.1 的执行计划

在图形化执行计划中，每一个不同的运算符都有它自身的属性值，可把鼠标移至运算符图标上查看，如图 8-2 所示。

Clustered Index Scan (Clustered)
整体扫描聚集索引或只扫描一定范围。
物理运算 Clustered Index Scan
逻辑操作 Clustered Index Scan
估计的执行模式 Row
存储 RowStore
估计运算符开销 0.0033304 (17%)
估计 I/O 开销 0.003125
估计子树大小 0.0033304
估计 CPU 开销 0.0002054
估计执行次数 1
所有执行的估计行数 9.9
每个执行的估计行数 9.9
估计行大小 25 字节
Ordered False
节点 ID 2
Predicate
[OrderDB].[dbo].[OrderDetail].[price] as [b].[price]>(3000.00)
对象
[OrderDB].[dbo].[OrderDetail].[OrderDetailPK] [b]
输出列表
[OrderDB].[dbo].[OrderDetail].productNo,
[OrderDB].[dbo].[OrderDetail].quantity,
[OrderDB].[dbo].[OrderDetail].price


图 8-2　聚集索引扫描属性值

在图 8-2 中包含了聚集索引扫描运算符的编译时间、所需内存、缓存计划大小、并行度、内存授权、编译执行所需要的参数以及变量值等信息。

2. 文本方式

文本方式采用竖线(|)标示子运算符和当前运算的子父关系，数据流方向都是从子运算符流向父运算符的，虽然文本展现方式不够直观，但如果掌握了文本的阅读方式，此方式更易阅读，尤其在涉及很大的大型计划时，此方式更容易保存、处理、搜索和比较。

此方式在 SSMS 中没有提供快捷键，需要用语句开启，开启的方式有如下两种。

(1) 只开启或关闭执行计划，不包括详细的评估值。SQL 语句如下：

```
SET SHOWPLAN_TEXT ON|OFF
```

(2) 开启或关闭所有的执行计划明细，包括各个属性的评估值。SQL 语句如下：

```
SET SHOWPLAN_ALL ON|OFF
```

【例 8.2】 查找订购总金额在 5000 元以上的客户编号、客户名称和订购总金额。

SQL 语句如下：

```
SELECT a.customerNo ,customerName,sum(orderSum)            //订购总金额
FROM Customer a,OrderMaster b
WHERE a.customerNo=b.customerNo
GROUP BY a.customerNo ,customerName
HAVING sum(orderSum)>=5000
```

运行后结果如图 8-3 所示。

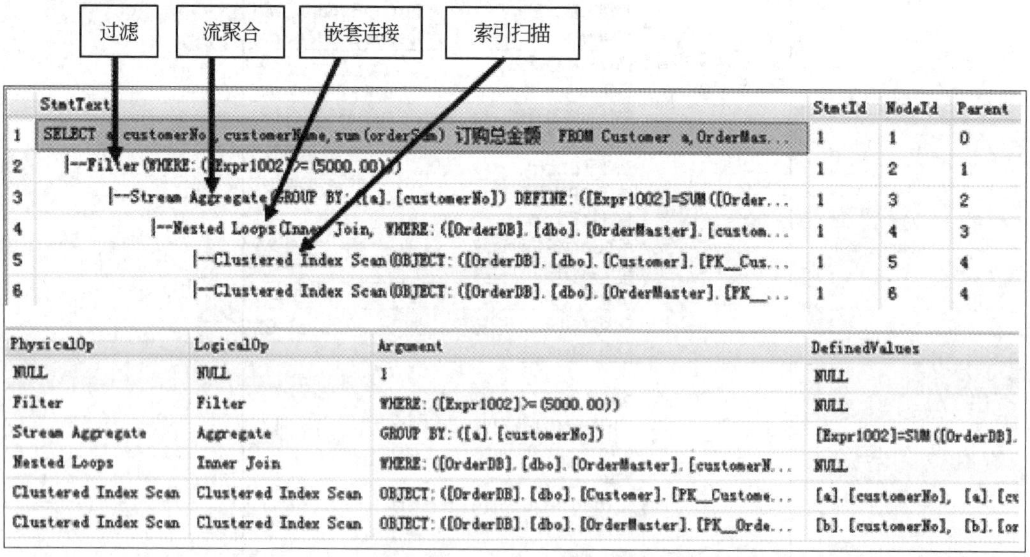

过滤
流聚合
嵌套连接
索引扫描

<table>
<tr><th></th><th>StmtText</th><th>StmtId</th><th>NodeId</th><th>Parent</th></tr>
<tr><td>1</td><td>SELECT a.customerNo, customerName, sum(orderSum) 订购总金额 FROM Customer a,OrderMas...</td><td>1</td><td>1</td><td>0</td></tr>
<tr><td>2</td><td>|--Filter(WHERE:([Expr1002]>=(5000.00)))</td><td>1</td><td>2</td><td>1</td></tr>
<tr><td>3</td><td>|--Stream Aggregate(GROUP BY:([a].[customerNo]) DEFINE:([Expr1002]=SUM([Order...</td><td>1</td><td>3</td><td>2</td></tr>
<tr><td>4</td><td>|--Nested Loops(Inner Join, WHERE:([OrderDB].[dbo].[OrderMaster].[custom...</td><td>1</td><td>4</td><td>3</td></tr>
<tr><td>5</td><td>|--Clustered Index Scan(OBJECT:([OrderDB].[dbo].[Customer].[PK__Cus...</td><td>1</td><td>5</td><td>4</td></tr>
<tr><td>6</td><td>|--Clustered Index Scan(OBJECT:([OrderDB].[dbo].[OrderMaster].[PK__...</td><td>1</td><td>6</td><td>4</td></tr>
</table>

| PhysicalOp | LogicalOp | Argument | DefinedValues |
|---|---|---|---|
| NULL | NULL | 1 | NULL |
| Filter | Filter | WHERE:([Expr1002]>=(5000.00)) | NULL |
| Stream Aggregate | Aggregate | GROUP BY:([a].[customerNo]) | [Expr1002]=SUM([OrderDB]. |
| Nested Loops | Inner Join | WHERE:([OrderDB].[dbo].[OrderMaster].[customerN... | NULL |
| Clustered Index Scan | Clustered Index Scan | OBJECT:([OrderDB].[dbo].[Customer].[PK__Custome... | [a].[customerNo], [a].[cu |
| Clustered Index Scan | Clustered Index Scan | OBJECT:([OrderDB].[dbo].[OrderMaster].[PK__Orde... | [b].[customerNo], [b].[or |

图 8-3　例 8.2 的执行计划 1

图 8-3 是文本查询计划的分析方式，其执行过程是从最里面的运算符开始执行，数据流方向也是依次从子运算符流向父运算符。

### 3. XML 方式

XML 方式结合了文本方式和图形方式的优点，其主要的特点是依据 XML 的规范，利用编程的方式进行标准 XML 操作，利于查询。利用 SQL Server 2019 中的 XML 的数据类型和内置 XQuery 功能进行查询。此方式尤其对于超大型的查询计划查看非常方便。

SQL 语句如下：

```
SET STATISTICS XML ON|OFF
```

【例 8.3】 查询单价高于 3000 元的商品编号、商品名称、订货数量和订货单价。

SQL 语句如下：

```
SELECT a.productNo,productName,quantity,price
FROM Product a, OrderDetail b
WHERE a.productNo=b.productNo AND price>3000
ORDER BY productName
```

运行后结果如图 8-4 所示。

结果 消息

| | productNo | productName | quantity | price |
|---|---|---|---|---|
| 1 | P20200005 | TCL-D55A630U | 2 | 3399.00 |
| 2 | P20200005 | TCL-D55A630U | 3 | 3399.00 |
| 3 | P20200005 | TCL-D55A630U | 1 | 3399.00 |
| 4 | P20210001 | 飞利浦65英寸64位九核 | 5 | 5899.00 |
| 5 | P20200004 | 海信55英寸4K智能电视 | 2 | 3999.00 |

| | Microsoft SQL Server 2005 XML Showplan |
|---|---|
| 1 | <ShowPlanXML xmlns="http://schemas.microsoft.co... |

单击将输出XML文件

图 8-4 例 8.3 的执行计划 2

单击 XML 链接地址，再右击，出现如图 8-5 所示的界面。

在图 8-5 所示的界面中单击“显示执行计划 XML”，出现如图 8-6 所示的界面。

XML 方式展现了非常详细的查询计划信息，简单分析如下。

(1) StmtSimple：描述了 T-SQL 的执行文本，并且详细分析了该语句的类型，以及各个属性的评估值。

(2) StatementSetOptions：描述该语句的各种属性值的设置值。

(3) QueryPlan：是详细的执行计划，包括执行计划的并行的线程数、编译时间、内存占有量等。

(4) OutputList：输出参数列表，在中间这部分就是具体的不同执行运算符的信息，并且包括详细的预估值等。

(5) Sort：排序属性。

XML 方式提供的信息最为全面，并且在 SQL Server 内部存储的查询计划类型也为 XML 数据类型。

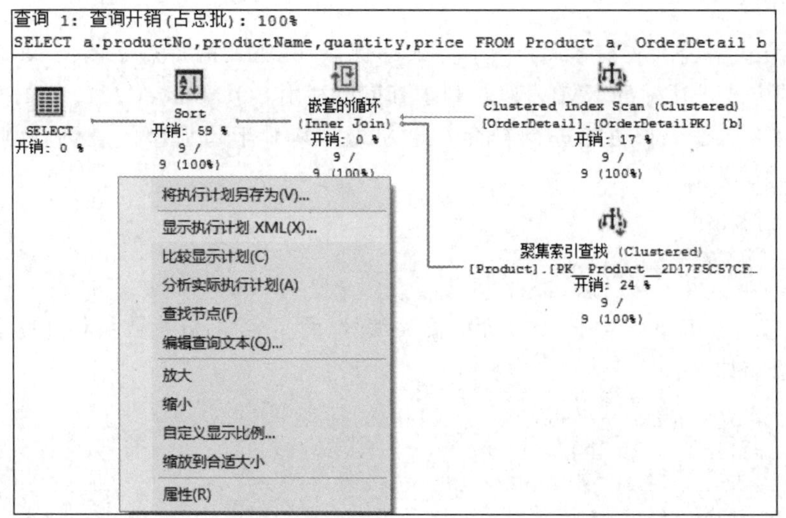


图 8-5　例 8.3 的执行计划 3

```
<Statements>
  <StmtSimple StatementText="SELECT a.productNo,productName,quantity,price&#xD;&#xA;FROM Product a, OrderDetail b&#xD;&#
    <StatementSetOptions QUOTED_IDENTIFIER="true" ARITHABORT="true" CONCAT_NULL_YIELDS_NULL="true" ANSI_NULLS="true" ANS
    <QueryPlan DegreeOfParallelism="0" MemoryGrant="1024" NonParallelPlanReason="NoParallelPlansInDesktopOrExpressEditic
      <MemoryGrantInfo SerialRequiredMemory="512" SerialDesiredMemory="544" RequiredMemory="512" DesiredMemory="544" Req
      <OptimizerHardwareDependentProperties EstimatedAvailableMemoryGrant="103739" EstimatedPagesCached="25934" Estimate
      <RelOp NodeId="0" PhysicalOp="Sort" LogicalOp="Sort" EstimateRows="9" EstimateIO="0.0112613" EstimateCPU="0.000144
        <OutputList>
          <ColumnReference Database="[OrderDB]" Schema="[dbo]" Table="[Product]" Alias="[a]" Column="productNo" />
输出列表  <ColumnReference Database="[OrderDB]" Schema="[dbo]" Table="[Product]" Alias="[a]" Column="productName" />
          <ColumnReference Database="[OrderDB]" Schema="[dbo]" Table="[OrderDetail]" Alias="[b]" Column="quantity" />
          <ColumnReference Database="[OrderDB]" Schema="[dbo]" Table="[OrderDetail]" Alias="[b]" Column="price" />
        </OutputList>
        <MemoryFractions Input="1" Output="1" />
        <RunTimeInformation>
          <RunTimeCountersPerThread Thread="0" ActualRows="9" ActualRebinds="1" ActualRewinds="0" ActualEndOfScans="1" A
        </RunTimeInformation>
        <Sort Distinct="0">
          <OrderBy>
            <OrderByColumn Ascending="1">
排序属性      <ColumnReference Database="[OrderDB]" Schema="[dbo]" Table="[Product]" Alias="[a]" Column="productName" />
            </OrderByColumn>
          </OrderBy>
          <RelOp NodeId="1" PhysicalOp="Nested Loops" LogicalOp="Inner Join" EstimateRows="9" EstimateIO="0" EstimateCPU
            <OutputList>
              <ColumnReference Database="[OrderDB]" Schema="[dbo]" Table="[Product]" Alias="[a]" Column="productNo" />
```

图 8-6　例 8.3 的 XML 执行计划

### 8.1.4　SQL Server 所使用的逻辑和物理运算符[①]

SSMS 集成环境是交互式图形工具，数据库管理员或开发人员使用该工具可以编写查询、同时执行多个查询、查看结果、分析查询计划和获得提高查询性能的帮助。

在 SQL 语句执行的时候，SQL Server 都会将语句分解为一些基本的结构单元，这些结构单元统称为“运算符”。每一个运算符都实现一个单独的基本操作，比如表扫描、索引查找、索引扫描、过滤等。每个运算符可以循环迭代，也可以延续子运算符，这样就可以组

① 本节参考 https://www.cnblogs.com/zhijianliutang/p/4133226.html 网页的内容。

成查询树,即查询计划。

每条SQL语句都会通过多种运算符进行组合形成不同的查询计划,并且这些查询计划对于结果的筛选都是有效的,但在执行时,SQL Server的查询优化器会自动选择一个最优的查询计划来执行。

每个运算符都会有源数据的输入和结果数据的输出,源数据的输入可以来源于其他的运算符或者直接从数据源表中读取,经过本身的运算进行结果的输出,所以每一个运算符是独立的。

【例8.4】 统计客户数量。

SQL语句如下:

```
SELECT count(*)
FROM Customer
```

执行上述SQL语句的执行计划如图8-7所示。

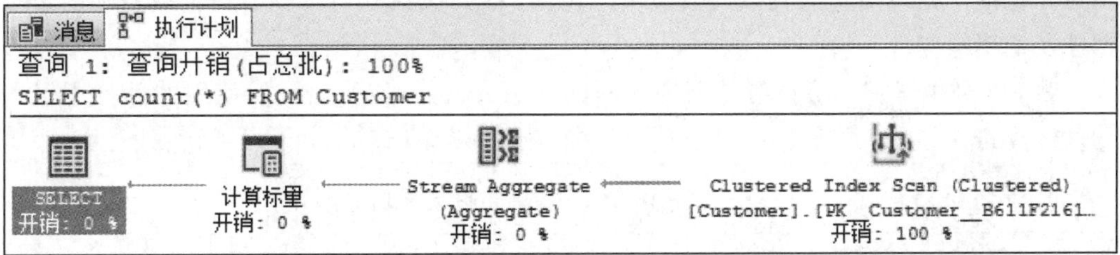


图8-7　例8.4的执行计划

此查询生成了4个运算符,每一个运算符会有两个属性影响其执行的效率。

**1.内存消耗**

所有的运算符都需要一定的内存来完成执行。当一条T-SQL语句经过编译后生成查询计划后,SQL Server会选择最优的查询计划去固定内存,目的是再次执行时不需要重新申请内存而浪费时间,从而加快执行速度。

但有一些运算符需要额外的内存空间来存储行数据,这样的运算符所需要的内存量通常就与处理的数据行数成正比。如果出现如下几种情况则会导致内存不能申请到,而影响执行性能。

(1) 如果服务器上正在执行其他类似的内存消耗巨大的查询,导致系统内存剩余不足时,当前的查询就得延迟进行,直接影响性能。

(2) 当并发量过大时,多个查询竞争有限的内存资源,服务器会适当地控制并发和减少吞吐量来维护机器性能,这时同样也会影响性能。

(3) 如果当前申请到的可用内存很少,SQL Server会在执行过程中与磁盘进行交换数据,通常是使用Tempdb临时库进行操作,而这个过程会很慢,如果Tempdb上的磁盘空间耗尽则查询以失败结束。

通常比较消耗内存的运算符主要有分类、哈希连接以及哈希聚合等连接操作。

**2. 阻断运算和非阻断运算**

阻断和非阻断的区别就是:在输入数据时运算符是否能够直接输出结果数据。

（1）当一个运算符在接收输入行的同时生成输出行，这种运算符就是非阻断式的。比如我们经常使用的 SELECT TOP …操作，此操作就是输入行的同时进行输出行操作。

（2）当一个运算符所产生的输出结果需要等待所有数据输入时，这个操作运算就是阻断运算的。比如 COUNT(*)操作，此操作就需要等待所有的数据行输入才能计算出结果。

提示：并不是所有的阻断式操作都要消耗内存，比如 COUNT(*)虽然为阻断式，但它不消耗内存。

在大部分的 OLTP 系统中，我们要尽量使用非阻断式操作来代替阻断式操作，这样才能更好地提高相应时间，例如使用 EXISTS 子查询来判断，比用 HAVING COUNT(*)>0 的速度要理想得多。

逻辑运算符和物理运算符描述查询或更新的执行方式。物理运算符用于处理语句的物理实现算法，如扫描聚集索引。执行查询或更新语句时，每一步都涉及物理运算符。逻辑运算符用于处理语句的关系代数操作，如执行聚合。注意，并非所有查询或更新的步骤都涉及逻辑操作。

表 8-2 列出了在图形执行计划内显示的 SQL Server 执行语句所使用的部分逻辑和物理运算符。

表 8-2　SQL Server 逻辑和物理运算符

| 图　标 | 逻辑和物理运算符 |
|---|---|
|  | Assert：逻辑和物理运算符，验证引用完整性或检查约束，或者确保子查询返回一行 |
|  | Bookmark Lookup：逻辑和物理运算符，使用书签（行 ID 或聚集键）在表或聚集索引内查找相应的行 |
|  | Clustered Index Delete：物理运算符，从聚集索引中删除行 |
|  | Clustered Index Insert：物理运算符，将行插入指定的聚集索引中 |
|  | Clustered Index Scan：逻辑和物理运算符，扫描指定的聚集索引。如果列包含 ORDERED 子句，表示查询处理器已按聚集索引排序行的顺序返回行输出；如果没有 ORDERED 子句，存储引擎将以最佳方式（不保证对输出排序）扫描索引 |
|  | Clustered Index Seek：逻辑和物理运算符，利用索引的查找能力从聚集索引中检索行 |
|  | Clustered Index Update：物理运算符，更新指定的聚集索引中的行 |
|  | Collapse：逻辑和物理运算符，优化更新操作。执行更新时，将该更新操作拆分成删除和插入操作 |
|  | Compute Scalar：逻辑和物理运算符，对表达式取值以生成计算标量值，可以将该值返回给用户或在查询中的其他位置（如在筛选谓词或连接谓词中）引用该值 |
|  | Concatenation：逻辑和物理运算符，扫描多个输入，并返回每个所扫描的行 |
|  | Constant Scan：逻辑和物理运算符，在查询中引入一个常量行。返回零或一行，该行通常不包含列。Compute Scalar 通常用于由 Constant Scan 生成的行上添加列 |
|  | Deleted Scan：逻辑和物理运算符，扫描触发器内已删除的表 |

续表

| 图标 | 逻辑和物理运算符 |
|---|---|
| | Filter：物理运算符，针对 SQL 查询结果，根据过滤条件，返回满足条件的记录集 |
| | Hash Match：物理运算符，通过计算输入行的哈希值生成哈希表。<br>(1) 对于连接，使用第一个(顶端)输入生成哈希表，使用第二个(底端)输入探测哈希表。按连接类型规定的模式输出匹配项(或不匹配项)。如果多个连接使用相同的连接列，这些操作将分组为一个哈希组。<br>(2) 对于非重复或聚合运算符，使用输入生成哈希表(删除重复项并计算聚合表达式)。生成哈希表时，扫描该表并输出所有项。<br>(3) 对于 union 运算符，使用第一个输入生成哈希表(删除重复项)。使用第二个输入(它必须没有重复项)探测哈希表，返回所有没有匹配项的行，然后扫描该哈希表并返回所有项 |
| | Hash Match Root：物理运算符，协调其下一级所有 Hash Match Team 运算符的操作。Hash Match Root 运算符及其下一级所有 Hash Match Team 运算符拥有共同的哈希函数和分区策略。Hash Match Root 运算符总是将输出返回给不是其组的成员的运算符 |
| | Hash Match Team：物理运算符，连接的哈希运算符组的一部分，这些运算符拥有共同的哈希函数和分区策略 |
| | Index Delete：物理运算符，删除指定的非聚集索引的输入行。如果 WHERE 谓词出现，则只删除满足该谓词的行 |
| | Index Insert：物理运算符，将行从它的输入插入到指定的非聚集索引中 |
| | Index Scan：逻辑和物理运算符，从指定的非聚集索引中检索所有行。如果有 WHERE 谓词，则只返回满足该谓词的行。<br>如果索引列包含 ORDERED 子句，则查询处理器按非聚集索引排序行的次序返回行。如果 ORDERED 子句没有出现，存储引擎将以最佳方式搜索索引 |
| | Index Seek：逻辑和物理运算符，利用索引的查找能力从非聚集索引中检索行 |
| | Index Spool：物理运算符，扫描其输入行，将每行的一个复本放在隐藏的假脱机文件(存储在 tempdb 数据库内并只在查询的生存周期内存在)中，并在这些行上生成索引 |
| | Index Update：物理运算符，更新指定的非聚集索引中的输入行 |
| | Inserted Scan：逻辑和物理运算符，扫描在触发器内插入的表 |
| | Log Row Scan：逻辑和物理运算符，扫描事务日志 |
| | Merge Join：物理运算符，执行 Inner Join、Left Outer Join、Left Semi Join、Left Anti Semi Join、Right Outer Join、Right Semi Join、Right Anti Semi Join 和 Union 逻辑操作。如果执行的是一到多连接，则 Merge Join 运算符包含 MERGE 谓词；如果执行的是多到多连接，则包含 MANY-TO-MANY MERG 谓词。Merge Join 要求两个输入在各自的列上排序，可通过在查询计划中插入显式排序操作实现 |
| | Nested Loops：物理运算符，执行 Inner Join、Left Outer Join、Left Semi Join 和 Left Anti Semi Join 逻辑操作。<br>嵌套循环连接一般使用索引在内表上搜索外表的每行。根据预期的成本，SQL Server 决定是否对外输入排序以便在内输入上提高索引搜索的定位准确性 |
| | Parameter Table Scan：逻辑和物理运算符，扫描在当前查询中用作参数的表。该运算符一般用于存储过程内的 INSERT 查询 |

续表

| 图标 | 逻辑和物理运算符 |
|---|---|
|  | Row Count Spool：物理运算符，对存在的行进行计数并返回不包含任何数据的行 |
|  | Sort：逻辑和物理运算符，对所有外来行排序。如果按升序对列排序，使用 ASC；如果按降序对列排序，使用值 DESC |
|  | Stream Aggregate：物理运算符，按一组列分组，并计算由查询返回的和/或查询内的其他位置所引用的一个或多个聚合表达式 |
|  | Table Delete：物理运算符，删除指定的表中的行。如果 WHERE 谓词出现，则只删除满足该谓词的行 |
|  | Table Insert：物理运算符，将行从其输入插入指定的表中 |
|  | Table Scan：逻辑和物理运算符，检索指定表中的所有行。如果 WHERE 谓词出现，则只返回满足该谓词的行 |
|  | Table Spool：物理运算符，扫描输入并将每行的复本放在隐藏假脱机表（存储在 tempdb 数据库内并只在查询的生存周期内存在）中 |
|  | Table Update：物理运算符，更新指定表中的输入行。如果 WHERE 谓词出现，则只更新满足该谓词的行 |
|  | Top：逻辑和物理运算符，扫描输入，从顶端开始返回指定数目或百分比数目的行 |

在 SQL 查询分析器中，从右到左、从上到下读取图形执行计划输出，并显示所分析的批处理内的每个查询，包括每个查询的成本占批处理总成本的百分比。

树结构内的每个节点都用一个图标表示，指定用于执行部分查询或语句的逻辑运算符和物理运算符。

每个节点都与一个父节点相关。所有具有相同父节点的节点都绘制在相同的列内。规则用箭头将每个节点连接到其父节点。

【例 8.5】 统计没有订货的客户数量。

SQL 语句如下：

```
SELECT count(*)
FROM Customer
WHERE customerNo NOT IN
        ( SELECT customerNo
          FROM OrderMaster )
```

执行上述 SQL 语句的执行计划如图 8-8 所示。

从图 8-8 中可以看到其执行了如下步骤。

(1) 首先对 Customer 表进行簇索引扫描，代价估计为 49%。

(2) 对 OrderMaster 表进行簇索引扫描，代价估计为 50%。

(3) 在内存中提取 OrderMaster 表的数据，由于没有 I/O 操作，其成本可以不计。

(4) 在内存中对两张表做一个左外嵌套连接，其代价为 1%。

(5) 在相应的输出流中做了一个行的汇总，对应于 COUNT(*)命令。其中，嵌套连接是一种物理运算，汇总也是一种物理运算。

(6) 汇总后，从行中计算新值。

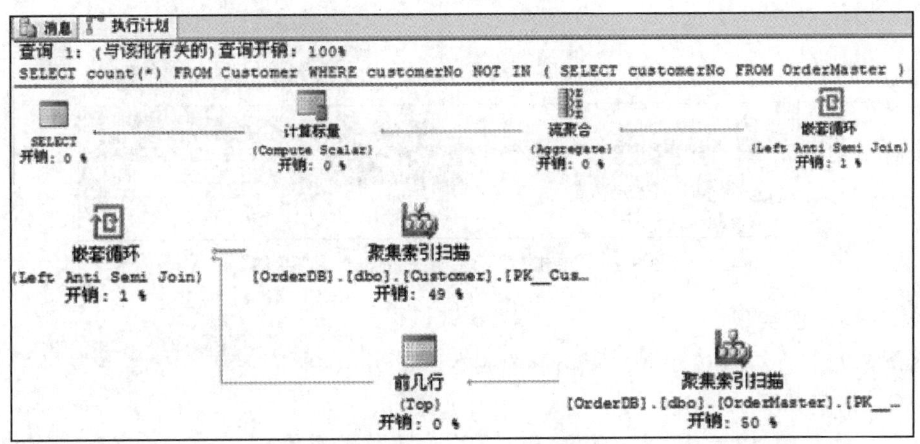


图 8-8 例 8.5 的执行计划

【例 8.6】 查询所有的客户信息。

SQL 语句如下：

```
SELECT * FROM Customer
```

其执行计划如图 8-9 所示。

图 8-9 例 8.6 的执行计划

从图 8-9 可以看出 SELECT 直接从 Customer 表查询数据。

## 8.2 实验十六：执行计划

### 8.2.1 实验目的与要求

(1) 掌握 SQL 查询语句的执行过程。

(2) 熟练使用“显示执行计划”功能，查看并分析 SQL 语句的执行过程。

(3) 能够运用执行计划的结果对 SQL 语句进行优化。

### 8.2.2 实验案例

**1. 实验环境**

(1) 启动 SQL Server Management Studio。

(2) 选择要操作的数据库，如订单数据库 OrderDB。

(3) 在查询窗口输入一条 SQL 语句。

(4) 单击“显示估计的执行计划”按钮，如图 8-10 所示。

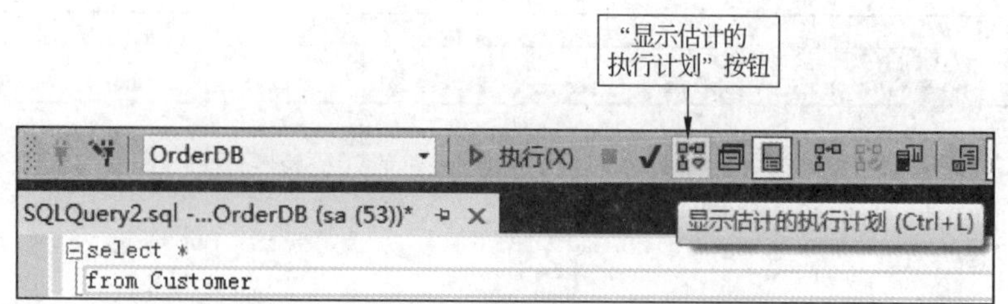


图 8-10　单击"显示估计的执行计划"按钮

2. 实验案例实现

【例 8.7】 查看执行计划和所花费的成本。

SQL 语句如下：

```
SELECT productName
FROM OrderDetail b, Product a
WHERE b.productNo=a.productNo
```

其执行计划如图 8-11 所示。

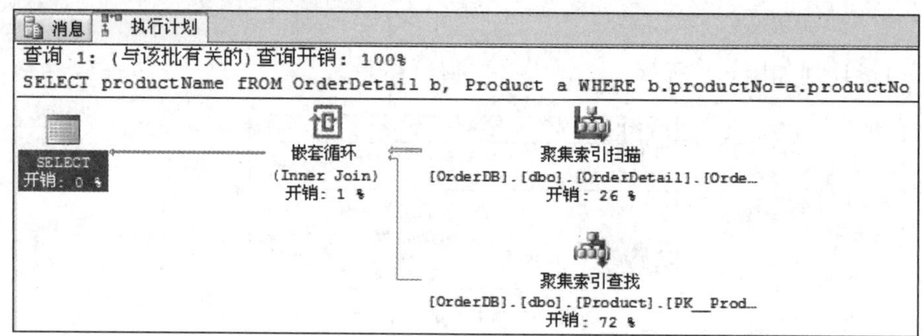


图 8-11　例 8.7 的执行计划

将鼠标放在某个物理或逻辑运算符中，如图 8-12 所示。

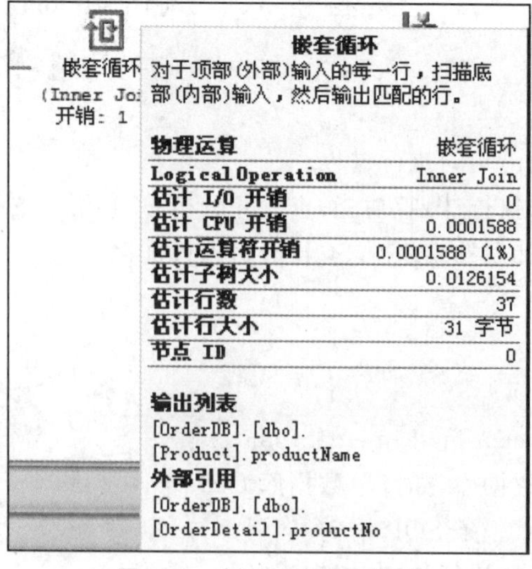


图 8-12　例 8.7 的执行计划

【例 8.8】 查找订购了“华为手环 B3”的商品的客户编号、客户名称、订单编号、订货数量和订货金额，并按客户编号排序输出。

SQL 语句如下：

```
SELECT a.customerNo, customerName, b.orderNo, quantity, quantity*price total
FROM Customer a, OrderMaster b, OrderDetail c, Product d
WHERE a.customerNo=b.customerNo AND b.orderNo=c.orderNo
      AND c.productNo=d.productNo AND productName='华为手环 B3'
ORDER BY a.customerNo
```

其执行计划如图 8-13 所示。从图 8-13 中可以看到其执行了如下步骤。

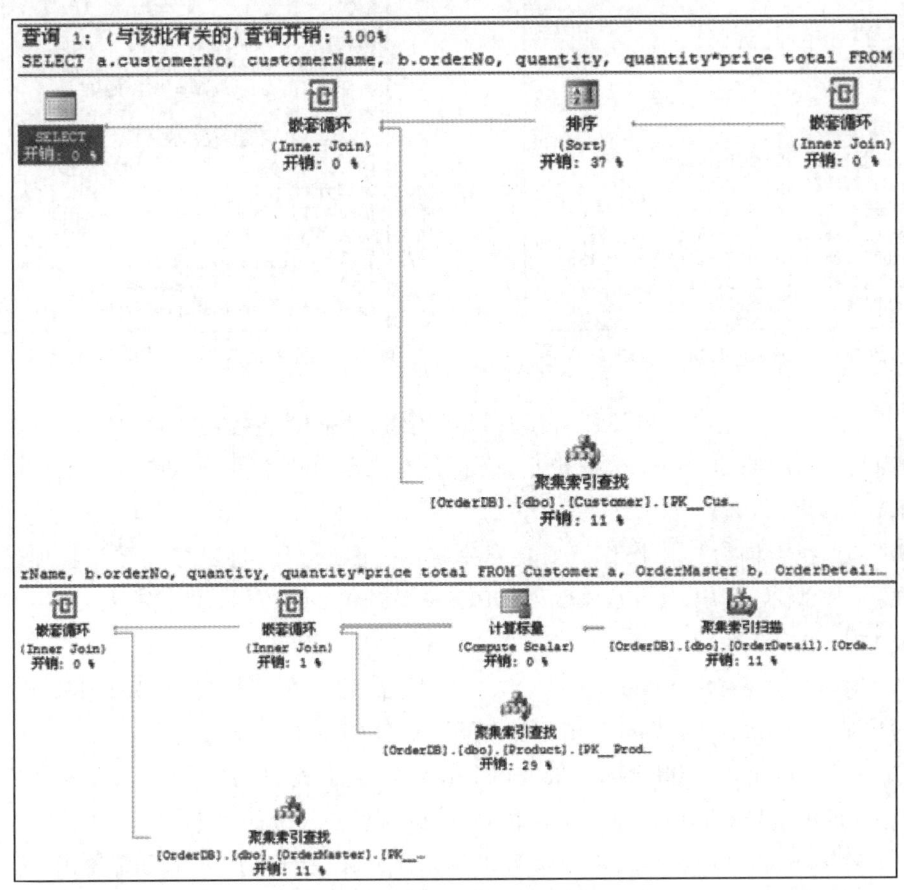


图 8-13　例 8.8 的执行计划 1

(1) 首先对 OrderDetail 表进行簇索引全表扫描，代价估计为 11%。

将鼠标放在该物理运算符上，如图 8-14 所示，其中，I/O 成本为 0.003152，CPU 成本为 0.0001988，总成本为 0.0033238，代价估计为 11%。

(2) 在内存中提取第(1)步得到的结果，代价忽略不计。

(3) 在 Product 表中使用主键簇索引扫描，并将扫描结果中满足“华为手环 B3”的商品选取出来，代价估计为 29%。

将鼠标放在该物理运算符上，如图 8-15 所示。

**聚集索引扫描**
整体扫描聚集索引或只扫描一定范围。

| 物理运算 | 聚集索引扫描 |
| --- | --- |
| Logical Operation | Clustered Index Scan |
| 估计 I/O 开销 | 0.003125 |
| 估计 CPU 开销 | 0.0001988 |
| 估计运算符开销 | 0.0033238 (11%) |
| 估计子树大小 | 0.0033238 |
| 估计行数 | 38 |
| 估计行大小 | 37 字节 |
| 已排序 | False |
| 节点 ID | 5 |

**对象**
[OrderDB].[dbo].[OrderDetail].
[OrderDetailPK] [c]
**输出列表**
[OrderDB].[dbo].[OrderDetail].orderNo,
[OrderDB].[dbo].[OrderDetail].productNo,
[OrderDB].[dbo].[OrderDetail].quantity,
[OrderDB].[dbo].[OrderDetail].price

图 8-14　例 8.8 的执行计划 2

**聚集索引查找**
扫描聚集索引中特定范围的行。

| 物理运算 | 聚集索引查找 |
| --- | --- |
| Logical Operation | Clustered Index Seek |
| 估计 I/O 开销 | 0.003125 |
| 估计 CPU 开销 | 0.0001581 |
| 估计运算符开销 | 0.0091328 (29%) |
| 估计子树大小 | 0.0091328 |
| 估计行数 | 1 |
| 估计行大小 | 21 字节 |
| 已排序 | True |
| 节点 ID | 9 |

**谓词**
[OrderDB].[dbo].[Product].[productName]
as [d].[productName]='32M DRAM'
**对象**
[OrderDB].[dbo].[Product].
[PK__Product__023D5A04] [d]
**输出列表**
[OrderDB].[dbo].[Product].productName
**Seek 谓词**
前缀: [OrderDB].[dbo].[Product].productNo
= [OrderDB].[dbo].[OrderDetail].
[productNo] as [c].[productNo]

图 8-15　例 8.8 的执行计划 3

(4) 在内存中对第(2)和(3)步得到的结果做一个嵌套连接，获得订购了“华为手环B3”的商品的订单明细。由于数据量小，该嵌套连接在内存中进行，没有涉及 I/O 操作，代价不高，估计为 1%。

实际上，执行嵌套连接操作需要耗费一定的 CPU 时间，将鼠标放在该物理运算符上，如图 8-16 所示，其中，I/O 成本为 0，CPU 成本为 0.000 158 8，总成本为 0.000 177 1，这个成本比较小。

(5) 对订单主表 OrderMaster 进行簇索引扫描，按订单编号提取 OrderMaster 表中相应的记录，代价估计为 11%，如图 8-17 所示。

(6) 将第(4)和(5)步得到的结果做一个嵌套连接，获得订购“华为手环 B3”的商品的客户编号、订单编号等相应信息。由于仅在内存中执行，代价估计为 0。

(7) 对第(6)得到的结果按客户编号进行排序操作，代价为 37%，如图 8-18 所示，其中，I/O 成本为 0.011 261 3，CPU 成本为 0.000 105 3，总成本为 0.011 366 6，可见排序的成本是比较高的。

(8) 对客户表 Customer 进行聚集索引扫描，按客户编号提取 Customer 表中相应的记录，代价估计为 11%，如图 8-19 所示。

(9) 将第(7)和(8)步得到的结果做一个嵌套连接，获得订购“华为手环 B3”的商品的客户编号、订单编号、客户名称、订购数量、订购单价等相应信息。由于仅在内存中执行，代价估计为 0。

(10) 将第(9)步得到的结果输出，由于仅在内存中执行，代价估计为 0。

| 嵌套循环 | |
|---|---|
| 对于顶部(外部)输入的每一行，扫描底部(内部)输入，然后输出匹配的行。 | |
| 物理运算 | 嵌套循环 |
| Logical Operation | Inner Join |
| 估计 I/O 开销 | 0 |
| 估计 CPU 开销 | 0.0001588 |
| 估计运算符开销 | 0.0001771 (1%) |
| 估计子树大小 | 0.0126375 |
| 估计行数 | 2.53333 |
| 估计行大小 | 32 字节 |
| 节点 ID | 3 |
| **输出列表** | |
| [OrderDB].[dbo].[OrderDetail].orderNo, [OrderDB].[dbo].[OrderDetail].quantity, Expr1008 | |
| **外部引用** | |
| [OrderDB].[dbo].[OrderDetail].productNo | |

图 8-16　例 8.8 的执行计划 4

| 聚集索引查找 | |
|---|---|
| 扫描聚集索引中特定范围的行。 | |
| 物理运算 | 聚集索引查找 |
| Logical Operation | Clustered Index Seek |
| 估计 I/O 开销 | 0.003125 |
| 估计 CPU 开销 | 0.0001581 |
| 估计运算符开销 | 0.0035255 (11%) |
| 估计子树大小 | 0.0035255 |
| 估计行数 | 1 |
| 估计行大小 | 28 字节 |
| 已排序 | True |
| 节点 ID | 10 |
| **对象** | |
| [OrderDB].[dbo].[OrderMaster].[PK__OrderMaster__0425A276] [b] | |
| **输出列表** | |
| [OrderDB].[dbo].[OrderMaster].orderNo, [OrderDB].[dbo].[OrderMaster].customerNo | |
| **Seek 谓词** | |
| 前缀: [OrderDB].[dbo].[OrderMaster].orderNo = [OrderDB].[dbo].[OrderDetail].[orderNo] as [c].[orderNo] | |

图 8-17　例 8.8 的执行计划 5

| 排序 | |
|---|---|
| 对输入进行排序。 | |
| 物理运算 | 排序 |
| Logical Operation | Sort |
| 估计 I/O 开销 | 0.0112613 |
| 估计 CPU 开销 | 0.0001053 |
| 估计运算符开销 | 0.0113666 (37%) |
| 估计子树大小 | 0.0275402 |
| 估计行数 | 2.53333 |
| 估计行大小 | 41 字节 |
| 节点 ID | 1 |
| **输出列表** | |
| [OrderDB].[dbo].[OrderMaster].orderNo, [OrderDB].[dbo].[OrderMaster].customerNo, [OrderDB].[dbo].[OrderDetail].quantity, Expr1008 | |
| **排序依据** | |
| [OrderDB].[dbo].[OrderMaster].customerNo 升序 | |

图 8-18　例 8.8 的执行计划 6

| 聚集索引查找 | |
|---|---|
| 扫描聚集索引中特定范围的行。 | |
| 物理运算 | 聚集索引查找 |
| Logical Operation | Clustered Index Seek |
| 估计 I/O 开销 | 0.003125 |
| 估计 CPU 开销 | 0.0001581 |
| 估计运算符开销 | 0.0035255 (11%) |
| 估计子树大小 | 0.0035255 |
| 估计行数 | 1 |
| 估计行大小 | 40 字节 |
| 已排序 | True |
| 节点 ID | 11 |
| **对象** | |
| [OrderDB].[dbo].[Customer].[PK__Customer__7F60ED59] [a] | |
| **输出列表** | |
| [OrderDB].[dbo].[Customer].customerNo, [OrderDB].[dbo].[Customer].customerName | |
| **Seek 谓词** | |
| 前缀: [OrderDB].[dbo].[Customer].customerNo = [OrderDB].[dbo].[OrderMaster].[customerNo] as [b].[customerNo] | |

图 8-19　例 8.8 的执行计划 7

注意：你运行的结果可能与这里的结果不一致，其原因是与本机的软硬件环境有关。

【例 8.9】　查询销售金额最大的客户名称和总货款。

SQL 语句如下：

```
SELECT a.customerNo, customerName, sum(orderSum)
FROM customer a, OrderMaster b
WHERE a.customerNo=b.customerNo
GROUP BY a.customerNo, customerName
HAVING sum(orderSum)=(
        SELECT max(sumOrder)
        FROM ( SELECT customerNo, sum(orderSum) AS sumOrder
               FROM OrderMaster
               GROUP BY customerNo ) c
    )
```

其执行计划如图 8-20 所示。

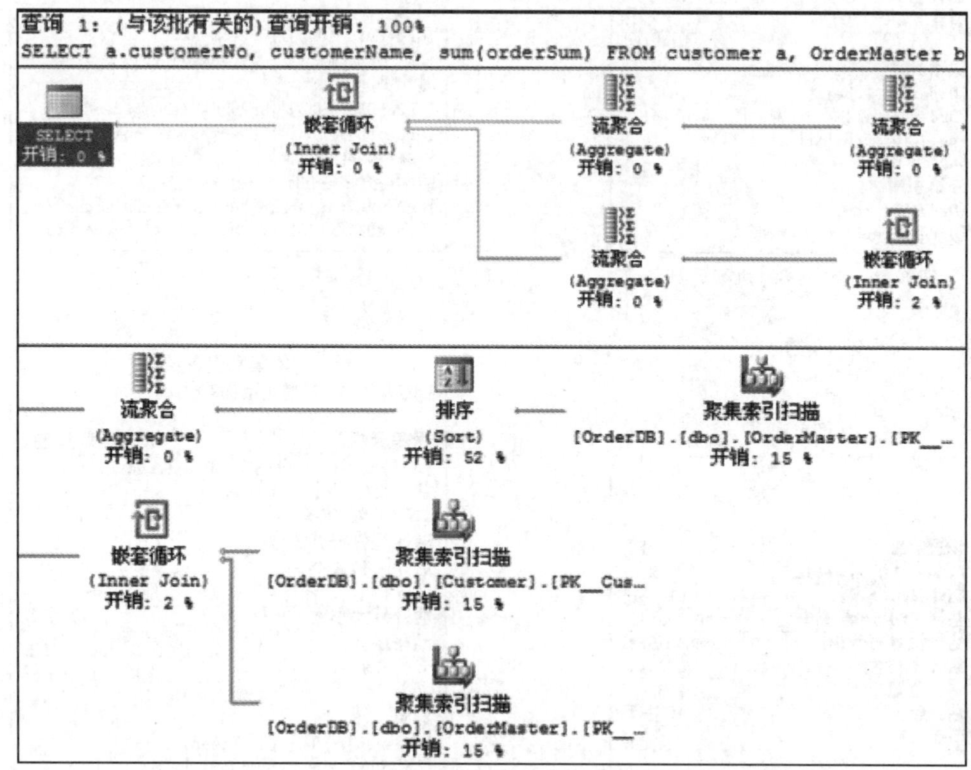


图 8-20 例 8.9 的执行计划 1

从图 8-20 中可以看到其执行步骤:

(1) 首先对 OrderMaster 表进行簇索引扫描,代价估计为 15%。

将鼠标放在该物理运算符上,如图 8-21 所示,其中,I/O 成本为 0.003 125,CPU 成本为 0.000 168,总成本为 0.003 293,代价估计为 15%。

(2) 对扫描得到的记录进行排序,代价估计为 52%。

(3) 在相应的排序流中进行汇总操作,对应于如下语句:

```
SELECT customerNo, sum(orderSum) AS sumOrder
FROM OrderMaster
GROUP BY customerNo
```

由于没有 I/O 操作，其成本可以不计，其代价为 0。

实际上，执行汇总操作需要耗费一定的 CPU 时间，将鼠标放在该物理运算符上，如图 8-22 所示，其中，I/O 成本为 0，CPU 成本为 0.000 009，总成本为 0.000 009，这个成本可以忽略不计。

**聚集索引扫描**

整体扫描聚集索引或只扫描一定范围。

| 物理运算 | 聚集索引扫描 |
|---|---|
| Logical Operation | Clustered Index Scan |
| 估计 I/O 开销 | 0.003125 |
| 估计 CPU 开销 | 0.000168 |
| 估计运算符开销 | 0.003293 (15%) |
| 估计子树大小 | 0.003293 |
| 估计行数 | 10 |
| 估计行大小 | 21 字节 |
| 已排序 | False |
| 节点 ID | 4 |

**对象**

[OrderDB].[dbo].[OrderMaster].
[PK__OrderMaster__0425A276]

**输出列表**

[OrderDB].[dbo].[OrderMaster].customerNo,
[OrderDB].[dbo].[OrderMaster].orderSum

图 8-21　例 8.9 的执行计划 2

**流聚合**

在相应排序的流中，计算多組行的汇总值。

| 物理运算 | 流聚合 |
|---|---|
| Logical Operation | Aggregate |
| 估计 I/O 开销 | 0 |
| 估计 CPU 开销 | 0.000009 |
| 估计运算符开销 | 0.000009 (0%) |
| 估计子树大小 | 0.0147151 |
| 估计行数 | 6 |
| 估计行大小 | 24 字节 |
| 节点 ID | 2 |

**输出列表**

Expr1008

**分組依据**

[OrderDB].[dbo].
[OrderMaster].customerNo

图 8-22　例 8.9 的执行计划 3

(4) 在相应的排序流中，对其汇总数据做进一步的汇总操作，获得订单总额最高的客户编号和订单总额，对应语句：

```
SELECT customerNo, max(sumOrder)
```

由于没有 I/O 操作，其成本可以不计，其代价为 0。

(5) 对 Customer 表进行簇索引扫描，代价估计为 15%。

(6) 对 OrderMaster 表进行簇索引扫描，代价估计为 15%。

(7) 在内存中对第(5)和(6)步得到的结果做一个嵌套连接，得到客户的编号、客户名称和货物的订购总额，其代价为 2%。

(8) 在内存中对第(9)和(4)步得到的结果做一个嵌套连接，获得订单总额最高的客户编号、客户名称和订单总额。由于没有 I/O 操作，其成本可以不计，其代价为 0。

(9) 对第(8)步得到的结果进行聚合操作，由于没有 I/O 操作，其成本可以不计，其代价为 0。

(10) 将第(9)和(4)步得到的结果进行嵌套连接，由于没有 I/O 操作，其成本可以不计，其代价为 0。

### 8.2.3　实验内容

在订单数据库中，查看如下的查询，并分析其执行过程。

(1) 使用子查询查找“酷睿四核 i5-6500”商品的销售情况，要求显示相应的销售员的姓名、性别,销售日期、销售数量和金额,其中性别用“男”或“女”表示。

(2) 查找每个员工的销售记录,要求显示销售员的编号、姓名、性别、商品名称、数量、单价、金额和销售日期,其中性别使用“男”或“女”表示,日期使用“yyyy-mm-dd”格式显示,并按销售员编号的升序排序输出。

(3) 实验问题:SQL 语句有哪些优化规则?

# 第9章

# 数据库应用开发

本章介绍基于 SQL Server 的数据库应用开发,从软件系统来讲,把整个系统分成 3 层:表示层(用户界面)、业务逻辑层(数据处理层)和数据层(数据表示与存储)。数据库的应用开发分为 C/S 模式下的开发和 B/S 模式下的开发。这两种模式下的开发技术是不同的,本章分别进行介绍。

## 9.1 相关知识

### 9.1.1 C/S 模式下的数据库应用开发

C/S 模式的数据库应用开发结构分为两层、三层或多层。两层结构是指一端为客户端,另一端为服务器。数据存放在服务器上,客户端作为程序的另一部分(完成业务逻辑和显示逻辑)存在于客户端桌面计算机上。

客户端的主要任务是向服务器发送请求,并接收结果;而服务器的主要任务是接收请求,完成计算,并把结果反馈给客户端。客户/服务器系统的这两个部件通过网络连接相互通信,并且可扩展到任意规模。

三层结构具体如下。

(1) 客户层(表示层),即客户机上的 GUI 应用,一般不在客户层存放业务逻辑或存放很少。

(2) 中间层(业务逻辑层),通常由应用服务器或 Web 服务器实现,中间层提供业务逻辑和事务调度等,它充当客户与数据库之间的桥梁。

(3) 数据库层,通常存放在 SQL Server、Oracle 等关系数据库系统中。在两层结构中,中间层和数据源层合并到一起。虽然上面定义的三个独立层次常常位于不同的机器,但在小一点的系统中,中间层和数据层可处在同一机器上。

下面介绍 C/S 模式下的两层数据库应用开发常用的 ADO 数据访问技术,具体将介绍在 Visual C++ 中使用 ADO 的 3 种不同方法。

**1. 直接使用 ADO Data 控件访问数据库**

开发 ADO 应用程序时,最简单的方式是使用 ADO Data 控件配合其他控件来实现简单的数据显示和操纵。但 Visual C++ 的初始环境中没有数据库访问控件,需要手动添加,方法如下。

ADO Data 控件可以快速建立数据绑定的控件和数据提供者之间的连接,其用法将在后面介绍。在 Visual C++ 中添加 ADO Data 控件的过程如下。

(1) 选择 Projects→Add To Project→Components and Controls Gallery，弹出对话框，如图 9-1 所示。

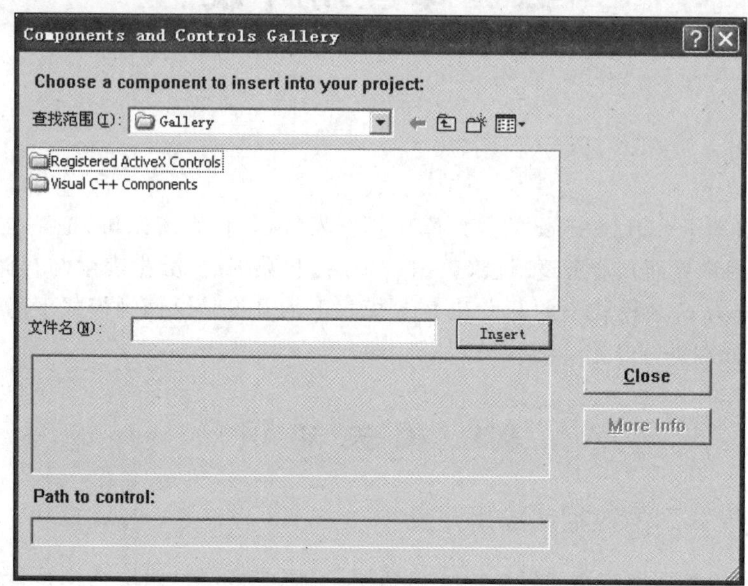


图 9-1　Components and Controls Gallery 对话框

(2) 打开 Registered ActiveX Controls 文件夹，选择 Microsoft ADO Data Control 6.0 (Sp6)(OLEDB)，单击 Insert 按钮，弹出 Confirm Classes 对话框，如图 9-2 所示。

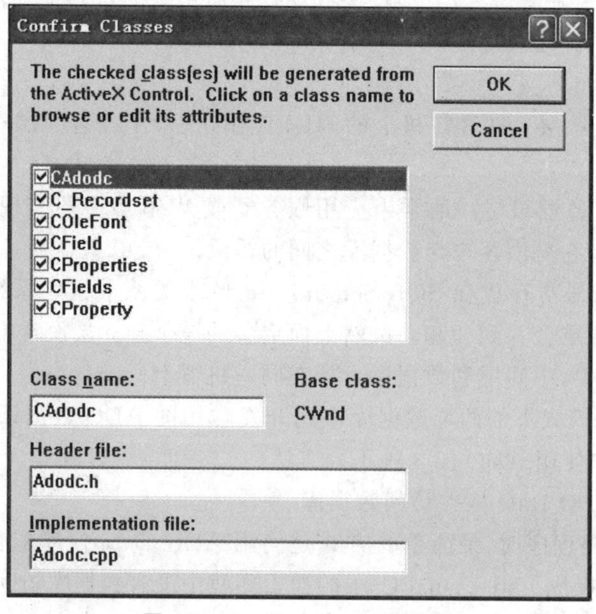


图 9-2　Confirm Classes 对话框

(3) 图 9-2 中显示了与这些控件相关的所有类，单击 OK 按钮，ADO Data 控件就添加到工程 Controls 面板中了，如图 9-3 所示。

ADO Data 控件一般与数据绑定控件配合使用，数据绑定控件就是具有“数据源”属性的控件，当把这些控件绑定到某一个数据源时，控件中就会显示当前数据源的内容，不同的数据绑定控件显示数据的方式不同。DataGrid 以网格的形式显示当前数据库表的数据，其浏览方式类似于在电子表格中浏览数据。

在 Visual C++ 中添加 DataGrid 控件的方法与添加 ADO Data 控件的方法类似，过程如下。

(1) 选择 Projects→Add To Project→Components and Controls，弹出对话框。

(2) 打开 Registered ActiveX Controls 文件夹，选择 Microsoft DataGrid Control 6.0 (Sp6)(OLEDB)，单击 Insert 按钮，弹出设置后的 Confirm Classes 对话框，如图 9-4 所示。

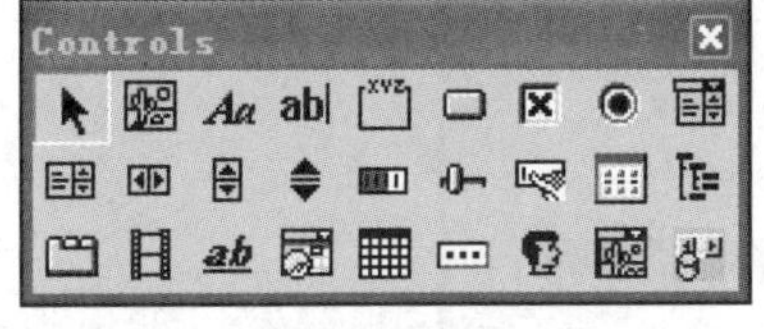


图 9-3 添加 ADO Data 控件后的 Controls 面板

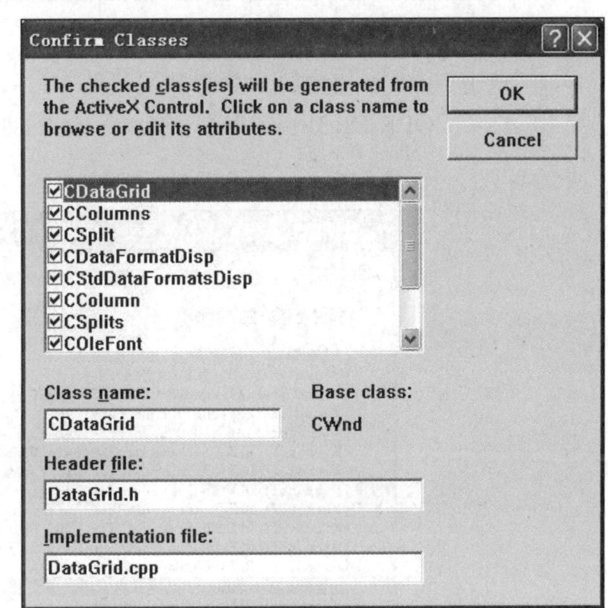


图 9-4 设置后的 Confirm Classes 对话框

DataList 控件和 DataCombo 控件是另外两种数据绑定控件，DataList 控件将检索的数据显示在下拉列表框中，而 DataCombo 控件允许将检索的数据显示在下拉组合框中。

添加 DataList 和 DataCombo 控件的方法与添加 DataGrid 控件的方法类似，不再赘述。

使用 ADO Data 控件配合数据绑定控件，可以用最少的代码实现一个数据库应用程序的前端，过程如下。

(1) 在 Visual C++ 中创建一个基于对话框的 MFC 应用程序。

(2) 在对话框中添加 ADO Data 控件，其 ID 为 IDC_ADODC1。

(3) 选择 IDC_ADODC1 的属性，打开属性对话框，选择 Control 选项卡，在这里可以看到 Source of Connection 的 3 个选项，它们都是连接数据库的不同方式，选择 Use

Connection String 选项，如图 9-5 所示。

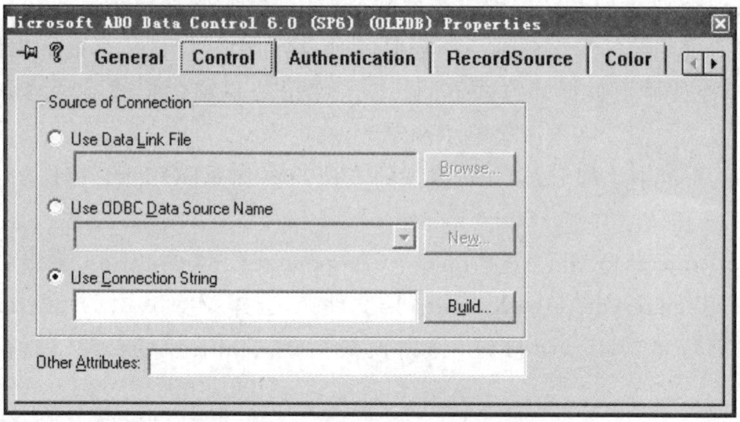

图 9-5 ADO Data 控件属性对话框

（4）单击 Build 按钮，弹出“数据链接属性”对话框，如图 9-6 所示。在下面的列表中选择 Microsoft OLE DB Provider for SQL Server，即使用 SQL Server 的 OLE DB 提供程序。

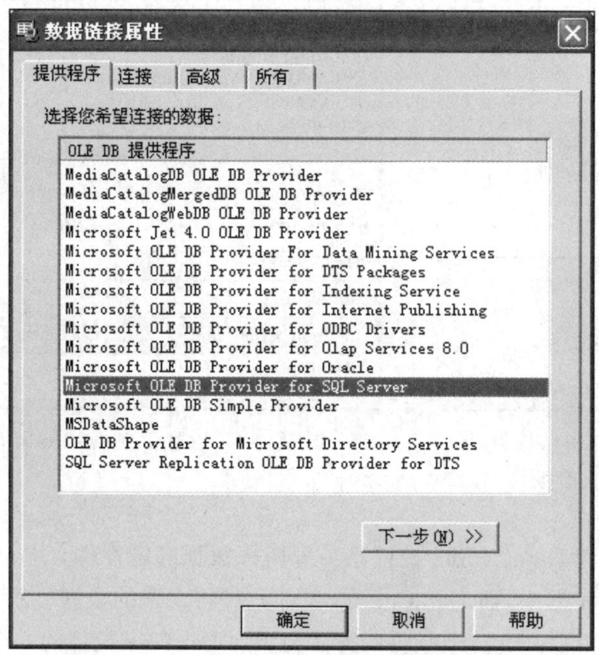


图 9-6 “数据链接属性”对话框

（5）单击“下一步”按钮，进入“数据链接属性”对话框的“连接”选项卡。在“1. 选择或输入服务器名称”下的文本框中选择或输入 SQL Server 服务器名称，在“2. 输入登录服务器的信息”下输入用户名和密码；在“3. 在服务器上选择数据库”的下拉列表中选择使用的数据库 ScoreDB，如图 9-7 所示。

（6）单击“测试连接”按钮，检验该数据库连接是否成功，如果该连接配置正确，就会

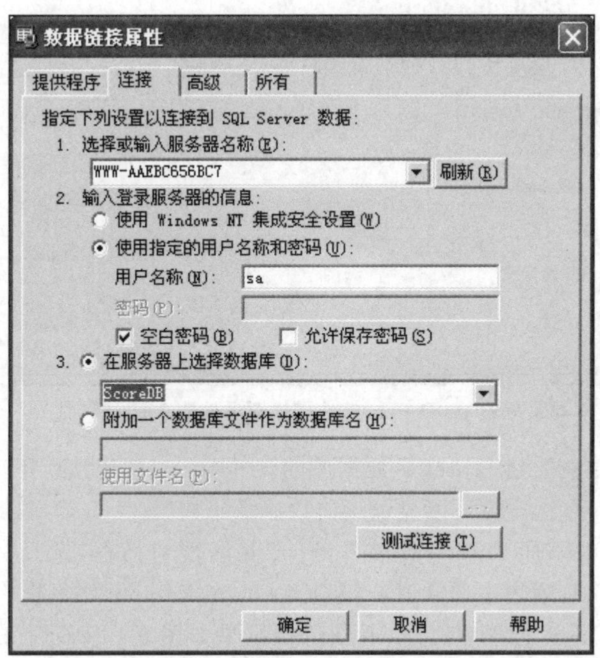

图 9-7　"数据链接属性"对话框的"连接"选项卡

弹出"测试连接成功"的提示框。

这样就建立了一条到 ScoreDB 数据库的连接,下面可以进一步指定数据源是该数据库中的某一张表,还是某一 SQL 查询的结果,或者是某一存储过程的结果。

(7) 选择 IDC_ADODC1 的属性,打开属性对话框,选择 RecordSource 选项卡。其中,Command Type 下拉列表中默认为"8-adCmdUnknown",表示类型未知,如图 9-8 所示,把该下拉框改为"2 - adCmdTable",在 Table or Stored Procedure Name 中选择表名 Student。

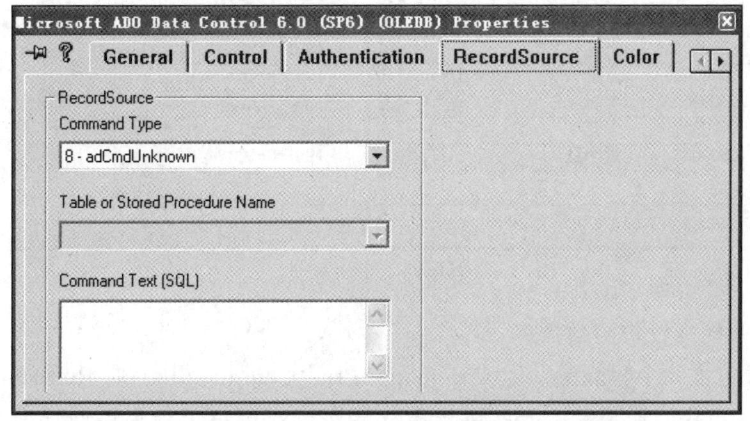

图 9-8　ADO Data 控件属性对话框的 RecordSource 选项卡

(8) 选择 General 选项卡。注意其中的 Visible 属性,默认为选中状态,如图 9-9 所示。因为 ADO Data 控件无须显示出来,所以取消选中该属性。

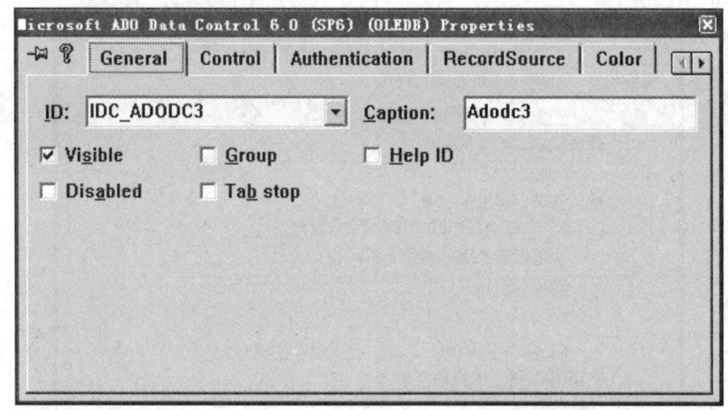


图 9-9　ADO Data 控件属性对话框的 Visible 属性

到这里，已经建立了到 ScoreDB 数据库的 Student 表的连接。下面将某一数据绑定控件绑定到这一连接，这样就可以显示当前数据源的数据。

(9) 向对话框中添加 DataGrid 控件，打开其属性对话框，选择 ALL 选项卡，单击 DataSource 选项框，从列表中选择 IDC_ADODC1，在 Caption 文本框中输入“学生信息”。

(10) 保存并编译运行程序，可以看到运行结果如图 9-10 所示。DataGrid 控件中自动显示了 Student 表的内容。

StudentManager

确定　取消

学生信息

| StudentNo | StudentName | Sex | Birthday |
|---|---|---|---|
| 0700001 | 李小勇 | 男 | 1990-12-21 |
| 0700002 | 刘方晨 | 女 | 1990-11-11 |
| 0700003 | 王红敏 | 女 | 1990-10-1 |
| 0700004 | 张可立 | 男 | 1991-5-20 |
| 0700005 | 王红 | 男 | 1992-4-26 |
| 0800001 | 李勇 | 男 | 1990-12-21 |
| 0800002 | 刘晨 | 女 | 1990-11-11 |
| 0800003 | 王敏 | 女 | 1990-10-1 |
| 0800004 | 张立 | 男 | 1991-5-20 |
| 0800005 | 王红 | 男 | 1992-4-26 |
| 0800006 | 李志强 | 男 | 1991-12-21 |
| 0800007 | 李立 | 女 | 1991-8-21 |
| 0800008 | 黄小红 | 女 | 1991-8-9 |

图 9-10　运行结果

**2. 使用智能指针访问数据库**

ADO 库包含 3 个智能指针：_ConnectionPtr、_CommandPtr 和_RecordsetPtr。

_ConnectionPtr 通常被用来创建一条数据连接或执行一条不返回任何结果的 SQL 语句，如一个存储过程。

_CommandPtr 返回一个记录集。它提供了一种简单的方法来执行返回记录集的存储过程和 SQL 语句。在使用_CommandPtr 接口时，可以利用全局_ConnectionPtr 接口，也可以在_CommandPtr 接口里直接使用连接串。如果只执行一次或几次数据访问操作，后者是比较好的选择。但如果要频繁访问数据库，并要返回很多记录集，则应使用全局_ConnectionPtr 指针创建一条数据连接，然后使用_CommandPtr 指针执行存储过程和 SQL 语句。

_RecordsetPtr 是一个记录集对象。与以上两种对象相比，它对记录集提供了更多的控制功能，如记录锁定、游标控制等。与_CommandPtr 指针一样，它不一定要使用一个已经创建的数据连接，但如果要使用多个记录集，最好的方法是与 Command 对象一样使用已经创建了数据连接的全局_ConnectionPtr 指针，然后使用_RecordsetPtr 执行存储过程和 SQL 语句。

使用智能指针创建 ADO 对象的方法很简单。首先，声明一个指向要创建的 ADO 对象的类型指针，然后创建对象实例，代码如下所示：

```
_ConnectionPtr m_pConn;
hr=m_pConn.CreateInstance("ADODB.Connection");
```

或者

```
hr=m_pConn. CreateInstance(_uuidof(Connection));
```

下面介绍使用 ADO 智能指针来操纵数据库的方法。

1) 引入 ADO 库文件

使用 ADO 前必须在工程的 stdafx.h 文件最后直接使用符号 #import 引入 ADO 库文件，以使编译器能正确编译。代码如下：

```
#import "C:\Program Files\common files\system\ado\msado15.dll" no_namespace
rename("EOF", "adoEOF")
```

其中 no_namespace 指示 ADO 对象不使用名称空间。最后将 ADO 中的 EOF(文件结束)更名为 adoEOF，以避免与已定义了 EOF 的其他库冲突。

这样不需要添加另外的头文件，就可以使用 ADO 接口，其最终作用与 #include 类似，编译时系统会生成 msado15.tlh 和 ado15.tli 两个 C++ 头文件来定义 ADO 库。

2) 初始化 OLE/COM 库环境

ADO 库是一组 COM 动态库，这意味应用程序在调用 ADO 前，必须初始化 OLE/COM 库环境。在 MFC 应用程序中，一个比较好的方法是在应用程序主类的 InitInstance 成员函数里初始化 OLE/COM 库环境。

```
BOOL CMyAdoApp::InitInstance()
{
    if ( !AfxOleInit() )              // 这就是初始化 COM 库
    {
        AfxMessageBox("OLE 初始化出错! ");
        return FALSE;
    }
    ……
}
```

3）创建 Connection 对象并连接数据库

首先需要声明一个指向 Connection 对象的指针，然后创建 Connection 连接对象，并打开与数据源的连接，典型的代码段如下所示：

```
_ConnectionPtr m_pConn;
m_pConn.CreateInstance("ADODB.Connection");                // 创建 Connection 对象
// 连接数据库
m_pConn->Open( "Provider=SQLOLEDB.1; Persist Security Info=False;
    User ID=sa; Initial Catalog=ScoreDB;
    Data Source="WWW-AAEBC656BC7", "", "", adModeUnknown );
```

在这段代码中，通过 Connection 对象的 Open 方法来连接数据库，下面是该方法的原型：

```
HRESULT Connection::Open ( _bstr_t ConnectionString, _bstr_t UserID,
        _bstr_t Password, long Options )
```

其中，ConnectionString 为连接字串，UserID 是用户名，Password 是登录密码，Options 是连接选项，用于指定 Connection 对象对数据的更新许可权，Options 可以是如下几个常量：

- adModeUnknown：默认值，当前的许可权未设置。
- adModeRead：只读。
- adModeWrite：只写。
- adModeReadWrite：可以读写。
- adModeShareDenyRead：阻止其他 Connection 对象以读权限打开连接。
- adModeShareDenyWrite：阻止其他 Connection 对象以写权限打开连接。
- adModeShareExclusive：阻止其他 Connection 对象打开连接。
- adModeShareDenyNone：允许其他程序或对象以任何权限建立连接。

4）执行 SQL 命令并取得结果记录集

操纵 SQL 结果记录集需要用到指向 Recordset 对象的指针。首先定义一个 _RecordsetPtr 类型的指针：

```
_RecordsetPtr m_pRecordset;
```

并为其创建 Recordset 对象的实例：

```
m_pRecordset.CreateInstance("ADODB.Recordset");
```

接下来通过执行 SQL 语句来取得结果记录集，执行 SQL 语句的方法有多种，主要如下。

(1) 利用 Connection 对象的 Execute 方法执行 SQL 命令，其原型如下：

```
_RecordsetPtr Execute( _bstr_t CommandText, VARIANT * RecordsAffected,
                       long Options )
```

其中，CommandText 是命令字串，通常是 SQL 命令。RecordsAffected 是操作完成后所影响的行数，Options 表示 CommandText 中内容的类型，Options 可以取如下值之一。

- adCmdText：表明 CommandText 是文本命令。
- adCmdTable：表明 CommandText 是一个表名。
- adCmdProc：表明 CommandText 是一个存储过程。
- adCmdUnknown：未知。

以下代码段演示了该方法的使用：

```
_variant_t ra;
// 执行 SQL 统计命令得到包含记录条数的记录集
m_pRecordset =m_pConnection->Execute("SELECT COUNT(*) FROM Student", &ra,
adCmdText);
// 取得第一个字段的值放入 vCount 变量
_variant_t vCount =m_pRecordset->GetCollect((_variant_t)(long)(0));
m_pRecordset->Close();
CString message;
message.Format("共有%d 条记录", vCount.lVal);
AfxMessageBox(message);
```

(2) 利用 Command 对象来执行 SQL 命令。使用 Command.Execute 方法也可以执行 SQL 命令并返回记录集。与 Connection 对象的 Execute 方法不同的是，Command.Execute 方法使用在其 ActiveConnection 属性中设置的 Connection 对象，而且在 Command.Execute 方法中，命令是不可见的，它在 Command.CommandText 属性中指定。另外，此命令可含有参数符号('?')，它可以由 VARIANT 数组参数中的相应参数替代。以下代码段演示了该方法的使用。

```
_CommandPtr m_pCommand;                              // 定义命令对象指针
m_pCommand.CreateInstance("ADODB.Command");          // 创建一个 Command 对象
m_pCommand->ActiveConnection =m_pConnection;         // 设置连接对象
// 将要执行的 SQL 语句赋给 CommandText 属性
m_pCommand->CommandText=" SELECT COUNT(*) FROM Student";
// 执行 SQL 语句，并取得记录集
m_pRecordset=m_pCommand->Execute(NULL, NULL, adCmdText);
……
```

Command.Execute 方法的特点是，它可以允许使用可高效重复利用的参数化命令。

(3) 直接用 Recordset 对象进行查询取得记录集。如果已经分配了 Recordset 对象，可以使用其 Open 函数直接打开，Open 函数的原型如下：

```
HRESULT Open( const _variant_t &Source, const _variant_t &ActiveConnection,
    enum CursorTypeEnum CursorType,
    enum LockTypeEnum LockType, long Options )
```

其中，

① Source 是数据查询字符串。

② ActiveConnection 是已经建立好的连接(需要用 Connection 对象指针来构造一个 _variant_t 对象)。

③ CursorType 为光标类型，它可以是以下值之一。

- adOpenUnspecified：不作特别指定。

- adOpenForwardOnly：（默认值）打开仅向前类型游标。
- AdOpenKeyset：打开键集类型游标。
- AdOpenDynamic：打开动态类型游标。
- AdOpenStatic：打开静态类型游标。

④ LockType 锁定类型，它可以是以下值之一。

- adLockUnspecified：未指定。
- adLockReadOnly：（默认值）只读。
- adLockPessimistic：保守式锁定（逐个），提供者完成确保成功编辑记录所需的工作，通常通过在编辑时立即锁定数据源的记录。
- adLockOptimistic：开放式锁定（逐个），提供者使用开放式锁定，只在调用 Update 方法时才锁定记录。
- adLockBatchOptimistic：开放式批更新，用于批更新模式（与立即更新模式相对）。

⑤ Options 请参考对 Connection 对象的 Execute 方法的介绍。

示例代码如下：

```
m_pRecordset->Open( "SELECT * FROM Student",
                _variant_t((IDispatch *)m_pConnection, true),
                adOpenStatic, adLockOptimistic, adCmdText );
```

5）添加记录

ADO 提供了很多操作数据库的方法。添加记录时，既可以使用 Connection 对象的 Execute 方法，也可以使用 Command 对象的 Execute 方法。此外，还可以使用 Recordset 对象的方法实现记录的添加操作。

（1）使用 AddNew 方法，其原型为：

```
HRESULT AddNew(const _variant_t & FieldList, const _variant_t & Values)
```

其中，FieldList 可选，是新记录中字段的单个名称、一组名称或序号位置。Values 可选，是新记录中字段的单个或一组值。如果 Fields 是数组，那么 Values 也必须是有相同成员数的数组，否则将发生错误。字段名称的次序必须与每个数组中的字段值的次序相匹配。

（2）使用 PutCollect 方法，其原型为：

```
Void PutCollect(const _variant_t & Index, const _variant_t & pvar)
```

其中，Index 为字段名称，pvar 为字段对应的值。

（3）使用 Update 方法，其原型为：

```
HRESULT Update(const _variant_t & Fields, const _variant_t & Values)
```

其中，Fields 可选，变体型，代表单个名称；或变体型数组，代表需要修改的字段（一个或多个）名称及序号位置。Values 可选，为变体型，代表单个值；或为变体型数组，代表新记录中的字段（单个或多个）值。

以下代码段显示了这些方法的使用：

```
m_pRecordset->AddNew();                    //添加新记录
m_pRecordset->PutCollect("StudentNo", _variant_t((long)(i+10)));
m_pRecordset->PutCollect("StudentName", _variant_t("张三丰"));
m_pRecordset->PutCollect("Sex ", _variant_t("男");
m_pRecordset->PutCollect("Birthday", _variant_t("19850-3-15"));
m_pRecordset->PutCollect("ClassNo", _variant_t("200706"));
m_pRecordset->Update();                    //保存到库中
```

6）修改记录

对记录的修改也有多种方式，既可以使用 Connection 对象或者 Command 对象的 Execute 方法，也可以使用 Recordset 对象的方法来实现记录的修改操作。

7）删除记录

除了使用 Connection 对象或者 Command 对象的 Execute 方法外，还可以使用 Recordset 对象的 Delete 方法来实现记录的删除操作。

Delete 方法的原型如下：

```
HRESULT Delete(enum AffectEnum AffectRecords)
```

其中，AffectRecords 的取值有以下 4 种。

- AdAffectCurrent 为默认值，表示仅删除当前记录。
- AdAffectGroup 删除满足当前 Filter 属性设置的记录。要使用该选项，必须将 Filter 属性设置为有效的预定义常量之一。
- adAffectAll 删除所有记录。
- adAffectAllChapters 删除所有子集记录。

以下代码演示了这样一个例子：

```
_variant_t vStudentName, vBirthday, vStudentNo, vSex;
_RecordsetPtr m_pRecordset;
m_pRecordset.CreateInstance("ADODB.Recordset");
m_pRecordset->Open( "SELECT * FROM Student",
    _variant_t((IDispatch*)m_pConnection, true),
    adOpenStatic, adLockOptimistic, adCmdText );
while (!m_pRecordset->adoEOF)
{
    //取得第1列的值，从0开始计数，也可以直接给出列的名称，如下一行
    vStudentNo =m_pRecordset->GetCollect(_variant_t((long)0));
    //取得 StudentName 字段的值
    vStudentName =m_pRecordset->GetCollect("StudentName");
    vSex =m_pRecordset->GetCollect("Sex");
    vBirthday =m_pRecordset->GetCollect("Birthday");
    //在 DEBUG 方式下的 OUTPUT 窗口输出记录集中的记录
    if ( vStudentNo.vt !=VT_NULL && vStudentName.vt !=VT_NULL &&
        vSex.vt !=VT_NULL && vBirthday.vt !=VT_NULL)
        TRACE( "学号: %s, 姓名: %s, 性别: %s,生日: %s\r\n",
```

```
                (LPCTSTR)(_bstr_t)vStudentNo,
                (LPCTSTR)(_bstr_t)vUsername, (LPCTSTR)(_bstr_t)vSex,
                (LPCTSTR)(_bstr_t)vBirthday);
    m_pRecordset->MoveNext();                          // 移到下一条记录
}
m_pRecordset->MoveFirst();                             // 移到首条记录
m_pRecordset->Delete(adAffectCurrent);                 // 删除当前记录
// 从第一条记录往下移动一条记录,即移动到第二条记录处
m_pRecordset->Move(1, _variant_t((long)adBookmarkFirst));
m_pRecordset->PutCollect(_variant_t("old"), _variant_t((long)45));
                                                       // 修改其年龄
m_pRecordset->Update();                                // 保存到库中
```

8）关闭记录集和连接

记录集和连接都可以用 Close 方法来关闭。方法如下：

```
m_pRecordSet->Close();              // 关闭记录集
m_pConnection->Close();             // 关闭连接
```

9）使用事务

ADO 库支持事务操作，具体来说，ADO 提供了以下方法来支持事务操作。

- BeginTrans：开始新事务。
- CommitTrans：保存任何更改并结束当前事务，它也可能启动新事务。
- RollbackTrans：取消当前事务中所做的任何更改并结束事务，它也可能启动新事务。

**3. 使用 VC++ Extensions for ADO 访问数据库**

用 ADO 检索数据时，Visual C++ 程序员所面对的一个最冗长而乏味的工作是必须将以 VARIANT 数据类型返回的数据转换为 C++ 数据类型，然后将转换后的数据存入类或结构中。除烦琐外，通过 VARIANT 数据类型恢复 C++ 数据会降低性能。

ADO VC++ Extensions 是 ADO 2.0 版本提供的新接口，它支持不通过 VARIANT 便可将数据检索到本地的 C/C++ 数据类型中。此外，它还提供能简化接口使用过程的预处理宏，这些扩展程序使用简便并且性能良好。

ADO VC++ Extensions 可将 Recordset 对象的字段映射到 C/C++ 变量，对字段与变量之间映射关系的定义称为“绑定条目”。在应用程序中，调用 BindToRecordset 接口方法可使 Recordset 字段关联（或绑定）到 C/C++ 变量，无论何时更改 Recordset 对象的当前行，C/C++ 变量都将自动更新。

要绑定 Recordset 的字段到 C/C++ 变量，步骤如下：

(1) 创建一个 CADORecordsetBinding 的派生类。

(2) 用预处理宏来定义数值、定长和变长变量的绑定条目。

```
// 开始绑定单元
BEGIN_ADO_BINDING(cls)
// 定长数据的绑定
ADO_FIXED_LENGTH_BINDING_ENTRY(Ordinal, DataType, Buffer, Status, Modify)
```

```
// 数值型数据的绑定
ADO_NUMERIC_BINDING_ENTRY(Ordinal, DataType, Buffer, Precision, Scale,
      Status, Modify)
// 变长数据的绑定
ADO_VARIABLE_LENGTH_BINDING_ENTRY(Ordinal, DataType, Buffer, Size, Status,
     Modify)
// 结束绑定
END_ADO_BINDING()
```

其中,参数的含义如表 9-1 所示。

表 9-1 参数的含义

| 参数 | 说明 |
| --- | --- |
| cls | 类,定义绑定条目、缓冲区和 Recordset 对象 |
| Ordinal | 按顺序的字段号码,0 标识第一字段,1 标识第二字段,以此类推 |
| DataType | 存储已转换字段的变量的数据类型 |
| Buffer | 缓冲区,用于将字段转换为变量 |
| Status | 指示字段转换是否成功 |
| Modify | 布尔标志;如果为 TRUE,则表明 ADO 可以更新关联的字段 |
| Precision | 在数值变量中可被表现出的数字位数 |
| Scale | 位于数值变量中的小数点后的位数 |
| Size | 变长变量所需的字节数,如字符串 |

字段 Status 的值指示了一个字段的值是否被成功地复制到了对应的变量中,其取值如表 9-2 所示。

表 9-2 字段 Status 的取值

| 状态参数值 | 说明 |
| --- | --- |
| adFldOK | 返回非 NULL 字段值 |
| adFldBadAccessor | 绑定无效 |
| adFldCantConvertValue | 由于符号不匹配和数据溢出以外的原因,值不能转换 |
| adFldNull | 返回 NULL |
| adFldTruncated | 变长数据或数值型数字被截短 |
| adFldSignMismatch | 值有符号,而变量数据类型无符号 |
| adFldDataOverFlow | 值大于在变量数据类型中的存储大小 |
| adFldCantCreate | 已打开未知列类型和字段 |
| adFldUnavailable | 无法确定字段值,例如在无默认值的新建、未指定的字段中 |
| adFldPermissionDenied | 更新时,不允许写入数据 |

续表

| 状态参数值 | 说　明 |
|---|---|
| adFldIntegrityViolation | 更新时，字段值将破坏列的完整性 |
| adFldSchemaViolation | 更新时，字段值将破坏列模式 |
| adFldBadStatus | 更新时，无效的状态参数 |
| adFldDefault | 更新时，使用了默认值 |

除 BindToRecordset 接口方法外，另外两个接口方法是 AddNew 和 Update。这 3 个方法有着相同的调用方式，都以指向由 CADORecordBinding 派生的类的指针为参数，该 CADORecordBinding 派生类定义每个字段和变量之间的绑定。

3 个接口方法如下。

- BindToRecordset(&binding)：调用该方法可使变量与字段相关联。
- AddNew(&binding)：调用该方法可间接调用 ADO AddNew 方法。
- Update(&binding)：调用该方法可间接调用 ADO Update 方法。

下面通过一个实例来了解 ADO VC++ Extensions 使用的过程，该程序说明了如何从字段检索数值并将数值转换为 C++ 变量。

```
#define INITGUID
#import "c:\Program Files\Common Files\System\ADO\msado15.dll" \
          no_namespace rename("EOF", "EndOfFile")
#include <stdio.h>
#include <icrsint.h>
void dump_com_error(_com_error &e)
{
   printf("Error\n");
   printf("\a\tCode = %08lx\n", e.Error());
   printf("\a\tCode meaning = %s", e.ErrorMessage());
   _bstr_t bstrSource(e.Source());
   _bstr_t bstrDescription(e.Description());
   printf("\a\tSource = %s\n", (LPCSTR) bstrSource);
   printf("\a\tDescription = %s\n", (LPCSTR) bstrDescription);
}
class CCustomRs: public CADORecordBinding
{
  BEGIN_ADO_BINDING(CCustomRs)
   ADO_VARIABLE_LENGTH_ENTRY2(1, adVarChar, m_szau_lname,
            sizeof(m_szau_lname), lau_lnameStatus, false)
   ADO_VARIABLE_LENGTH_ENTRY2(2, adVarChar, m_szau_fname,
            sizeof(m_szau_fname), lau_fnameStatus, false)
   ADO_VARIABLE_LENGTH_ENTRY2(3, adVarChar, m_szphone,
            sizeof(m_szphone), lphoneStatus, true)
  END_ADO_BINDING()
public:
   char m_szau_lname[41];
```

```
    ulong lau_lnameStatus;
    char m_szau_fname[41];
    ulong lau_fnameStatus;
    char m_szphone[12];
    ulong lphoneStatus;
};
void main()
{
    HRESULT hr;
    IADORecordBinding * picRs =NULL;
    ::CoInitialize(NULL);
    try
    {
        _ConnectionPtr pConn("ADODB.Connection.1.5");
        _RecordsetPtr pRs("ADODB.Recordset.1.5");
        CCustomRs rs;
        //步骤 1— 打开连接
        pConn->Open("dsn=pubs;", "sa", "", adConnectUnspecified);
        //步骤 2— 创建命令
        //步骤 3— 执行命令
        pRs->Open( " select  *  from  authors ",  _ variant _ t ( pConn ),
        adOpenDynamic, adLockOptimistic, adCmdText );
        if (FAILED (hr =pRs->QueryInterface(__uuidof(IADORecordBinding),
                (LPVOID * ) &picRs)))
            _com_issue_error(hr);
        if (FAILED(hr =picRs->BindToRecordset(&rs)))
            _com_issue_error(hr);
            //步骤 4— 操作数据
            pRs->Fields->GetItem("au_lname")->Properties->
                GetItem("Optimize")->Value =true;
            pRs->Sort ="au_lname ASC";
            pRs->Filter ="phone LIKE '415 5 * '";
            pRs->MoveFirst();
            while (VARIANT_FALSE ==pRs->EndOfFile)
            {
                printf( "\a\tName: %s\t %s\tPhone: %s\n",
                    (rs.lau_fnameStatus ==adFldOK ? rs.m_szau_fname : ""),
                    (rs.lau_lnameStatus ==adFldOK ? rs.m_szau_lname : ""),
                    (rs.lphoneStatus ==adFldOK ? rs.m_szphone : "") );
                if (rs.lphoneStatus ==adFldOK)
                    memcpy(rs.m_szphone, "777", 3);
                if (FAILED(hr =picRs->Update(&rs)))
                    _com_issue_error(hr);
                //改变 Recordset 中的当前行时,对应的 C++变量会自动更新
                pRs->MoveNext();
            }
            pRs->Filter =(long) adFilterNone;
            //步骤 5— 更新数据
            pConn->BeginTrans();                //开始事务
            try
            {
```

```
                //写入 Recordset 对象中所有记录的挂起更改
                pRs->UpdateBatch(adAffectAll);
                pConn->CommitTrans();          //步骤 6-A — 结束更新
            }
            catch (_com_error)
            {
                //步骤 6-B — 结束更新
                pRs->Filter =(long) adFilterConflictingRecords;
                pRs->MoveFirst();
                while (VARIANT_FALSE ==pRs->EndOfFile)
                {
                    printf( "\a\tConflict: Name =%s\t %s\n",
                        (rs.lau_fnameStatus ==adFldOK ? rs.m_szau_fname : ""),
                        (rs.lau_lnameStatus ==adFldOK ? rs.m_szau_lname : ""));
                    pRs->MoveNext();
                }
                pConn->RollbackTrans();        //有冲突,回滚事务
            }
    }
    catch (_com_error &e)
    {
        dump_com_error(e);
    }
    CoUninitialize();
}
```

### 9.1.2 B/S 模式下的数据库应用开发

B/S 模式的数据库应用开发基于 Web 技术。由于 Web 开发技术众多,本章选用 JSP 技术,通过 JSP 技术来学习 Web 数据库开发的全过程。

这里假设读者对 HTML 语言和相关的 Web 页面制作技术已经熟悉,不熟悉的读者可以参考其他读物。

**1. 安装配置 JSP 开发环境**

1) 安装 Java SDK

这个步骤包括下载和安装 Java 软件开发工具包(SDK),并适当设置 PATH 环境变量。首先从 Java 官方网站①下载 JDK 安装文件,如 jdk-8version-windows-i586-i.exe,然后直接双击安装即可。默认情况下,JDK 安装在类似于"C:\Program Files\Java\jdk1.8.0\"的目录下。

安装 JDK 以后,需要配置一下环境变量:依次执行"我的电脑"→"属性"→"高级"→"环境变量"→"系统变量"命令,在弹出的对话框中添加以下环境变量(假定你的 JDK 安装在 C:\Program Files\Java\jdk1.8.0\):

```
JAVA_HOME=C:\Program Files\Java\jdk1.8.0
```

① http://www.oracle.com/technetwork/java/javase/downloads/index.html。

```
CLASSPATH=.;%JAVA_HOME%\lib;%JAVA_HOME%\lib\tools.jar(".;"符号一定不能少,因
为它代表当前路径)
PATH=%JAVA_HOME%\bin(PATH 后面追加此路径,有其他环境变量以";"间隔)
```

2）安装 Web 服务器 Tomcat

目前，市场上有很多支持 JSP 和 Servlet 开发的 Web 服务器。它们中的一些可以免费下载和使用，Tomcat 就是其中之一。Tomcat 可以运行 Servlet 和 JSP，其性能稳定、扩展性好、源码开放，是开发中小型 Web 应用系统的首选。以下是 Tomcat 的配置方法。

（1）下载最新版本的 Tomcat：http://tomcat.apache.org/。

（2）下载完安装文件后，将压缩文件解压到一个方便的地方，比如 Windows 下的 C:\apache-tomcat-7.0.12 目录。

3）设置系统环境变量

依次执行“我的电脑”→“属性”→“高级”→“环境变量”→“系统变量”命令，新建两个系统环境变量 CATALINA_BASE 和 CATALINA_HOME，其值都是 C:\apache-tomcat-7.0.12。

在系统变量中找到 Path 变量名，双击或单击“编辑”按钮，在末尾添加如下内容：

```
;%CATALINA_HOME%\bin;%CATALINA_HOME%\lib
```

更多关于配置和运行 Tomcat 的信息可以在 Tomcat 提供的文档中找到，或者从 Tomcat 官网查阅：http://tomcat.apache.org。

4）启动和停止 Tomcat

在 Windows 系统下，Tomcat 可以通过执行以下命令来启动：

```
C:\apache-tomcat-7.0.12\bin\startup.bat
```

成功启动 Tomcat 后，通过访问 http://localhost:8080/便可以使用 Tomcat 自带的一些 Web 应用了。假如一切顺利的话，应该能够看到如图 9-11 所示的页面。

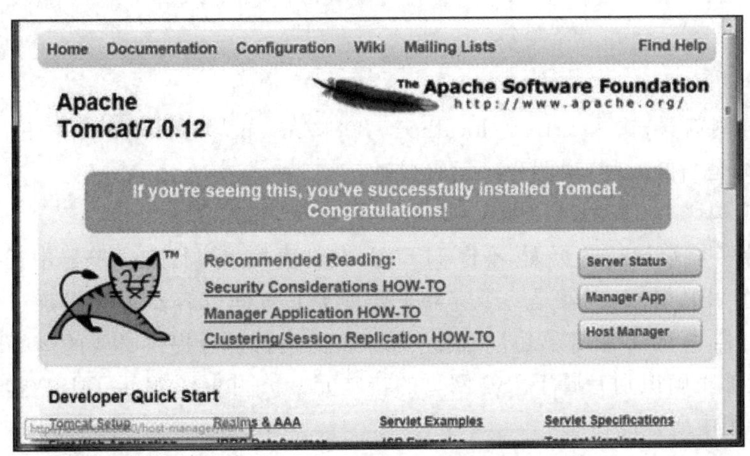


图 9-11　Tomcat 欢迎页面

在 Windows 系统下，Tomcat 可以通过执行以下命令来停止：

```
C:\apache-tomcat-7.0.12\bin\shutdown
```

注意，如果安装目录不是 C:\apache-tomcat-7.0.12\，上面的配置要相应改变。

**2. JSP 应用的部署**

编写好的网页要经过部署才可以正常访问。下面演示了创建一个 JSP 应用的部署流程：

（1）在 Tomcat 的安装目录 webapps 下，可以看到 ROOT、Examples、Host-manager 之类的 Tomcat 自带目录。

（2）在 webapps 目录下新建一个目录，将其命名为 myapp。

（3）在 myapp 下新建一个目录 WEB-INF（注意，目录名称是区分大小写的）。

（4）在 WEB-INF 下新建一个文件 web.xml，内容如下：

```
<?xml version="1.0" encoding="ISO-8859-1"?>
<!DOCTYPE web-app
PUBLIC "-//Sun Microsystems, Inc.//DTD Web Application 2.3//EN"
"http://java.sun.com/dtd/web-app_2_3.dtd">
<web-app>
<display-name>My Web Application</display-name>
<description>
   A application for test.
</description>
</web-app>
```

（5）在 myapp 下新建一个测试的 JSP 页面，文件名为 index.jsp，文件内容如下：

```
<html>
  <body>
        <center>
            Now time is: <%=new java.util.Date()%>
        </center>
  </body>
</html>
```

（6）重启 Tomcat。

（7）打开浏览器，输入 http://localhost:8080/myapp/index.jsp 并按 Enter 键，如果网页中显示的是当前时间，说明程序运行成功。

**3. JSP 结构**

JSP 是服务器端运行的页面，不像 HTML 文件直接就可以在浏览器中运行。网络服务器需要一个 JSP 引擎，也就是一个容器来处理 JSP 页面。容器负责截获对 JSP 页面的请求。JSP 容器与 Web 服务器协同合作，为 JSP 的正常运行提供必要的运行环境和其他服务，并且能够正确识别专属于 JSP 网页的特殊元素。图 9-12 显示了 JSP 容器和 JSP 文件在 Web 应用中所处的位置。

**4. JSP 页面的构成**

JSP 基本页面由 JSP 指令、HTML 标记、注释、Java 代码、JSP 动作标签 5 部分组成。

（1）JSP 指令。JSP 指令不会产生任何内容输出到网页中，其作用是告诉 JSP 引擎对

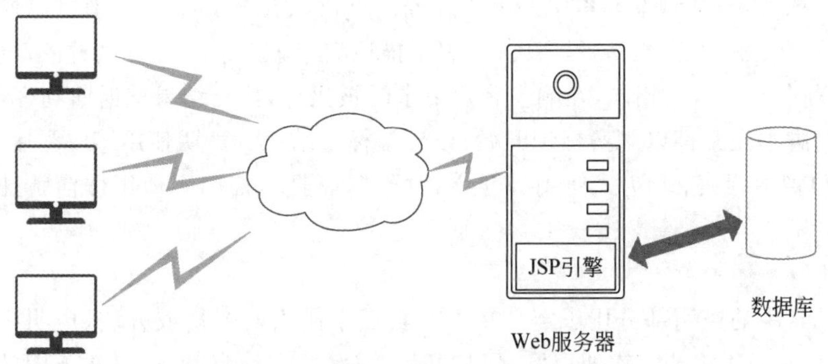


图 9-12 JSP 结构

JSP 页面如何编译。最常见的 JSP 指令包括 page 指令和 include 指令。

page 指令作用于整个 JSP 页面，定义了许多与页面相关的属性，这些属性将用于通知 JSP 容器如何处理本页面内的 JSP 元素。比较常见的 page 指令的属性如下：

- language 属性：表示该页面所使用的脚本语言，默认值是 Java 语言。
- import 属性：用于指定在 JSP 页面中可以使用的 Java 类，作用与 Java 语言中的 import 声明语法相同。
- contentType 属性：告诉容器这个 JSP 的输出是何种格式。对于 contentType 来说，最常见的值是 text/html 或者 text/xml，不过还可以指定任何 MIME 类型和一个可选的字符编码作为这个属性的值。如果输出简体中文，则需要把字符集设置为 gbk。
- pageEncoding 属性：用来指定 JSP 页面使用的字符集编码。如果设置了该属性，则 JSP 页面使用该属性设置的字符集编码；如果没有设置这个属性，则 JSP 页面使用 contentType 属性指定的字符集。

下面是 page 指令的一个示例：

```
<%page language="java";
   extends="user.Example";
   import="java.util.Date"";
   session="true";
   info="更新日期：2010/07/14";
   contenType="text/html";
   pageEncoding="GB2312"
%>
```

include 指令用于在 JSP 页面中静态包含一个文件。include 包含的页面可以是 JSP 页面、HTML 页面、文本文件或一段 Java 代码。include 指令的语法如下：

```
<%@include file="filename"%>
```

其中 filename 为要包含的文件名。由于使用了 include 指令，可以把一个复杂的 JSP 页面分成若干简单的部分，这样就增加了 JSP 页面的可管理性。

(2) HTML 标记。这一部分是标准的 HTML 标记，此处不再赘述。

(3) Java 代码。Java 代码包括 3 个部分：声明(declaration)、表达式(expression)和

脚本代码(scriptlet)。脚本元素中的声明部分用于声明在其脚本元素中可以使用的变量和方法；脚本代码是一段Java程序代码，用于描述响应客户请求时要执行的动作；表达式与Java语言中的表达式相同，在响应客户请求时被执行，执行结果被返回到客户端。

所有的脚本元素都以＜％标记开始，以％＞标记结束。声明使用感叹号字符“!”区别于表达式和脚本代码，表达式使用等号字符“＝”，而脚本代码不使用任何特殊字符以示区别。

1）声明

脚本元素中的声明部分用于定义在JSP页面中使用的变量或方法，声明必须完全符合Java语言的语法规范。声明以“＜％!”开始，以“％＞”结束。例如，在下面的示例中声明了一个变量和一个方法。

```
<%! int i=0;
   int j; %>
<%! public static int fa( int j) {
       int res=1;
          for(int i=1;i<j;i++) {
             res *=i;
          }
       return res;
   }
%>
```

在＜％!中声明的变量在整个页面内都有效；而在方法中声明的变量，只在方法被调用的期间有效。

2）脚本代码

多个脚本程序之间可以像Jave代码一样共享内部的对象和引用。在一段脚本中创建的对象，可以在另一个脚本中使用。脚本代码以“＜％”开始，以“％＞”结束。

例如，下面代码使用脚本代码显示当前的系统时间：

```
<%@page language="java" import="java.util.Date" pageEncoding="GB2312"%>
<html>
   <body>
      <%
         Date date =new Date();
         out.print(date);
      %>
   </body>
</html>
```

在页面中引入了util包的Date类，然后使用Date对象的构造方法，直接获得当前时间并进行输出。

3）表达式

脚本元素表达式是Java语言中完整的表达式，在响应客户请求时，执行表达式并将执行结果转换成字符串返回到客户端。表达式以“＜％＝”开始，以“％＞”结束。表达式的语法格式如下：

```
<%=expression %>
```

其中 expression 可以是变量、函数调用、对象或其他 Java 表达式，该表达式可以有任意数据值。

如果表达式的任何部分都是一个对象，就可以使用 toString()进行转换。表达式必须有一个返回值或者本身就是一个对象。例如，

```
<%="Hello Word"%>
```

相当于 JSP 页面中的：

```
Out.println("Hello World")
```

通过使用表达式，使得程序变得简洁。

例如，下面的代码使用表达式获得当前的时间：

```
<%@page language="java" import="java.util.Date" pageEncoding="GB2312"%>
<html>
    <body>
    当前时间：<%=new Date() %>
    </body>
</html>
```

在这段代码中，是直接调用 Date 方法作为表达式，将日期显示出来。

下面示例输出九九乘法表。具体实现过程与操作步骤如下。

```
<%@page language="java" import="java.util.*" pageEncoding="GB2312"%>
<html>
    <body>
        <div align="center">
            <h2>我的九九乘法表 </h2>
            <table border="2" >
                <%
                    for (int i =1; i <10; i++) {
                        if (i %2 ==0) {
                %>
                <tr bgcolor="99ccff">
                <!--设置偶数行的背景色-->
                    <%
                        } else {
                    %>
                <tr bgcolor="88cc33">
                <!--设置基数行的背景色-->
                    <%
                        }
                    %>
                    <%
                        for (int j =1; j <=i; j++) {
                            String result =i +"×" +j +"=" +i * j;
```

```
                    %>
                    <td>
                        <%=result%></td>                    //显示结果
                    <%
                        }
                    %>
                <tr>
                    <%
                        }
                    %>
            </table>
        </div>
    </body>
</html>
```

4）注释

注释包括HTML注释、JSP的隐藏注释、Java代码注释等。

(1) HTML注释。JSP页面中的HTML注释使用"<! --"和"-->"创建，它的具体形式如下所示：

```
<!--注释内容 -->
```

当它出现在JSP页面时，注释将不仅被原样地加入JSP响应中，而且将出现在生成的HTML代码中，此代码将发送给浏览器。

(2) JSP的隐藏注释。JSP语句中的隐藏注释嵌入在JSP程序的源代码中，使用隐藏注释的目的并不是提供给用户的，而是为了程序设计和开发人员阅读程序的方便，增强程序的可读性。但是Web用户如果通过Web浏览器查看该JSP页面，看不到隐藏注释中注释的内容。

JSP页面中的隐藏注释使用"<%--"和"--%>"创建，它的具体形式如下所示：

```
<%--注释内容 --%>
```

(3) Java代码注释。JSP页面中的普通注释是指JSP中嵌入的Java代码中的注释。有以下两种注释方法：

```
<%  // 注释内容 %>
<%  /* 注释内容 */  %>
```

这两种注释都将由浏览器忽略。

5）JSP动作元素

与指令元素不同的是，动作元素是在请求阶段处理的，这样可以使客户端与服务器端实现某种动作而下达相应的指令。动作元素分为标准动作和用户自定义动作两种类型。标准动作是用jsp作为前缀，是由JSP容器实现的。常用的标准动作有<jsp:include>、<jsp:forward>等。

include动作与include指令非常相似，都可以将包含进来的文件插入到JSP页面的特定位置。但include动作不是在JSP页面编译过程中插入资料，而是在JSP页面的执行过程中被插入。<jsp:include>动作的语法如下：

```
<jsp:include page="fileName"/>
```

<jsp:include>允许包含静态文件和动态文件，但这两种文件的结果是不同的。如果是静态文件，那么这种包含仅仅是将包含文件的内容加到JSP文件中，这个文件不会被JSP编译器执行。如果被包含的文件是动态的文件，那么这个文件将会被JSP编译器执行。

要想实现在页面之间的跳转，可以使<jsp:forward>标签，它允许在当前页面运行时将请求转发到另一个JSP、Servlet或者静态资源文件。请求被跳转到的资源必须位于与JSP发送请求相同的上下文环境之中。每当遇到此操作时，就停止执行当前的JSP，转而执行被转发的资源。<jsp:forward>动作的语法如下：

```
<jsp:forward page=" URL"/>
```

下面是一个简单的JSP的例子。这个例子中包含两个JSP文件：test.jsp和hello.jsp。在hello.jsp中用JSP:include指令包含了test.jsp文件。

```
<%
    double num =Math.random();
    if (num >0.95) {
%>
    <p>今天是幸运的一天!</p>
<%
    } else {
%>
    <p>明天会更好… </p>
<%
    }
%>
```

(a) test.jsp 文件内容

```
<%@page contentType="text/html;
charset=gb2312" %>
<%@page import="Java.util.Date"%>
<html>
    <head><title>welcome</title>
    </head>
    <body>
      <%!
       String name ="张三";
   //定义变量
      Date date =new Date();
      %>
      <p>欢迎你: <%=name %></p>
      <%
      out.println("<p>");
       out.println ("现在时间是: "+
      date);//输出系统的时间
      out.println("</p>");
      %>
<%@ include page="test.jsp" flush="
true" %>
    </body>
</html>
```

(b) hello.jsp 文件内容

运行hello.jsp文件后，产生的页面的源代码可能是这样的：

```
<meta http-equiv="Content-Type" content="text/html; charset=gb2312">
<html>
    <head><title>welcome</title></head>
    <body>
        <p>欢迎你: 张三 </p>
        <p>现在时间是: 2017年1月5日</p>
```

```
        <p>今天是幸运的一天!</p>
    </body>
</html>
```

**5. JSP 处理**

Web 服务器使用 JSP 来动态创建网页的步骤如下。

(1) 就像其他普通的网页一样,浏览器发送一个 HTTP 请求给服务器。

(2) Web 服务器识别出这是一个对 JSP 网页的请求,并且将该请求传递给 JSP 引擎。通过使用 URL 或者 JSP 文件来完成。

(3) JSP 引擎从磁盘中载入 JSP 文件,然后将它们转化为 Servlet。这种转化只是简单地将所有模板文本改用 println()语句,并且将所有的 JSP 元素转化成 Java 代码。

(4) JSP 引擎将 Servlet 编译成可执行类,并且将原始请求传递给 Servlet 引擎。

(5) Web 服务器的某组件将会调用 Servlet 引擎,然后载入并执行 Servlet 类。在执行过程中,Servlet 生成 HTML 格式的输出并将其内嵌于 HTTP response 中上交给 Web 服务器。

(6) Web 服务器以静态 HTML 网页的形式将 HTTP response 返回到浏览器中。

(7) 最终,Web 浏览器处理 HTTP response 中动态生成的 HTML 网页,就好像在处理静态网页一样。

上述步骤可以用图 9-13 来表示。

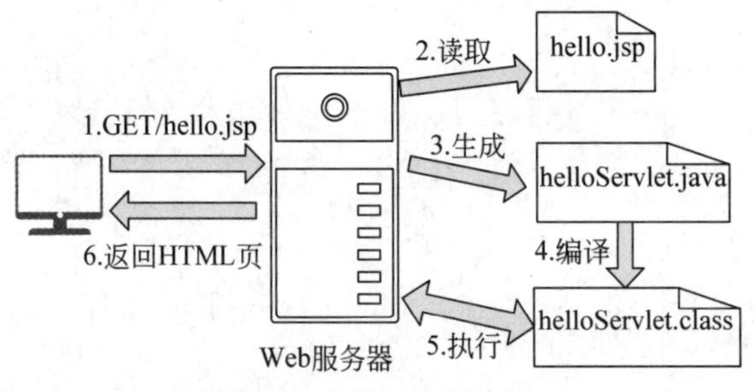


图 9-13 JSP 处理过程

一般情况下,JSP 引擎会检查 JSP 文件对应的 Servlet 是否已经存在,并且检查 JSP 文件的修改日期是否早于 Servlet。如果 JSP 文件的修改日期早于对应的 Servlet,那么容器就可以确定 JSP 文件没有被修改过并且 Servlet 有效。这使得整个流程与其他脚本语言(比如 PHP)相比要高效快捷一些。

总的来说,JSP 网页就是用另一种方式来编写 Servlet 而不用成为 Java 编程高手。除了解释阶段外,JSP 网页几乎可以被当成一个普通的 Servlet 来对待。

## 9.2 实验十七：C/S 模式的数据库应用开发

### 9.2.1 实验目的与要求

(1) 掌握 C/S 模式应用的基本原理和特点。

(2) 掌握 C/S 模式数据库应用开发的一般过程。

(3) 熟悉一种 C/S 数据库应用开发工具。

(4) 掌握某种开发工具下数据库的定义(创建、删除)、查询和操纵(插入、删除)。

### 9.2.2 实验案例

本案例使用 Visual C++ 6.0 实现一个小型的数据库应用程序。该程序的实现步骤如下。

(1) 新建一个 Visual C++ 工程。使用 MFC APP Wizard 新建一个基于对话框的应用程序,命名为 StuInfo。

(2) 设计对话框主界面,如图 9-14 所示。

图 9-14 对话框界面图

(3) 设定各控件的属性,并利用“类向导”给各控件添加关联的值变量或者控制变量,其属性设置如表 9-3 所示。

表 9-3 主对话框中各控件的属性

| ID | 标 题 | 关联变量 | 变量类型 |
|---|---|---|---|
| IDC_STATIC | 学号 | | |
| IDC_STATIC | 姓名 | | |
| IDC_STATIC | 年龄 | | |
| IDC_STATIC | 籍贯 | | |
| IDC_STATIC | 班级 | | |
| IDC_STATIC | 性别 | | |

续表

| ID | 标　题 | 关联变量 | 变量类型 |
|---|---|---|---|
| IDC_STATIC | 民族 | | |
| IDC_STATIC | 学院 | | |
| IDC_EDIT_NO | | m_strNo | CString |
| IDC_EDIT_NO | | m_editNo | CEdit |
| IDC_EDIT_NAME | | m_strName | CString |
| IDC_EDIT_NAME | | m_editName | CEdit |
| IDC_DATETIMEPICKER_BIRTHDAY | | m_ctrlBirth | CDateTimeCtrl |
| IDC_DATETIMEPICKER_BIRTHDAY | | m_timeBirth | COleDateTime |
| IDC_EDIT_NATIVE | | m_strNative | CString |
| IDC_EDIT_NATIVE | | m_editNative | CEdit |
| IDC_EDIT_NATION | | m_strNation | CString |
| IDC_EDIT_NATION | | m_editNation | CEdit |
| IDC_COMBO_CLASS | | m_strClass | CString |
| IDC_COMBO_CLASS | | m_cmbClass | CComboBox |
| IDC_RADIO_MALE | | m_nSex | int |
| IDC_RADIO_MALE | | m_btnSex | CButton |
| IDC_EDIT_SCHOOL | | m_strSchool | CString |
| IDC_EDIT_SCHOOL | | m_editSchool | CEdit |
| IDC_BUTTON_PREV | 前一个 | m_btnPrev | |
| IDC_BUTTON_NEXT | 后一个 | m_btnNext | |
| IDC_BUTTON_ADD | 添加 | m_btnAdd | |
| IDC_BUTTON_DEL | 删除 | m_btnDel | |
| IDC_BUTTON_EDIT | 修改 | m_btnEdit | |
| IDC_BUTTON_SAVE | 保存 | m_btnSave | |

(4) 在类对话框类 CStuInfoDlg 中如下定义变量和函数：

```
//定义智能指针
_ConnectionPtr m_pConnection;
_RecordsetPtr m_pRecordset, m_pRSClass;
_CommandPtr m_pCommand;
```

```
BOOL m_bModify;                         //是否修改
BOOL m_bNewRecord;                      //是否添加新记录

BOOL IsFirstRecord();                   //是否为首记录
BOOL IsLastRecord();                    //是否为尾记录

void ReadData();                        //读取当前记录中的数据
```

（5）在对话框类的初始化函数 OnInitDialog 中初始化，并连接数据库，初始化记录集。

```
BOOL CStuInfoDlg::OnInitDialog()
{
    CDialog::OnInitDialog();

    // IDM_ABOUTBOX must be in the system command range.
    ASSERT((IDM_ABOUTBOX & 0xFFF0) == IDM_ABOUTBOX);
    ASSERT(IDM_ABOUTBOX < 0xF000);

    CMenu* pSysMenu = GetSystemMenu(FALSE);
    if (pSysMenu != NULL)
    {
        CString strAboutMenu;
        strAboutMenu.LoadString(IDS_ABOUTBOX);
        if (!strAboutMenu.IsEmpty())
        {
            pSysMenu->AppendMenu(MF_SEPARATOR);
            pSysMenu->AppendMenu(MF_STRING, IDM_ABOUTBOX, strAboutMenu);
        }
    }

    // Set the icon for this dialog. The framework does this automatically
    // when the application's main window is not a dialog
    SetIcon(m_hIcon, TRUE);                 // Set big icon
    SetIcon(m_hIcon, FALSE);                // Set small icon

    // TODO: Add extra initialization here
    m_bModify = FALSE;
    m_bNewRecord= FALSE;

    AfxOleInit();

    m_pConnection.CreateInstance("ADODB.Connection");

    //数据库连接
    try
    {
        m_pConnection->Open("driver={SQL Server};
            Server=127.0.0.1; Database=coreDB;
            UID=sa; PWD=", "", "", adModeUnknown);
```

```
    }
    catch(_com_error e)
    {  AfxMessageBox("数据库连接失败");
       return FALSE;
    }

    m_pCommand.CreateInstance("ADODB.Command");
    m_pCommand->ActiveConnection=m_pConnection;

    m_pRecordset.CreateInstance("ADODB.Recordset");
    m_pRSClass.CreateInstance("ADODB.Recordset");

    const _bstr_t cmdText("select StudentNo, StudentName, Sex,
                    Birthday, Native,Nation, ClassName, Institute
          from Student, Class
          where Student.ClassNo=Class.ClassNo");

    //打开记录集
    HRESULT hr=m_pRecordset->Open((_variant_t)cmdText,
                _variant_t((IDispatch *)m_pConnection, true),
                adOpenDynamic, adLockPessimistic,adCmdText);

    if (SUCCEEDED(hr))
    {
        ReadData();
    }

    //如果初始查询结果为空
    if (m_pRecordset->adoEOF)
    {
        m_editNo.EnableWindow(FALSE);
        m_editName.EnableWindow(FALSE);
        m_ctrlBirth.EnableWindow(FALSE);
        m_editNative.EnableWindow(FALSE);
        m_editNation.EnableWindow(FALSE);
        m_btnSex.EnableWindow(FALSE);
        m_cmbClass.EnableWindow(FALSE);
        m_editSchool.EnableWindow(FALSE);
    }

    //填充对应于班级的组合框的值
    m_pRSClass->Open("select ClassNo,ClassName from Class",
                _variant_t((IDispatch *)m_pConnection, true),
                adOpenDynamic, adLockPessimistic,adCmdText);
    while (!m_pRSClass->adoEOF)
    {
        m_cmbClass.AddString((LPCSTR)_bstr_t(m_pRSClass->
                            GetCollect("ClassName").bstrVal));
        m_pRSClass->MoveNext();
    }
    m_pRSClass->Close();
```

```
    m_btnPrev.EnableWindow(!IsFirstRecord());
    m_btnNext.EnableWindow(!IsLastRecord());

    return TRUE;              // return TRUE unless you set the focus to a control
}
```

(6) 在函数 ReadData 中读取当前记录的数据,并填充到各控件中。

```
void CStuInfoDlg::ReadData()
{
        m_strNo=m_pRecordset->GetCollect("StudentNo").bstrVal;
        m_strName=m_pRecordset->GetCollect("StudentName").bstrVal;

        CString m_strSex;
        m_strSex=m_pRecordset->GetCollect("Sex").bstrVal;

        m_timeBirth=m_pRecordset->GetCollect("Birthday").date;
        m_strNative=m_pRecordset->GetCollect("Native").bstrVal;
        m_strNation=m_pRecordset->GetCollect("Nation").bstrVal;
        m_strClass=m_pRecordset->GetCollect("ClassName").bstrVal;
        m_strSchool=m_pRecordset->GetCollect("Institute").bstrVal;

        if (m_strSex=="男") m_nSex=1;
        else if (m_strSex=="女") m_nSex=0;
        else m_nSex=2;

        //设置编辑控件的有效性
        m_editNo.EnableWindow();
        m_editName.EnableWindow();
        m_ctrlBirth.EnableWindow();
        m_editNative.EnableWindow();
        m_editNation.EnableWindow();
        m_cmbClass.EnableWindow();
        m_editSchool.EnableWindow();

        //设置按钮的有效性
        m_btnDel.EnableWindow();
        m_btnSave.EnableWindow(FALSE);

        UpdateData(FALSE);
        m_cmbClass.SelectString(0,m_strClass);
}
```

(7) 函数 OnButtonFirst,当单击"第一个"按钮时激活该函数。

```
void CStuInfoDlg::OnButtonFirst()
{
        //如果当前记录已经修改,提示用户保存
        if (m_bModify)
        {
            int nRet=MessageBox("当前信息尚未保存,是否保存?",
                                "用户信息", MB_YESNOCANCEL);
```

```
            switch (nRet)
            {
                case IDCANCEL: return;
                case IDYES:
                    OnButtonSave();
                    break;
                case IDNO:
                default:
                    break;
            }
        }

        m_pRecordset->MoveFirst();
        ReadData();

        //Prev 按钮无效
        m_btnPrev.EnableWindow(FALSE);

        //若不是最后记录,则 Next 按钮有效
        m_btnNext.EnableWindow(!IsLastRecord());

        Invalidate();
        m_bModify=FALSE;
}
```

（8）函数 OnButtonPrev，当单击“前一个”按钮时激活该函数。

```
void CStuInfoDlg::OnButtonPrev()
{
        //如果当前记录已经修改,提示用户保存
        if (m_bModify)
        {
            int nRet=MessageBox("当前信息尚未保存,是否保存?",
                                "用户信息", MB_YESNOCANCEL);
            switch (nRet)
            {
                case IDCANCEL: return;
                case IDYES:
                    OnButtonSave();
                    break;
                case IDNO:
                default:
                    break;
            }
        }

        m_pRecordset->MovePrevious();
        ReadData();

        m_btnPrev.EnableWindow(!IsFirstRecord());
```

```
        m_btnNext.EnableWindow(!IsLastRecord());

        Invalidate();
        m_bModify=FALSE;
}
```

(9) 函数 OnButtonNext,当单击"后一个"按钮时激活该函数。

```
void CStuInfoDlg::OnButtonNext()
{
        //如果当前记录已经修改,提示用户保存
        if (m_bModify)
        {
            int nRet=MessageBox("当前信息尚未保存,是否保存?",
                                "用户信息", MB_YESNOCANCEL);
            switch (nRet)
            {
                case IDCANCEL: return;
                case IDYES:
                    OnButtonSave();
                    break;
                case IDNO:
                default:
                    break;
            }
        }

        m_pRecordset->MoveNext();
        ReadData();

        m_btnPrev.EnableWindow(!IsFirstRecord());
        m_btnNext.EnableWindow(!IsLastRecord());

        Invalidate();
        m_bModify=FALSE;
}
```

(10) 函数 OnButtonLast,当单击"最后一个"按钮时激活该事件。

```
void CStuInfoDlg::OnButtonLast()
{
        //如果当前记录已经修改,提示用户保存
        if (m_bModify)
        {
            int nRet=MessageBox("当前信息尚未保存,是否保存?",
                                "用户信息", MB_YESNOCANCEL);
            switch (nRet)
            {
                case IDCANCEL: return;
                case IDYES:
                    OnButtonSave();
```

```
                break;
            case IDNO:
            default:
                break;
        }
    }

    m_pRecordset->MoveLast();
    ReadData();

    m_btnPrev.EnableWindow(!IsFirstRecord());
    m_btnNext.EnableWindow(FALSE);

    Invalidate();
    m_bModify=FALSE;

}
```

(11) 函数 OnButtonAdd，当单击“增加”按钮时激活该函数。

```
void CStuInfoDlg::OnButtonAdd()
{
    //如果当前记录已经修改,提示用户保存
    if (m_bModify)
    {
        int nRet=MessageBox("当前信息尚未保存,是否保存?",
                            "用户信息", MB_YESNOCANCEL);
        switch (nRet)
        {
            case IDCANCEL: return;
            case IDYES:
                OnButtonSave();
                break;
            case IDNO:
            default:
                break;
        }
    }

    //设置编辑控件的有效性
    m_editNo.EnableWindow();
    m_editName.EnableWindow();
    m_ctrlBirth.EnableWindow();
    m_editNative.EnableWindow();
    m_editNation.EnableWindow();
    m_cmbClass.EnableWindow();
    m_editSchool.EnableWindow();

    //设置按钮的有效性
    m_btnDel.EnableWindow(FALSE);
    m_btnEdit.EnableWindow(FALSE);
```

```
        m_btnSave.EnableWindow(TRUE);

        m_strNo="";
        m_strName="";
        m_nSex=0;
        m_timeBirth=COleDateTime::GetCurrentTime();
        m_strNative="";
        m_strNation="";
        m_strClass="";
        m_strSchool="";

        m_bNewRecord=TRUE;
        m_bModify=FALSE;
        UpdateData(FALSE);

        Invalidate();
}
```

(12) 函数 OnButtonDel,当单击“删除”按钮时激活该函数。

```
void CStuInfoDlg::OnButtonDel()
{
        if (MessageBox("是否要删除当前记录?","删除记录",MB_YESNO)==IDYES)
        {
            m_pRecordset->Delete(adAffectCurrent);

            if (m_pRecordset->adoEOF)
                m_pRecordset->MoveLast();

            m_btnDel.EnableWindow(FALSE);

            m_btnPrev.EnableWindow(!IsFirstRecord());
            m_btnNext.EnableWindow(!IsLastRecord());

            ReadData();

            Invalidate();
        }
}
```

(13) 函数 OnButtonEdit,当单击“修改”按钮时激活该函数。

```
void CStuInfoDlg::OnButtonEdit()
{
        m_editNo.EnableWindow();
        m_editName.EnableWindow();
        m_ctrlBirth.EnableWindow();
        m_editNative.EnableWindow();
        m_editNation.EnableWindow();
        m_cmbClass.EnableWindow();
        m_editSchool.EnableWindow();
```

```
        //设置按钮的有效性
        m_btnDel.EnableWindow(FALSE);
        m_btnEdit.EnableWindow(FALSE);
        m_btnSave.EnableWindow();
        m_btnAdd.EnableWindow(FALSE);

        m_bModify =TRUE;
        UpdateData(FALSE);
        Invalidate();
}
```

(14) 函数 OnButtonSave，当单击“保存”按钮时激活该函数。

```
void CStuInfoDlg::OnButtonSave()
{
        //若未修改，且不是新记录，则返回
        if (!m_bModify&&!m_bNewRecord) return;

        UpdateData();

        //检查是否提供了学号和姓名
        if (m_strNo=="" || m_strName=="")
        {
            AfxMessageBox("请输入学号和姓名!");
            return;
        }

        CString strClassNo;
        if (m_strClass!="")
        {
            CString cmdText("select ClassNo from Class where ClassName='");
            cmdText+=m_strClass;
            cmdText+="'";

            HRESULT re=m_pRSClass->Open(_variant_t(cmdText),
                          _variant_t((IDispatch *)m_pConnection, true),
                          adOpenDynamic, adLockPessimistic, adCmdText);
            strClassNo=m_pRSClass->GetCollect("ClassNo").bstrVal;
        }
        else
            strClassNo="";

        m_btnSave.EnableWindow(FALSE);

        //如果添加一条记录
        if (m_bNewRecord)
        {
            CString strDate;
            strDate=m_timeBirth.Format("%y-%m-%d%");
            CString strSql="insert into Student(StudentNo, StudentName, Sex,
                          Birthday, Native, Nation, ClassNo) values(";
```

```
        strSql+=m_strNo+","+m_strName+","+
            (m_nSex==1?"男":"女")+","+strDate;
        strSql+=","+m_strNative+","+m_strNation+","+strClassNo+")";

        try
        {
            m_pConnection->Execute(_bstr_t(strSql),NULL,adCmdText);
        }
        catch (_com_error e)
        {
            AfxMessageBox("数据添加失败!");
        }
    }

    //如果修改一条记录
    if (m_bModify)
    {
        CString strSql="update Student set ";
        if (m_pRecordset->GetCollect("StudentName").bstrVal!=m_strName)
        {
            strSql+="StudentName='"+m_strName+"',";
        }
        if (m_pRecordset->GetCollect("Native").bstrVal!=m_strNative)
        {
            strSql+="Native='"+m_strNative+"',";
        }
        if (m_pRecordset->GetCollect("Nation").bstrVal!=m_strNation)
        {
            strSql+="Nation='"+m_strNation+"',";
        }
        if (m_pRecordset->GetCollect("ClassName").bstrVal!=m_strClass)
        {
            strSql+="ClassNo='"+strClassNo+"',";
        }

        CString strSex=m_nSex==1?("男"):("女");
        if (m_pRecordset->GetCollect("Sex").bstrVal!=strSex)
        {
            strSql+="Sex='"+strSex+"',";
        }

        CString strDate;
        strDate=m_timeBirth.Format("%y-%m-%d");
        strSql+="Birthday='"+strDate+"' ";
        strSql+="where StudentNo='"+m_strNo+"'";

        m_pCommand->CommandText=(_bstr_t)strSql;

        try
        {
            m_pCommand->Execute(NULL,NULL,adCmdText);

        }
        catch (_com_error e)
```

```
        {
            AfxMessageBox("数据修改失败!");
        }

    }

    m_pRecordset->Requery(adCmdUnknown);

    m_btnDel.EnableWindow();
    m_btnEdit.EnableWindow();
    m_btnAdd.EnableWindow();

    m_btnPrev.EnableWindow(!IsFirstRecord());
    m_btnNext.EnableWindow(!IsLastRecord());

    m_bModify=FALSE;
}
```

(15) 函数 IsFirstRecord，判断当前记录是否为首记录。

```
BOOL CStuInfoDlg::IsFirstRecord()
{
    m_pRecordset->MovePrevious();
    if (m_pRecordset->BOF)
    {
        m_pRecordset->MoveFirst();
        return TRUE;
    }
    else
    {
        m_pRecordset->MoveNext();
        return FALSE;
    }
}
```

(16) 函数 IsLastRecord，判断当前记录是否为尾记录。

```
BOOL CStuInfoDlg::IsLastRecord()
{
    m_pRecordset->MoveNext();
    if (m_pRecordset->adoEOF)
    {
        m_pRecordset->MovePrevious();
        return TRUE;
    }
    else
    {
        m_pRecordset->MovePrevious();
        return FALSE;
    }
}
```

(17) 当单击“退出”按钮时，激活 OnOk 函数。

```
void CStuInfoDlg::OnOK()
```

```
{
        // TODO: Add extra validation here
        m_pRecordset->Close();
        m_pConnection->Close();
        CDialog::OnOK();
}
```

运行效果如图 9-15 所示。

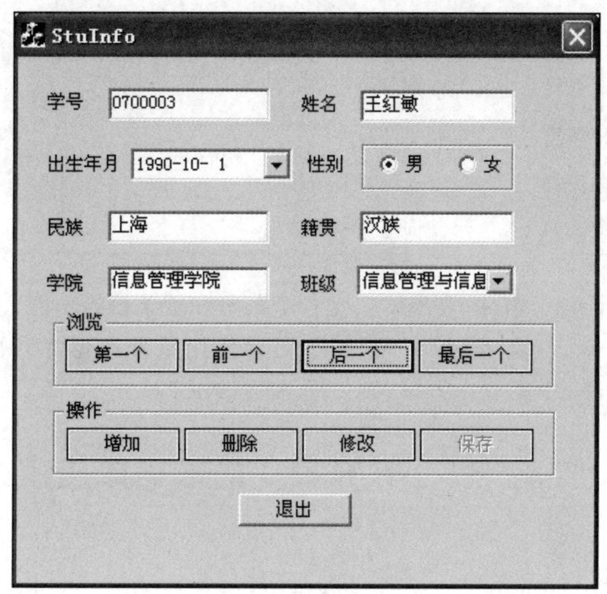


图 9-15　对话框界面图

## 9.2.3　实验内容

请完成下面的实验内容(可以用 Visual C++ 以外的其他开发工具完成)。

(1) 建立一个基于对话框的带有菜单的空白应用程序。各菜单及其子菜单的设置如表 9-4 所示(也可以按其他方式设置或者增加其他功能)。

表 9-4　各菜单及其子菜单的设置

| 菜　单 | 子 菜 单 | 功　　能 |
|---|---|---|
| 系统 | 登录 | 以某种身份登录,注意不同的身份对应于不同的权限,如果当前用户不具备某权限,则相应的功能不能操作 |
| | 添加用户 | 增加一个管理员 |
| | 修改密码 | 修改用户密码 |
| | 注销 | 注销后,除系统登录外,所有的功能均不能操作 |
| | 退出 | 退出系统 |

续表

| 菜 单 | 子菜单 | 功 能 |
| --- | --- | --- |
| 员工管理 | 员工信息维护 | 可以对员工信息进行增加、修改和删除 |
| | 员工查询 | 查询员工信息 |
| 客户管理 | 客户信息维护 | 可以对员工信息进行增加、修改和删除 |
| | 客户查询 | 查询客户信息 |
| 商品库存管理 | 商品入库 | 添加商品 |
| | 商品查询 | 查询商品信息 |
| | 价格调整 | 调整商品价格 |
| 商品销售 | 商品销售 | 添加销售商品的订单 |
| | 销售查询 | 查询历史销售信息 |

(2) 添加并设计各个窗体(表单),实现各个菜单和子菜单的功能。

(3) 实现各个窗体(表单)的功能,其中需要使用某种数据库访问技术,建议使用ODBC、ADO(若在.NET平台上开发,则使用ADO.NET)。

## 9.3 实验十八:B/S模式的数据库应用开发

### 9.3.1 实验目的与要求

(1) 掌握B/S模式应用的基本原理和特点。

(2) 掌握B/S模式数据库应用开发的一般过程。

(3) 熟悉一种Web数据库连接技术。

(4) 基于某种Web数据库连接技术,掌握数据库的定义(创建、删除)、查询和操纵(插入、删除)。

### 9.3.2 实验案例

本节介绍一个JSP网页实例,在这个例子中,可以看到如何使用JDBC访问技术对数据库进行增删改查的操作。

这个例子演示的是一个网站的后台的一部分。网站的功能包括管理员登录、管理员查询所有用户信息、管理员删除用户、管理员修改用户信息等。下面分别介绍。

**1. 表结构**

为了简单起见,这个例子的操作都只是针对一个数据库表,即user表。表结构很简单,如表9-5所示。

**2. 登录页面**

首先是登录页面login.jsp设计。由于这个例子只是用于演示,所以页面设计很简单,如图9-16所示。

表 9-5　user 表

| 列　名 | 数 据 类 型 | 描　述 |
| --- | --- | --- |
| id | Int | 主键，自增 |
| username | Varchar(200) | 用户登录名 |
| password | Varchar(200) | 用户登录密码 |

图 9-16　管理员登录页面

页面代码如下所示：

```
<%@page language="java" import="java.util.*" pageEncoding="UTF-8"%>
<%
    String path = request.getContextPath();
    String basePath = request.getScheme() + "://" + request.getServerName()
            + ":" + request.getServerPort() + path + "/";
%>
<!DOCTYPE HTML PUBLIC "-//W3C//DTD HTML 4.01 Transitional//EN">
<html>
    <head>
        <base href="<%=basePath%>">
        <title>管理员登录页面</title>
    </head>
    <body>
        <center>
            <h1>管理员登录</h1>
            <hr>
            <form action="login_check.jsp" method="post">
```

```
                <table border="1">
                    <tr>
                        <td colspan="2">输入管理员账号：</td>
                    </tr>
                    <tr>
                        <td>登录名：</td>
                        <td>
                            <input type="text" name="name">
                        </td>
                    </tr>
                    <tr>
                        <td>登录密码：</td>
                        <td>
                            <input type="password" name="password">
                        </td>
                    </tr>
                    <tr>
                        <td colspan="2">
                            <input type="submit" value="登录">
                            <input type="reset" value="重置">
                        </td>
                    </tr>
                </table>
            </form>
        </center>
    </body>
</html>
```

输入账号后单击“登录”按钮时，会跳转到 login_check.jsp 页面来验证输入的信息。

3. 账号验证

在这一步，要查询数据库中的用户表，以验证用户输入的账号信息是否正确。login_check.jsp 页面代码如下：

```
<%@page language="java" import="java.util.*" pageEncoding="UTF-8"%>
<%@page import="java.sql.*"%>
<%
    String path = request.getContextPath();
    String basePath = request.getScheme() + "://" + request.getServerName()
        + ":" + request.getServerPort() + path + "/";
%>
<!DOCTYPE HTML PUBLIC "-//W3C//DTD HTML 4.01 Transitional//EN">
<html>
    <head>
        <base href="<%=basePath%>">
        <title>验证页面</title>
    </head>
    <body>
        <center>
            <h1>          登录操作        </h1>
            <jsp:include page="dataconn.jsp" />
            <!--这里是包含数据库连接的页面 -->
```

```
19              <hr>
20              <%
21              Connection conn = (Connection) request.getAttribute("conn");
22              PreparedStatement pstmt =null;
23              ResultSet rs =null;
24              boolean flag = false;               // 是否验证通过
25              try {
26                  String sql = "SELECT username FROM user WHERE username=? AND
                    password=?";
27                  // 问号处的用户名和密码会在稍后被设置
28                  pstmt =conn.prepareStatement(sql);
29                  pstmt.setString(1, request.getParameter("name"));
                                                    //设置用户名
30                  // request.getParameter("name") 返回登录页面中输入的用户名
31                  pstmt.setString(2, request.getParameter("password"));
                                                    //设置密码
32                  // request.getParameter("password") 返回登录页面中输入密码
33                  rs =pstmt.executeQuery();
34                  if (rs.next()) {                // 如果有数据,则可以执行
35                      flag =true;                 // 表示验证通过
36                  }
37              } catch (Exception e) {
38                  e.printStackTrace();
39              } finally {
40              %>
41                  <jsp:include page="dataclose.jsp" />
42                  <!--这里是包含数据库关闭的页面 -->
43              <%
44              }
45              if (flag) {                         // 登录成功跳转到 list.jsp 页面
46              %>
47                  <jsp:forward page="list.jsp" />
48              <%
49              } else {                            // 登录失败则跳转到错误的页面
50              %>
51                  <h2>更新失败</h2>
52              <%
53              }
54              %>
55          </center>
56      </body>
57  </html>
```

在这一步需要连接数据库,因为其他步骤中也需要连接数据库,所以把数据库连接代码抽出来,放在一个单独的文件 dataconn.jsp 中(见第 17 行),如下所示。

```
<%@page import="java.sql.*"%>
<%!// 定义若干个数据库的连接常量
    public static final String DBDRIVER = "com.microsoft.sqlserver.jdbc.
    SQLServerDriver";
    //定义数据库驱动程序
```

```
    public static final String DBURL ="jdbc:sqlserver://localhost:1433;
        DatabaseName=UniversityDB";
    //数据库连接地址
    public static final String DBUSER ="root";          //数据库连接用户名
    public static final String DBPASS ="root123";       //数据库连接密码
%>

<%
    Connection conn =null;                              // 数据库连接
    Class.forName(DBDRIVER);                            //加载驱动程序
    conn =DriverManager.getConnection(DBURL, DBUSER, DBPASS);
                                                        //取得数据库的连接
    PreparedStatement pstmt =null;                      // 数据库预处理操作
    ResultSet rs =null;                                 // 查询要处理结果集

    request.setAttribute("conn",conn);                  //设置数据库连接
    request.setAttribute("pstmt",pstmt);
    request.setAttribute("rs",rs);
%>
```

从中可以看出，连接的是SQL Server数据库，数据库名为UniversityDB，用户名和密码也已经给出。如果需要使用其他数据库，需要修改相应信息。

在login_check.jsp页面中，如果验证通过，则跳转到list.jsp页面，否则提示出现错误。

**4.** 列出所有用户

下面来看list.jsp页面，代码如下：

```
<%@page language="java" import="java.util.* " pageEncoding="UTF-8"%>
<%@page import="java.sql.* "%>
<%
    String path =request.getContextPath();
    String basePath =request.getScheme() +"://" +request.getServerName()
    +":" +request.getServerPort() +path +"/";
%>
<!DOCTYPE HTML PUBLIC "-//W3C//DTD HTML 4.01 Transitional//EN">
<html>
    <head>
        <base href="<%=basePath%>">
        <title>列表页面 </title>
    </head>
    <body>
        <table border="1" width="80%">
            <tr style="text-align: center;">
                <h1 style="text-align: center;">用户信息</h1>
            </tr>
            <tr>
                <td>ID </td>
                <td>用户名 </td>
                <td>密码 </td>
                <td>操作||<a href="insert.jsp">添加</a></td>
```

```
            </tr>
            <jsp:include page="dataconn.jsp" flush="true" />
            <!--这里是包含数据库连接的页面 -->
            <%
            Connection conn =((Connection) request.getAttribute("conn"));
                                                   // 数据库连接
            PreparedStatement pstmt =null; // 数据库预处理操作
            ResultSet rs =null;                    // 查询结果集
            boolean flag =false;                   // 保存标记

            String id =null;                       //保存 id
            String name =null;                     //保存用户名
            String pass =null;                     //保存密码
            try {//JDBC 操作会抛出异常,使用 try…catch 处理
                String sql ="SELECT id,username,password FROM user ";
                //此 SQL 语句是从 user 表中查出所有的记录,SELECT 后面的字段全
                //部改为 * 也可以
                pstmt =conn.prepareStatement(sql);  //实例化数据库操作对象
                rs =pstmt.executeQuery(); //执行查询

                while (rs.next()) {                // 如果有数据,则可以执行
                    id =rs.getString(1);   //将当前记录的第 1 位赋给 id
                    name =rs.getString(2);
                                         //将当前记录的第 2 位赋给 name(用户名)
                    pass =rs.getString(3);
                                          //将当前记录的第 3 位赋给 pass(密码)
            %>
            <tr>
                <td><%=id%></td>
                <!--显示 id-->
                <td><%=name%></td>
                <!--显示用户名-->
                <td><%=pass%></td>
                <!--显示密码-->
                <td>
                    <a href="update.jsp?id=<%=id%>">修改</a> ||
                    <!--因为要根据 id 修改,修改时需要将 id 通过地址重写的方式
                    传过去-->
                    <a href="delete_do.jsp?id=<%=id%>">删除</a>
                    <!--要根据 id 删除-->
                </td>
            </tr>
            <%
                } //while
            } catch (Exception e) {
                e.printStackTrace();
            } finally {//出现异常关闭数据库连接
            %>
                <jsp:include page="dataclose.jsp" />
                <!--这里是包含数据库包含的页面 -->
            <%
            }
            %>
        </table>
    </body>
</html>
```

页面显示结果如图 9-17 所示。

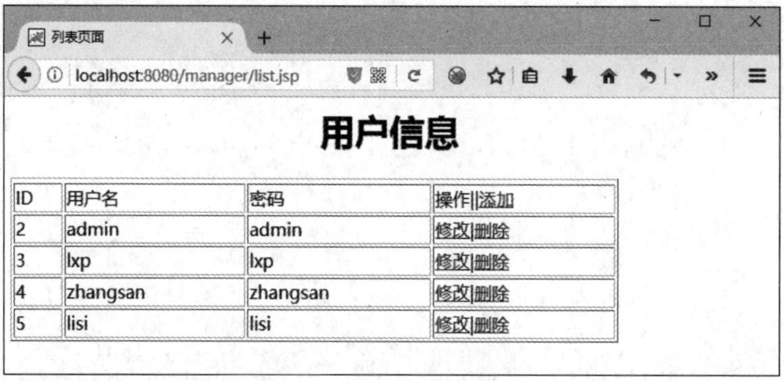

列表页面

localhost:8080/manager/list.jsp

用户信息

| ID | 用户名 | 密码 | 操作\|添加 |
| --- | --- | --- | --- |
| 2 | admin | admin | 修改\|删除 |
| 3 | lxp | lxp | 修改\|删除 |
| 4 | zhangsan | zhangsan | 修改\|删除 |
| 5 | lisi | lisi | 修改\|删除 |

图 **9-17**　列出用户信息页面

**5.** 添加用户

在图 9-18 中单击“添加”链接，可以跳转到 insert.jsp 页面，该页面负责添加用户到用户表。页面代码如下所示。

```
<%@page language="java" import="java.util.* " pageEncoding="UTF-8"%>
<%
    String path =request.getContextPath();
    String basePath =request.getScheme() +"://" +request.getServerName()
        +":" +request.getServerPort() +path +"/";
%>
<!DOCTYPE HTML PUBLIC "-//W3C//DTD HTML 4.01 Transitional//EN">
<html>
    <head>
        <base href="<%=basePath%>">
        <title>添加用户页面</title>
        <meta http-equiv="pragma" content="no-cache">
        <meta http-equiv="cache-control" content="no-cache">
        <meta http-equiv="expires" content="0">
        <meta http-equiv=" keywords " content =" keyword1, keyword2,
        keyword3">
        <meta http-equiv="description" content="添加用户页面">
        <!--
        <link rel="stylesheet" type="text/css" href="styles.css">
        -->
    </head>
    <body>
        <center>
            <h1>添加用户操作</h1>
            <hr>
            <form action="insert_do.jsp" method="post">
                <table border="1">
                    <tr>
                        <td colspan="2">添加用户</td>
                    </tr>
                    <tr>
```

```
                        <td>登录名：</td>
                        <td>
                            <input type="text" name="name">
                        </td>
                    </tr>
                    <tr>
                        <td>登录密码：</td>
                        <td>
                            <input type="password" name="password">
                        </td>
                    </tr>
                    <tr>
                        <td>确认密码：</td>
                        <td>
                            <input type="password" name="password2">
                        </td>
                    </tr>
                    <tr>
                        <td colspan="2">
                            <input type="submit" value="添加">
                            <input type="reset" value="重置">
                        </td>
                    </tr>
                </table>
            </form>
        </center>
    </body>
</html>
```

该页面只是显示一个添加用户信息的表单，如图9-18所示。

图9-18 添加用户页面

填写用户名和密码之后，单击“添加”按钮，页面会跳转到insert_do.jsp，该模块负责将数据插入到数据库表中。代码如下所示：

```
<%@page language="java" import="java.util.*" pageEncoding="UTF-8"%>
<%@page import="java.sql.*"%>
<%
    String path = request.getContextPath();
    String basePath = request.getScheme() + "://" + request.getServerName()
        + ":" + request.getServerPort() + path + "/";
%>
<!DOCTYPE HTML PUBLIC "-//W3C//DTD HTML 4.01 Transitional//EN">
<html>
      <head>
          <base href="<%=basePath%>">
          <title>正在添加……</title>
      </head>
    <body>
          <center>
              <h1>添加操作 </h1>
                  <hr>
                  <jsp:include page="dataconn.jsp" flush="true" />
                  <!--这里是包含数据库连接的页面 -->
                  <%
                  Connection conn = ((Connection) request.getAttribute("conn"));
                                                    // 数据库连接
                  PreparedStatement pstmt = null;   // 数据库预处理操作
                  ResultSet rs = null;              // 查询要处理结果集
                  boolean flag = false;             // 注册是否成功标志

                  try {
                      String sql = " INSERT INTO user (username, password)
                      VALUES(?,?)";                 //插入语句
                      pstmt = conn.prepareStatement(sql);
                                                    //实例化数据库操作对象
                      String name=request.getParameter("name");
                      String pwd=request.getParameter("password");
                      String pwd2=request.getParameter("password2");
                      if (pwd ==pwd2) {             //检查密码是否一致
                          pstmt.setString(1, name); //设置用户名
                          pstmt.setString(2, pwd);  //设置密码

                          if (pstmt.executeUpdate() >0) {
                                                    // 如果有数据,则可以执行
                                flag = true;        // 表示添加成功
                          }
                      }
                    } catch (Exception e) {
                          e.printStackTrace();
                    } finally {
                    %>
                    <jsp:include page="dataclose.jsp" />
                    <!--这里是包含数据库关闭的页面 -->
                    <%
                    }
                    if (flag) {                     // 添加成功
                    %>
                        <h2>添加成功 </h2>
```

```
51                  <jsp:forward page="list.jsp" />
52                  <!--跳转到 list.jsp -->
53              <%
54              } else {                                               //添加失败
55              %>
56                  <h2>添加失败 </h2>
57              <%
58              }
59              %>
60              </center>
61      </body>
62  </html>
```

在这个页面中，首先获取上一个页面传到这个页面的 3 个参数的值：用户名和两个密码(第 29～31 行)，然后检查两个密码是否一致(第 32 行)，如果一致，则继续将用户名和密码插入到 user 表中。这里假定 user 表的 id 字段是自增的，所以在插入的时候不需要提供 id 值。如果插入成功，则转到 list.jsp，显示当前表中所有用户的信息(前面已经讲解过)，否则显示“添加失败”。

需要说明的是，在通常的 Web 开发中，验证两次输入的密码是否一致(即第 32 行)一般是在客户端利用脚本(如 JavaScript 脚本)技术完成，也就是在前一个页面 insert.jsp 中完成。如果两次密码一致，才需要转到 insert_do.jsp，进行数据库操作。也就是说，后端(insert_do.jsp)应该只负责业务逻辑、数据库操作等，其他能在前端完成的应该尽可能放在前端。这样可以减少后端负担，提高交互效率。本例子中没有涉及前端脚本技术，所以才放在后端。

#### 6. 修改用户信息

在列表图中，对每个用户可进行修改和删除操作。首先看修改操作。单击用户后面的“修改”，会转到 update.jsp，同时用户的 ID 会被传过去，以识别哪个用户需要修改。update.jsp 的代码如下所示：

```
<%@page language="java" import="java.util.* " pageEncoding="UTF-8"%>
<%@page import="java.sql.* "%>
<%
    String path = request.getContextPath();
    String basePath = request.getScheme() + "://" + request.getServerName()
        + ":" + request.getServerPort() + path + "/";
%>

<!DOCTYPE HTML PUBLIC "-//W3C//DTD HTML 4.01 Transitional//EN">
<html>
    <head>
          <base href="<%=basePath%>">
          <title>修改用户信息</title>
    </head>
    <jsp:include page="dataconn.jsp" flush="true" />
    <!--这里是包含数据库连接的页面 -->
    <%
```

```
    Connection conn = (Connection) request.getAttribute("conn");
                                                            // 数据库连接
    PreparedStatement pstmt =null;                          // 数据库预处理操作
    ResultSet rs =null;                                     // 查询要处理结果集
    boolean flag =false;                                    // 保存标记
    int userid=0;                                           //保存 id
    String name =null;                                      //保存用户名
    String pass =null;                                      //保存密码
    try {//JDBC 操作会抛出异常,使用 try…catch 处理
        String sql ="SELECT id,username,password FROM user WHERE id=? ";
        //此 SQL 语句是根据 id 查询出一条记录
        String id =request.getParameter("id").toString();
                                                        //接收从上个表单传过来的 id
        pstmt =conn.prepareStatement(sql);
        pstmt.setString(1, id);                 //设置第一个"?"的内容,即 id 的内容
        rs =pstmt.executeQuery();                           //执行查询
        if (rs.next()) {
            userid =rs.getInt(1);                           //取出 id
            name =rs.getString(2);                          //取出用户名
            pass =rs.getString(3);                          //取出密码
        }
    } catch (Exception e) {
        e.printStackTrace();
    } finally {
        try {
            rs.close();                                     //关闭查询对象
            pstmt.close();                                  //关闭操作对象
            conn.close();                                   //关闭数据库连接
        } catch (Exception e) {
        }
    }
    %>

    <body>
        <center>
            <h1>修改操作 </h1>
            <hr>
                <form action="update_do.jsp" method="post">
                    <table border="1">
                        <tr>
                            <td colspan="2">修改资料</td>
                        </tr>
                        <tr>
                            <td>登录名: </td>
                            <td>
                                <input type="text" name="name" value="
                                <%=name%>">
                            </td>
                        </tr>
                        <tr>
                            <td>登录密码: </td>
                                <td>
```

```
                                <input type="text" name="password" value="<%=pass%>">
                            </td>
                        </tr>
                        <tr>
                            <td>确认密码: </td>
                            <td>
                                <input type="password" name="password2">
                            </td>
                                <input type="hidden" name="id" id="id" value="<%=userid%>">
                            <!--用隐藏域存储 id -->
                        </tr>
                        <tr>
                            <td colspan="2">
                                <input type="submit" value="修改">
                                <input type="reset" value="重置">
                            </td>
                        </tr>
                    </table>
                </form>
            </center>
        </body>
</html>
```

update.jsp 首先根据用户 id 从数据库中查询用户信息，然后将用户信息显示在表单中，用户可以直接在表单上修改，完成后提交表单时会调用 update_do.jsp 来完成修改。显示界面如图 9-19 所示。

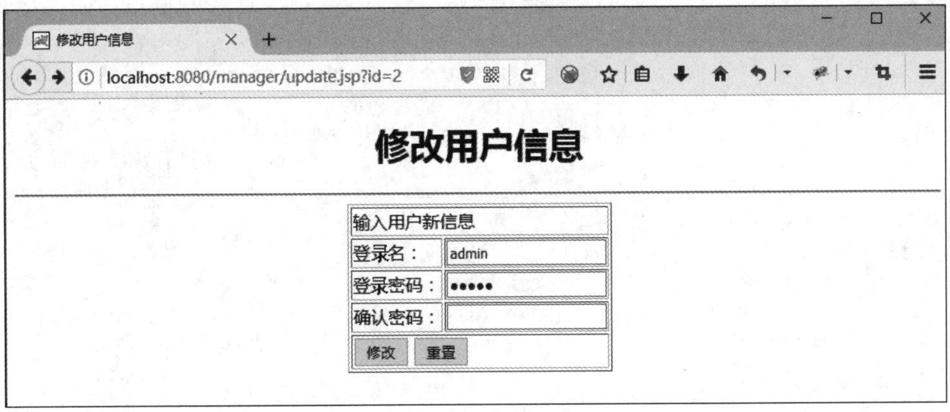

图 9-19　修改用户信息页面

update_do.jsp 代码如下所示。

```
<%@page language="java" import="java.util.*" pageEncoding="UTF-8"%>
<%@page import="java.sql.*"%>
<%
    String path =request.getContextPath();
    String basePath =request.getScheme() +"://" +request.getServerName()
            +":" +request.getServerPort() +path +"/";
```

```
%>
<!DOCTYPE HTML PUBLIC "-//W3C//DTD HTML 4.01 Transitional//EN">
<html>
    <head>
        <base href="<%=basePath%>">
        <title>正在更新……</title>
    </head>

    <body>
        <center>
          <h1>更新操作</h1>
          <hr>
          <jsp:include page="dataconn.jsp" />
          <!--这里是包含数据库连接的页面 -->
          <%
            Connection conn = ((Connection) request.getAttribute("conn"));
                                                            // 数据库连接
            PreparedStatement pstmt =null ;                 // 数据库预处理操作
            ResultSet rs =null ;                            // 查询要处理结果集
            boolean flag = false ;                          // 是否更新成功标记
            try {
                String sql = "UPDATE user SET username=?, password=?
                WHERE id=?" ;
                pstmt =conn.prepareStatement(sql) ;
                String name=request.getParameter("name");
                String pwd=request.getParameter("password");
                String pwd2=request.getParameter("password2");
                if (pwd ==pwd2) {                           //检查密码是否一致
                  pstmt.setString(1, name);                 //设置用户名
                  pstmt.setString(2, pwd);                  //设置密码
                  pstmt.setString(3, request.getParameter("id")) ;
                                                            //设置 id
                  if (pstmt.executeUpdate() >0) {
                                                         // 如果有数据,则可以执行
                      flag =true;                           // 表示更新成功
                  }
                }
              } catch(Exception e) {
                  e.printStackTrace() ;
              }
              finally{
            %>
            <jsp:include page="dataclose.jsp" />
            <!--这里是包含数据库关闭的页面 -->
            <%
            }
            %>
            <%
              if(flag) {                                    // 更新成功
            %>
        <h2>更新成功</h2>
        <jsp:forward page="list.jsp" />                     //跳转到 list.jsp
```

```
        <%
        } else {                                    // 更新失败
        %>
            <h2>更新失败</h2>
        <%
        }
        %>
        </center>
        <h2>返回首页<a href="list.jsp">单击这里</a></h2>
    </body>
</html>
```

这个页面的处理逻辑和添加操作是类似的。若更新成功，则转到 list.jsp，显示所有用户信息，否则显示“更新失败”。

7. 删除用户信息

在列表图中，对每个用户可进行修改和删除操作。单击用户后面的“删除”，会转到 delete.jsp，同时用户的 ID 会被传过去，以识别哪个用户需要删除。delete.jsp 的代码如下所示：

```
<%@page language="java" import="java.util.*" pageEncoding="UTF-8"%>
<%@page import="java.sql.*"%>
<%
    String path =request.getContextPath();
    String basePath =request.getScheme() +"://" +request.getServerName()
        +":" +request.getServerPort() +path +"/";
%>
<!DOCTYPE HTML PUBLIC "-//W3C//DTD HTML 4.01 Transitional//EN">
<html>
    <head>
        <base href="<%=basePath%>">
        <title>正在删除……</title>
    </head>
    <body>
        <center>
            <h1>删除操作</h1>
            <hr>
            <jsp:include page="dataconn.jsp" />
            <!--这里是包含数据库连接的页面 -->
            <%
                Connection conn = (Connection)request.getAttribute("conn");
                                                    // 数据库连接
                PreparedStatement pstmt =null ;     // 数据库预处理操作
                ResultSet rs =null ;                // 查询要处理结果集
                boolean flag =false ;               // 是否删除成功标记

            try {
                String sql ="DELETE FROM user WHERE id=?" ;
                pstmt =conn.prepareStatement(sql) ;
                String id=request.getParameter("id").toString();
                pstmt.setString(1,id);
```

```
31                  if(pstmt.executeUpdate()>0){     // 如果有数据,则可以执行
32                      flag =true ;                 // 表示更新成功
33                  }
34              }catch(Exception e) {
35                  e.printStackTrace() ;
36              }
37              finally {
38              %>
39                  <jsp:include page="dataclose.jsp" />
40                  <!--这里是包含数据库关闭的页面 -->
41              <%
42              }
43              if(flag){                            // 删除成功
44              %>
45                  <jsp:forward page="list.jsp" />
46              <%
47              } else {                             // 删除失败
48              %>
49                  <h2>删除失败</h2>
50              <%
51              }
52              %>
53              </center>
54          </body>
55  </html>
```

在第 29 行，首先获取上一页传过来的 id 值，然后调用 SQL 语句来执行删除。若删除成功，则转到 list.jsp，否则提示删除失败。

**8.** 关闭连接

在对数据进行操作的过程中，如果数据库操作出现异常，则需要关闭数据库连接，释放数据库资源。下面显示的 dataclose.jsp 完成这一任务。

```
<%@page import="java.sql.*"%>
<%
    try {
        ((ResultSet)request.getAttribute("rs")).close();      //关闭查询对象
        ((PreparedStatement)request.getAttribute("pstmt")).close();
                                                               //关闭操作对象
        ((Connection)request.getAttribute("conn")).close();
                                                               //关闭数据库连接
    } catch (Exception e) {
    }
%>
```

请读者思考，这个例子中的登录页面和添加用户页面可否改成静态的 HTML 文件？如果要改的话，应该如何修改？改成 HTML 文件相对于 JSP 文件有什么不同？

请读者自己试着配置、运行这个例子。

### 9.3.3 实验内容

使用 JSP 技术（或者 PHP、ASP.NET 技术）实现 9.2.3 节所要求的功能。